山西大学建校 110 周年学术文库

西方科学精神的文化历史源流

The Cultural and Historical Origin and Development of the Spirit of Science of the West

韩彩英 著

科学出版社
北 京

内容简介

本书首次系统论述了西方科学精神发展史。全书以西方宏大的文化历史发展过程为背景，以西方科学文化的演进以及与其他亚文化间的关联和互动以至融通与碰撞为基本历史线索，沿着“科学精神”自身发生、发展的历史脉络，围绕哲学史、思想史、科学史、宗教史以及社会人文史提供的线索，在历史与逻辑相统一的把握中，系统论述了各种文化在西方科学文化发展史上的地位和作用，从中理解和探究了特定时代精神背景中科学精神的构成要素及其相互关系，描摹刻画了西方不同文化旨趣的个体和社会群体对科学精神发展的独特贡献，从而全面展现了西方科学精神发展的文化历史过程，揭示了西方科学文化发展历程中科学精神的要素生成和结构形成的时代性特征，以及科学精神的要素扬弃和结构变革的历史进程。

本书适合科学史、科学哲学、文化史和文化哲学领域的学者，以及高校本科生、研究生和对西方科学文化感兴趣的大众阅读。

图书在版编目(CIP)数据

西方科学精神的文化历史源流/韩彩英著．—北京：科学出版社，2012.5

(山西大学建校110周年学术文库)

ISBN 978-7-03-034003-0

Ⅰ.①西… Ⅱ.①韩… Ⅲ.①科学精神-文化史-西方国家 Ⅳ.①G321.9

中国版本图书馆CIP数据核字（2012）第065687号

责任编辑：郭勇斌　樊　飞　王景坤　/责任校对：包志虹

责任印制：徐晓晨　/封面设计：李恒东　无极书装

编辑部电话：010-64035853

E-mail：houjunlin@mail.sciencep.com

科学出版社出版

北京东黄城根北街16号

邮政编码：100717

http://www.sciencep.com

北京凌奇印刷有限责任公司 印刷

科学出版社发行　各地新华书店经销

*

2012年5月第　一　版　开本：B5（720×1 000）

2020年1月第三次印刷　印张：17 1/4

字数：340 000

定价：88.00 元

（如有印装质量问题，我社负责调换）

总　序

2012年5月8日，山西大学将迎来110年校庆。为了隆重纪念母校110年华诞，系统展现近年来山西大学创造的优秀学术成果，我们决定出版这套《山西大学建校110周年学术文库》。

山西大学诞生于“三千年未有之变局”的晚清时代，在“西学东渐，革故鼎新”中应运而生，开创了近代山西乃至中国高等教育的先河。百年沧桑，历史巨变，山西大学始终与时代同呼吸，与祖国共命运，进行了可歌可泣的学术实践，创造了令人瞩目的办学业绩。百年校庆以来，学校顺应高等教育发展潮流，以科学的发展理念引领改革创新，实现了新的跨越和腾飞，逐步成长为一所学科门类齐全、科研实力雄厚的具有地方示范作用的研究型大学，谱写了兴学育人的崭新篇章，赢得社会各界的广泛赞誉。

大学因学术而兴，因文化而繁荣。山西大学素有“中西会通”的文化传统，始终流淌着“求真至善”的学术血脉。不论是草创之初的中西两斋，还是新时期的多学科并行交融，无不展现着山大人特有的文化风格和学术气派。今天，我们出版这套丛书，正是传承山大百年文脉，弘扬不朽学术精神的身体力行之举。

《山西大学建校110周年学术文库》的编撰由科技处、社科处组织，将我校近10年来的优秀科研成果辑以成书，予以出版。我们相信，《山西大学建校110周年学术文库》对于继承与发扬山西大学学术精神，对于深化相关学科领域的研究，对于促进山西高校的学术繁荣，必将起到积极的推动作用。

谨以此丛书献给历经岁月沧桑、培育桃李芬芳的山大母校，祝愿母校在新的征程中继往开来，永续鸿猷。

郭贵春

二〇一一年十一月十日

目　录

绪 论

一、理解科学的动力和困难

近代以来，科学逐步成为西方文明乃至整个世界文明的主流。科学以其强大的影响力，以及使人无法拒绝的吸引力，改变了人类的心智，也改变了整个世界。几乎从诞生之日起，它就成为国力的象征、文明程度的象征。最迟从 19 世纪开始，科学作为一种学术类型，成了社会人文学科建设竭力模仿的模式；科学作为一种人类文化，它的境界成为世俗社会生活的渴望，它的实践者则成为世人竞相推崇的典范。如今的科学，其影响几乎无处不在。科学文明已然是全人类共同崇尚的文明，科学文化已然是全人类唯一普适的文化。如今的科学已经赢得它应该得到的崇高地位。

就在科学家以自己的科学研究活动不断地塑造科学新形象的同时，哲学家以及社会和文化学者也在试图透过科学的外在形象来揭示它的内在精神实质。然而，尽管我们每个人心目中似乎都有关于科学的形象理解或者“概念图画”，但却无法说清楚它的完整形象。即使是非常专业的学者，也只是从某个或者多个维度给我们描绘科学的“分析性的”形象，而不是全景式的“图画”。数百年来，最为常见的就是关于科学的方法论和理论特征的哲学“形象”描写，当然还有历史学、社会学、心理学、伦理学和政治学以至于文化学等学科维度的诸多不同理解。

这就造成当学者们试图回答“科学是什么”这样的问题时，至今也未能给出可被普遍接受的概念。权宜之计只能是给科学以具体的特征描述。进而，当学者们面对“科学精神是什么”这样的问题时，就更加难以给出一个恰当的定义。因为比起“科学是什么”这样较为单纯的问题，这一问题的提出本身就蕴涵诸多的现实迷茫和更多的价值考量。科学的高速发展使人无法仔细跟踪，技术与科学的混淆更使人向它投以批判和反思的目光。

尽管我们总是无法说清“科学是什么”、“科学精神是什么”，但科学作为一种具有独特魅力的文化，精神影响力总在与日俱增。这就不难理解，热爱科学的人们总想对它有所了解，而且总是试图对它的“精神”做出真切理解。我国学术界和思想界就曾在五四新文化运动时期和 20 世纪 90 年代到 21 世纪初出现过两次讨论科学精神的热潮。

二、国内外科学精神研究概况

“科学精神”对于学术界一直是一个内涵不太确切、外延不太明朗的概念。绝大多数学者只是依照自己的理解来言说“科学精神”，或者是囿于片面维度的价值建构，或者是充斥过度自由的个人感想。总体而言，“科学精神”作为一个概念、作为一个被言说的对象，是学者们关于这一概念的形形色色的“所指”或者“外延”重合而成的研究领域。“科学精神”这个概念所指向的就是整个科学领域（包括科学知识体系、科学研究活动和科学社会建制）中的根本因素、关键要素和所蕴涵的核心价值。这是一个由国内外为数众多、志趣迥异的学者们共同建构起来的概念和研究领域。

1. 国外科学精神研究概况

历史地看，关于“科学精神”的论述，早在古希腊哲学家理解世界、构建知识体系的思想理论活动中就开始了。亚里士多德（Aristotle，公元前 384—前 322）在其《形而上学》中专门论述从事“哲学”研究必备的条件。[①] 作为一种具有近代意义的科学精神论说，在中世纪中晚期初露端倪。例如罗吉尔·培根（Roger Bacon，1219—1292）主张基于经验、以实验方法来构建关于自然的“新科学”。

随着近代科学革命的展开，欧洲大陆出现关于“科学精神”议题的专门论述。在那个“革命”的时代，关于自然知识、关于获取自然知识的认识论、方法论问题的哲学论述层出不穷。其中，哲学的方法论进路比较系统地体现在经验主义-实证主义和理性主义-数学主义两种富有生命力的进路之中。弗兰西斯·培根（Francis Bacon，1561—1626）的《新工具》和孔德（Auguste Comte，1798—1857）的《实证哲学教程》典型地代表从经验主义到实证主义的科学精神追求，而笛卡儿（René Descartes，1596—1650）的《谈谈方法》则代表理性主义者和数学主义者的科学理想。笛卡儿哲学奠定了近代认识论的基础，也形成了关于科学精神的认识论和方法论进路。在 19 世纪和 20 世纪之交，以马赫为首的批判学派哲人科学家基于对近代科学思想和科学知识的认识论反思和历史批判，揭露了近代认识论和方法论进路的褊狭，阐明了科学中理性主义与经验主义之间既要保持张力又要力求平衡的观点。

现代西方的科学史家（如萨顿（George Alfred Léon Sarton，1884—1956）、

---

① 亚里士多德：《形而上学》，吴寿彭译，北京：商务印书馆，1959 年第 1 版，第 1～5 页。

丹皮尔（W. C. Dampier）、莱昂·罗斑（Léon Robine，1866—1947）、林德伯格（D. Lindberg）、米歇尔·塞瑞斯（Michel Serres）、爱德华·格兰特（Edward Grant）、约翰·亨利（John Henry））、历史学家（如霍伊卡（R. Hooykaas））、思想史家（如梅尔茨（John Theodore Merz））、哲学家（如罗素（Bertrand Russell，1872—1970）、卡西尔（Ernst Cassirer，1874—1945）和实证主义哲学家），以及哲人科学家（如马赫（Ernst Mach，1836—1916）、彭加勒（Jules Henri Poincaré，1854—1912）、皮尔逊（Karl Pearson，1857—1936）和爱因斯坦（Albert Einstein，1879—1955））的著述中也或多或少地涉及“科学精神”问题。虽然这些哲学人文社会学者和科学家对于科学精神有着自己的独到见解，但是就“科学精神”的总体建构，尤其是历史变迁而言，国外还没有展开全面、系统的专门研究。而且，除了在理性精神、实证精神和规范结构方面有比较统一的认识外，其他观点都非常零散、杂乱。

2. 国内科学精神研究概况

我国学者对于科学精神的研究比较关心，付出了更多的热情和智慧。在中华民族迈向现代文明的进程中，五四新文化运动的俊彦就对科学精神给予了热切关注和精湛研究，他们从科学思想和科学方法等方面比较准确地把握住了科学精神的要素和实质，并做出了恰当的理论表述。[①]

20 世纪 70 年代末 80 年代初，我国开启改革开放实践。伟大时代造就科学的春天，再次激起国人的科学热情。在全国上下日益重视科学的氛围中，学术界再次开始关注科学精神问题。特别是从 20 世纪 90 年代后期开始，当代学者从不同视角研究科学精神，发表的文章数量不少，但总体而言，只有极少数学者的研究具有新见解，绝大多数著述流于泛泛之论，其学术水准让人实难恭维。

在这里有必要提及两位研究者。吴国盛在《科学的历程》中，无论是在特定时代的精神要素结构方面，还是在历史演进的线索方面，都对科学精神把握得较为到位，可惜只是滞留在了附带议论层面，未能展开系统论述。李醒民先生在 30 年的研究中，广泛研读国内外关于科学精神的文献，深入研究哲人科学家之科学精神集中体现者，详细论述了科学精神的诸多方面，从而形成了他关于科学精神之构成要素和结构的基本观点：

> 科学精神以追求真理作为它的发生学的和逻辑的起点，并以实证精神和理性精神构成它的两大支柱。在两大支柱之上，支撑着怀疑批判精

① 李醒民：《科学的文化意蕴——科学文化讲座》，北京：高等教育出版社，2007 年第 1 版，第 218～220 页。

神、平权多元精神、创新冒险精神、纠错臻美精神、谦逊宽容精神。这五种次生精神直接导源于追求真理的精神。它们紧密地依托于实证精神和理性精神，从中汲取足够的力量，同时也反过来彰显和强化了实证精神和理性精神。它们反映了科学的革故鼎新、公正平实、开放自律、精益求精的精神气质。科学精神的这一切要素，既是科学的精神价值的集中体现，实际上也成为人的价值，因为它们提升了人的生活境界，升华了人的精神生命，把人直接导向自由。在这种意义上可以说，科学精神是科学的生命，也是人的生命。[①]

目前，国内外还缺乏关于西方科学精神源流的全面而系统的专门研究和“全景式”梳理。绝大多数论述要么是关于科学精神某种维度的研究（如巴什拉的认识论维度的研究），要么是断代史式的研究（如爱德华·格兰特的《近代科学的中世纪基础：宗教的、制度的和智力的语境》），要么是关于某位科学家的研究（如柯瓦雷（Alexandre Koyré，1892—1964）的《牛顿研究》）。关于西方科学精神的起源、形成、发展，还没有比较详尽和系统的论著，有关论述散见于哲学史、思想史（包括科学思想史）以及哲人科学家的研究文献之中。

亚历克斯·罗森堡（Alexander Rosenberg，1946—）指出：“在西方世界，存在着某种特别的东西，它导致了科学的出现，科学的起源也表征了独特的西方文化的价值。西方文化和科学的特点彼此使得对方得以产生，这一直是这两个领域的学人值得讨论的问题。”[②] 我们有理由相信，就我们国家对于科学及其精神实质认识的现状而言，关于西方科学精神之文化历史源流之研究，对推进国内学术界的科学精神研究，增进国人对科学及其精神实质的全面理解，提高国人的科学素养和精神素质，都具有非常重要的理论意义和现实意义。

三、研究的方法论路径和主要目标

李醒民先生指出：“科学文化是人类文化的一种形态和重要构成要素，是人类的诸多亚文化之一。科学文化是科学人（man of science）在科学活动中的生活形式和生活态度，或者是他们自觉和不自觉地遵循的生活形式和生活态度。”[③] 时至今日，将科学视为一种文化业已达成共识，而且对于科学精神的理解和研究需要

---

① 李醒民：《科学的文化意蕴——科学文化讲座》，北京：高等教育出版社，2007年第1版，第275页。

② 亚历克斯·罗森堡：《科学哲学——当代进阶教程》，刘华杰译，上海：上海科技教育出版社，2004年第1版，第18页。

③ 李醒民：《科学的文化意蕴——科学文化讲座》，北京：高等教育出版社，2007年第1版，第30页。

更多地仰仗这种学术眼界。这种文化哲学观念事实上规定了科学精神研究最为基本的方法论路径。

科学是人类文化整体中演化、分化出的文化类型，似乎它与文化整体一直处在文化意义上的一致性与差别性辩证统一的演进中。仅就两者关系而言，科学文化对于人类文化整体是吸取与反哺的辩证关系。因此，科学并不是一种异类的文化，虽然它在一些本质属性上与其他人类文化存在差别性，但它毕竟是“人”的文化，有着“人”的文化所共有的东西。无疑，“科学文化是人类文化的各种亚文化之一，不用说具有人类文化的共性。”“文化的一般特征，或多或少都能在科学文化中窥见。”① 事实上，即使在古代文化中就已经蕴涵（自然）科学的一些文化因素，尽管这些因素对于科学来说还十分浅陋。在文化发生学的意义上，近代科学革命之前人们在对自然的认知实践中，在人们的思想观念、社会制度和伦理规范中，已经包含近代科学的一些精神要素。这不仅在认识论意义上，而且在方法论意义上都是值得我们思考的。胡塞尔曾指出：我们想要赢得对精神生活的理解，就必须“通过对历史的整体的批判地理解”，就必须“依据这一对整个统一过程的回顾进行一场认真负责的批判”。② 萨顿也指出：“我们必须使科学人文主义化，最好是说明科学与人类其他活动的多种多样关系——科学与我们人类本性的关系。”③

无疑，仅凭科学知识体系本身我们无法领略科学精神要义，或者说，仅从科学知识体系本身而来的关于科学的禀赋和禀性的理解是极其有限的。而且，如果仅囿于科学研究活动之行为实践和科学共同体之社会建制本身，既无法真正廓清科学精神的全貌，也无法真正把握科学精神的真谛。这是因为，如果把科学从其得以产生和赖以发展的文化-历史语境（cultural-historical context）中剥离出来，孤立地进行分析考察，这种认识论视界本身将不可避免地遮蔽一些科学精神要素。诸如实验、观察、测量器具和研究活动之行为这些外在的物质-形态呈现，以及科学共同体之社会建制的表面的社会关系表征，既不可能全然显现科学之不同于其他文化的精神特质，也不可能全然显露科学不可或缺的、与其他文化共有的精神气质。其结果往往会仅将异质于其他文化的特质说教，甚至仅将视科学为物质“力量”之信念，看成是科学的“圣经”，以至陷于科学万能论或者科学方法万能论的泥淖，使科学万能论和科学方法万能论在自己的理论视界中弥漫，从而郁结极端的“科学主义”情结。即使是一些试图理解科学（文化）与人文（文化）关

---

① 李醒民：《科学的文化意蕴——科学文化讲座》，北京：高等教育出版社，2007 年第 1 版，第 33 页。

② 埃德蒙德·胡塞尔：《欧洲科学危机和超验现象学》，张庆熊译，上海：上海译文出版社，2005 年第 1 版，第 93，94 页。

③ 乔治·萨顿：《科学的生命》，刘珺珺译，北京：商务印书馆，1987 年第 1 版，第 51 页。

系的人文学者，甚至标榜要理解人文文化乃至其他文化的其他学者，也未能真正消弭将科学文化与人文文化决然分离（而且或多或少存在对立）的文化意识形态樊篱。一些试图理解科学（文化）与宗教（文化）关系的宗教人士，甚至标榜要理解宗教（文化）乃至其他信仰（文化）的非宗教界学者，则未能真正做出关于科学与宗教（以及其他信仰）之文化关系的文化哲学诠释。

事实上，无论是“科学”指涉的对象，还是“科学精神”指涉的对象，无一例外的都是“文化”。因此，对于科学精神而言，只有在科学文化与其他文化的关联和互动中才能得到深切理解。而且，相对而言，与其他文化相比，科学是一种复杂多变的文化。科学文化并不像其他传统文化具有相对稳定的特质，它是一种求新求变的文化。科学文化这种求新求变特质并不仅仅反映在它对自然奥秘的不断追求中，也体现在它在研究方法、制度化设计和伦理规范建设等诸多领域的不断变革之中。求新求变特质是我们全面系统理解科学精神的根本困难所在。

萨顿指出：“十分明显，科学史家绝对需要充分了解文明历史的原因在于，要把科学史放在导致它们产生的那个环境之中。”① 罗兰·斯特龙伯格（Roland N. Stromberg，1916—2004）也指出：“思想史研究者通常相信，任何一个时代（各个时代不同）都有一种时代精神，这种时代精神影响思想和表达的所有领域。”② 狄尔泰更是明确指出：人类文化“每一系统构成了人类本性的一个方面基础之上的活动模式，但它在社会语境中以不同的方式发展，以满足社会的某种目标。只要这些系统进入一种系列分析，这些研究只有持续地参照研究的其他类型——它将社会历史世界中的共同体和组织作为其研究主旨——才能得到贯彻。”③ 不难看出，科学精神是一个历史的和综合的范畴，科学以及科学精神所反映的是人类在理解自然方面的精神发展水平，其本身具有特定的时代性特征。正是历史展现科学在它历史发展中的时代性和发展上的差别性，也展现它在发展进程中继承与变革之矛盾运动的线索；也正是在这种矛盾运动中，展现科学以及科学精神发展中延展与衍化、继承与革命之间的张力。从文化哲学的视角看，似乎只有在某种具有张力的思想和制度环境中，精神才能得以维系和发展。因此，应当说，历史主义路径的历史-文化考察对于理解科学精神毋庸置疑是必要的，而且也是理解西方科学精神的一个便捷路径。

---

① 乔治·萨顿：《科学的生命》，刘珺珺译，北京：商务印书馆，1987 年第 1 版，第 31 页。

② 罗兰·斯特龙伯格：《西方现代思想史》，刘北成、赵国新译，北京：中央编译出版社，2005 年第 1 版，“导论”第 5 页。

③ 韦尔海姆·狄尔泰：《人文科学导论》，赵稀方译，北京：华夏出版社，2004 年第 1 版，第 50，51 页。

因此，对于科学精神的理解和把握需要广阔的文化-历史语境。如果试图从科学知识体系中窥视科学精神则更是如此，因为对于科学概念的理解和把握更需要非常完整的文化-历史语境。这种对于科学精神研究的文化的和历史的认识论要求，所指涉的是“（文化）整体论”的认识论视界和方法论路径。

必须指出的是，科学作为一种文化并不是一个显而易见的整体。“文化整体论”的认识论视界并不就意味着从各种文化的无差别理解来主观臆断地析出所谓的科学精神（要素），而是要做出文化之系统的、关系的理解。B. 巴伯（Bernard Barber）曾指出：“科学并不是要素与活动的杂乱无章的组合，而是一个具有凝聚性的结构，其各部分在功能上有互相依存的关系。简言之，我们需要对科学本身有一个更科学的理解。”在他看来，要想令人满意地理解科学，就要分别研究科学的若干方面。这就需要一种对科学的系统理解，需要一种把科学本质的多样性与其内在的整合性和统一性联系起来的方法。[①] 而且，如萨顿指出的：“历史学家要按照本来面目说明科学的进化，必须要考虑到不同的角度转换。”[②]

从前面关于科学精神研究的认识论视界和方法论路径的一般论述，可以得出一个大致结论：科学精神研究，特别是“西方科学精神的文化历史源流”研究本身就内在地规定必须遵从的认识论视界和方法论路线。

本书将遵从这种方法论思想，沿着“科学精神”自身发生、发展的历史脉络，围绕哲学史、思想史、科学史、宗教史以及社会人文史提供的线索，在挖掘、比较、整理材料的基础上，发现、梳理、还原时代精神原貌中科学思想、科学方法、科学研究活动、科学社会组织中蕴涵的科学精神气质，从而在历史与逻辑统一的把握中，努力进入当时的时代性中去理解和探究特定时代精神背景中科学精神的构成要素及其相互关系。在对各个历史时期科学精神的时代性理解的基础上，揭示不同历史时期科学精神的来龙去脉和突出特征，最终勾勒出西方科学精神的源流和历史变迁。

鉴于科学精神气质常常在某个或者某些少数科学家身上凝练而集中地体现出来。因此，本书将着力梳理科学史上伟大科学家尤其是哲人科学家体现的科学精神。在论述中，不仅在文化语境还原和时代性科学精神结构要素的总体摹写时，重点刻画他们“异常”的科学精神气质，而且对他们作为个体在科学精神某个或者某些方面的示范性表现列专节（或者小节）给出必要论述。

本书在总体逻辑架构上除“引言”和“结语”外，共分为 7 章。这些章节在

---

① B. 巴伯：《科学与社会秩序》，顾昕等译，北京：生活·读书·新知三联书店，1991 年第 1 版，第 1，2 页。

② 乔治·萨顿：《科学的生命》，刘珺珺译，北京：商务印书馆，1987 年第 1 版，第 31 页。

以叙事和论述的方式还原西方特定时代文化语境的基础上，展示西方人这一人类特定种群在其文化传统中，“为知识而知识”以至于为理解自然和解释自然的种种时代性议题和文化实践，从而呈现西方各个历史时期作为科学精神要素的结构性特点。从这种关于西方科学精神锻造的历史文化摹写中既可看到西方之所以能够诞生自然科学的文化历史原因，也可以看到由西方人所表现的“爱智慧”之精神追求中的一些永恒主题，更可以看到一些科学精神要素的历史连贯性。

需要指出的是，本书仅是提供了一个关于西方科学精神渊源和历史嬗变的“通史式”概观，对于西方科学精神构成要素的文化语境还原和史实论述尚显薄弱。作为一部抛砖引玉之作，笔者希冀学术界对科学文化更加深入、更为系统的研究和论说。

第一章　希腊古典时期的理性精神遗产

西方科学精神的发展，既呈现为科学精神之要素生成和结构形成的时代性，也呈现了科学精神之要素扬弃和结构变革的历史性。它是一个辩证运动的文化历史过程。无疑，古希腊文明在西方文明史上具有独特的文化历史地位。对于西方科学文化而言，它是最重要的历史源头之一。确如吴国盛所说："希腊是科学精神的发源地"，"在人类历史上，是希腊人第一次形成了独具特色的理性自然观，这正是科学精神最基本的因素。"[①] 古希腊圣贤的（前）科学精神虽然难与现代科学巨匠媲美，但是正是东西文明的交汇和他们的不懈努力，创造出古代世界独一无二的古代科学文明，锻造出虽显拙朴却影响深远的理性精神。

第一节　希腊古典时期理性精神产生的历史文化背景

希腊文明的兴起是东西方古代文明碰撞和融合的结果，而理性自然观的形成与其独特的神谱原型不无关系。不过，对这种原型的祛魅和再造，古典时期理性精神的锤炼和形成，这一切都不得不归功于那个让人们的心灵能够自由滋长的社会文化环境和时代精神氛围。

一、希腊文明兴起的地缘因素和古典时期理性产生的社会政治背景

在地理环境方面，由于希腊本土地形复杂，其土地被贫瘠的山脉分割开来，因此聚居区只能在肥沃的平原上发展，这就在很大程度上决定了他们社团的独立性。随着氏族公社的彻底解体，希腊地区逐渐形成几百个独立的城邦国家，其中雅典城邦是最大的城邦国家之一。这些城邦国家都拥有自己的独立政权和独特文化，这些文化的哲学追求没有统一的支配权威。而且，虽然在预测和智慧方面要咨询祭司，

① 吴国盛：《科学的历程（第二版）》，北京：北京大学出版社，2002 年，第 54，60 页。

但这些祭司并没有像其他地方的神职人员那样拥有广泛的经济和政治权力。[①]

大约公元前1000年，现在的希腊和小亚细亚地区成为贸易和旅行的枢纽。这些地区的民族成为以航海贸易为业的民族。他们的港口城市接纳了来自东西方各种文明社会的旅居者，而贸易的船舶不仅带回货物，也带回哲学，这就促进了新观念和新观点的传播。公元前8世纪中叶到公元前6世纪中叶，由于当地土地已无法养活日益增多的人口，一些人开始漂洋过海，地中海周边出现了大规模的移民殖民浪潮。在这一时期，古希腊人开发了地中海、黑海和马尔马拉海的沿海地区，他们的殖民城市散布于西西里海岸、意大利南部以及黑海地区。这种诸多文化交汇的氛围，给了古希腊社会一种更具大都市品质的文化面貌，使得人们能够在诸多竞争选项中择取最迷人的或最有用的概念。这种与其他民族的频繁交往还唤醒了古希腊人统一民族的意识。

在泛希腊地区的众多城邦国家中，雅典城邦本来不是很有名。公元前594年梭伦被推举为执政官后，雅典城邦逐渐强大起来。梭伦上台后推行一系列的政治改革措施，其中包括提升中下等自由民阶级的政治权利，并且组建最高法庭以扼制执政官员的权力等民主法制措施；梭伦还发动了符合下层自由劳动民众利益的经济改革。在梭伦之后，另一位政治家克里斯提尼进行了更广泛深入的民主体制改革，被称为雅典民主之父。

雅典的崛起始于两次波斯战争（公元前490年与公元前480—前479年）。马拉松之役（公元前490年）雅典对波斯王大流士的胜利，以及由雅典城邦主导的希腊联合舰队取得了对大流士继承人薛克修斯（公元前480年）的胜利，为雅典在这一地区树立了空前威信，雅典也成为反波斯同盟盟主。同盟盟约规定，任何成员国都有义务提供一定数量的船只或者代役金，大多数城邦选择了后者。从此雅典城邦便取得了凌驾于其他盟国的海上霸权，进而逐渐将同盟转化成雅典帝国。雅典变得富庶了，而且在白里克里斯的领导下迅速繁盛起来。

在整个泛希腊地区，公民生活的蓬勃发展解放了各个民族中最富有天才之民族的精神力量。也由于没有单一的、完全统一的、由一个共同政府或僧侣强化或者促进的信念，这就鼓励了独立思考，助长了民主的兴起。民主政治制度中激烈的政治斗争，往往带来个人意见、个人判断的独立性，发挥着个性的作用。[②] 但是，过度的为民主而民主也不可避免地引起社会秩序的紊乱。

在政治动乱和社会结构剧变的情况下，古希腊各个城邦采用并实行各种各样

---

① Ray Spangenburg and Diane K. Moser, The History of Science from the Ancient Greeks to the Scientific Revolution, New York: Facts On File, Inc., 1993, 7.

② 文德尔班：《哲学史教程（上卷）》，罗达仁译，北京：商务印书馆，1987年第1版，第38页。

的政府和行政的管理形式，而雅典城邦则致力于法律的制定和编纂。德雷科（公元前 621 年）编纂的法典和梭伦（公元前 594 年）的法律改革，提出明确表述的公开、系统的法律遗产，这是哲学和科学中的系统性和规律的原型之一。[①] 正是自由、平等、民主和法制的精神气质，在很大程度上决定和塑造了希腊文明的独特性格。这种民族性格与希腊原始神话也有难以割裂的内在联系。

二、希腊古典理性的神谱原型

古希腊人的神学、宇宙起源学说和神谱三者是紧密相关的。不过，他们的神谱——或者原始宗教或者宇宙起源学说——与其他文明存在着明显差别。在古希腊人的神话时代，关于宇宙的一半感情上、一半理智上确定的表象系统已经从原始自然崇拜中脱颖而出。它以神话故事的形式呈现给人们，叙述神灵界的谱系和事迹；它借用人类世代繁衍及其世间行动的意象来表达宇宙万物间的自然关系。[②] 这种表象系统试图用理论来说明神秘的世界，解释被设想为掌管自然现象和人类生活事件的主宰者的起源。[③]

正如许多历史学家评述的，希腊宗教并不鼓励这种观念：神根据易于了解的既定原则统治世界。荷马（Homer）和赫西奥德（Hesiod）在公元前 8 世纪描绘的众神是易错的，经常是反复无常的，并且远远不是全知的。由此，如果一个古希腊人想知道世界是如何开始的，它将趋向何方，它为什么如它所是的那样运行，他的宗教很少能为他提供令人满意的答案，他们常常需要依赖于理性和观察。[④]

M. W. 瓦托夫斯基（Marx W. Wartofsky，1928—）指出，古希腊人神话诗式的对经验的重建当然足以说明人类的创造力、人类思维自由审美的发明能力，而且希腊神话包含一种对宇宙是怎样形成的，以及它是如何被安排的、粗略的系统说明，也包含有一套含蓄的关于人类行为的法规和模式。[⑤] 古希腊人从其祖先继承而来的关于宇宙的学说，是一个比多神教更直接地由个人权力来推行并指挥的自然精灵系统。古希腊时期新哲学的萌芽就是从这种宏伟的宗教底蕴中发展起来的。以较为细致的观察和严格的理智作指导的善于思考的希腊人，开始一部分一部分

---

① M. W. 瓦托夫斯基：《科学思想的概念基础——科学哲学导论》，范岱年、吴忠、金吾伦、林夏水等译，北京：求实出版社，1989 年第 2 版，第 92 页。

② 莱昂·罗斑：《希腊思想和科学精神的起源》，陈修斋译，桂林：广西师范大学出版社，2003 年第 1 版，第 24 页。

③ 梯利著、伍德增补：《西方哲学史》，葛力译，北京：商务印书馆，1995 年第 1 版，第 7 页。

④ Curt Suplee，Milestones of Science，Washington D. C.：National Geographic Society，2000，19.

⑤ M. W. 瓦托夫斯基：《科学思想的概念基础——科学哲学导论》，范岱年、吴忠、金吾伦、林夏水等译，北京：求实出版社，1989 年第 2 版，第 62，92 页。

地补充古代遗留的图式并且推动万物有灵观的科学向自然科学转变，自然科学从那时起就在整个知识界获得优势。①

正如莱昂·罗斑所言：古希腊人努力使其神话的表象系统呈现统一趋势，尽可能使神话简单化，尽可能淘汰其中不连贯的方面，从而使这个表象系统逐步脱离与它相联系的宗教崇拜。这是从相传为波爱修学派著名代表赫西奥德的《神统记》（即《神谱》）中看到的情形。赫西奥德致力于将各种神话传说中比较基于理性的成分予以系统化，并且为了教育的目的而把它们编纂成知识的“集成”，着眼于追求简单和普通，其作品在这种意义上已经是“科学”了。这种“神统记”也就是“创世记”，对诸神的兴趣乃是受解释自然力量的活动愿望支配的。② 亦如吴国盛断言：“希腊神话这种完备的诸神谱系，实际上是逻辑系统的原始形式。如果把诸神进一步作为自然事物的象征，那么系统的神谱可以看做是自然之逻辑构造的原始象征。这种完备的神谱，弘扬了秩序、规则的概念，是希腊理性精神的来源之一。”③

第二节　希腊古典时期理性发展的主要路线和模式

M. W. 瓦托夫斯基说，神话、法律和技术实践的背景提供了一些系统的框架，其中对于事物本性的哲学批判和思辨在古希腊思想的繁荣中得到发展，从而产生出理性的科学。④ 希腊科学的古典时代——从第一位自然哲学家泰勒斯（Thales，公元前 624—前 547）的出现到亚历山大征服全希腊为止的 200 多年间——古希腊人的理性发展大体上经历了四种路线，相应地形成了四种类型的理性模式，即米利都学派的自然哲学-宇宙论的理性路线和理性模式、宇宙论-物理学的理性路线和理性模式、南意大利学派的数理和几何证明的理性路线和理性模式、辩证法和修辞-逻辑的理性路线和理性模式。并且成就了第一个“哲学”体系，就是将理性推测和逻辑推演与日常经验相结合的古代知识体系集大成者亚里士多德的体系。

① 爱德华·泰勒：《原始文化——神话、哲学、宗教、语言、艺术和习俗发展之研究》，连树声译，桂林：广西师范大学出版社，2005 年第 1 版，第 567，568 页。

② 莱昂·罗斑：《希腊思想和科学精神的起源》，陈修斋译，桂林：广西师范大学出版社，2003 年，第 25 页。

③ 吴国盛：《科学的历程（第二版）》，北京：北京大学出版社，2002 年，第 61 页。

④ M. W. 瓦托夫斯基：《科学思想的概念基础——科学哲学导论》，范岱年、吴忠、金吾伦、林夏水等译，北京：求实出版社，1989 年第 2 版，第 91，92 页。

一、自然哲学-宇宙论路线：西方哲学-科学理性的开启

在公元前5世纪前，殖民地城邦的文化要比希腊本土发达得多。统一的（单一的同一性或者辩证的统一性）宇宙观的根本变化发生在希腊文明的殖民地。首先是在爱琴海东岸的爱奥尼亚地区，从泰勒斯开始到阿那克萨哥拉（Anaxagoras，约公元前500—前428），形成了以唯物主义自然哲学为特色的爱奥尼亚学派。

在米利都这个爱奥尼亚富庶的商业贸易城市，原始的偏见和迷信也由于许多国家之间的相互交流被冲淡了。随着关于自然的研究被从神话迷恋的控制中解放出来，对于作为一种智力系统的科学的发展道路被开通了。爱奥尼亚学派就是从米利都自然哲学学派开始的。

古希腊人是勇于大胆假设的，起码米利都学派准备在经验上来考察这些假设。泰勒斯就认为“万物都是由水构成的”。罗素认为，这一命题可被视为西方思想史上的第一个科学假说。[①] 黑格尔（Georg Wilhelm Friedrich Hegel，1770—1831）对于泰勒斯的这个命题给予充分肯定：泰勒斯的这一命题既是哲学的，更是自然哲学的。因为在这个命题里，感性的水并不是被当作特殊事物，而是被当作融合和包含一切实际事物在内的普遍本质，而且这一命题将“普遍”认定为“实在”。[②]

自此，爱奥尼亚的米利都，对于世界理性推测的曙光开启了。一方面，在哲学理性的意义上，泰勒斯是第一个提出“事物的第一原则是什么，现象背后的实在是什么”这类问题并寻求答案的哲学家。另一方面，在科学理性的意义上，泰勒斯第一个在理解世界的本性时，试图抛弃超自然解释。他关于自然本性的思考，导致他推测一切科学问题中最古老的问题：世界是由什么构成的？其答案不仅认为世界的物质构成是可理解的，而且认为世界各部分与其他部分是系统地统一起来的。

在较高水平地凸显详细而精确的经验-理性的思想方面，泰勒斯部分地打破了较早的神话-宗教架构，他的思维表明对经验过程更大程度的认可。因此，似乎有很好的证据表明，泰勒斯的系统体现了较高水平的理性思想之特点：对于思想的内容与形态的更大区别，在理解自然中较少的自我中心主义和较多的客观性，在构建更加理性的自然架构时对经验概念的使用。泰勒斯作为西方自然哲学鼻祖当之无愧。

阿那克西曼德（Anaximander of Miletus，约公元前610—前547）是米利都

---

① 罗素：《西方哲学史》（上卷），何兆武、李约瑟译，北京：商务印书馆，1963年第1版，第51页。

② 黑格尔：《哲学史讲演录》（第一卷），贺麟、王太庆译，商务印书馆，1959年第1版，第185，186页。

自然哲学传统的第二位自然哲学家。他充满科学好奇心；凡是在他有创见的地方，他总是科学的和理性主义的。他将经验-理性的思想的发展推进到一种非凡的程度。

阿那克西曼德认为，“万物都出于一种简单的始基”，但是我们看到的任何物质和实体是不能满足“始基”这个概念的要求的，或者说它在我们的直接经验之外。他一方面坚持“始基”的永恒性，但是为了解释经验世界中的种种变化，又假定万物始基的实在性，即使这样的始基在经验中也是不可能找到的。他因此称这种宇宙物质为“无限”（或者“无定”），并将规定始基这个概念应有的一切性质赋予“无限”：不生，不灭，不竭，不可毁坏。

自此，米利都学派想要确定统一的世界本原性质的辛勤努力被阿那克西曼德引导到经验之外，他设想出一种形而上学解释的概念“无限”（或者“无定”），并借此使科学脱离对事实的研究而走向概念的思考。① 在阿那克西曼德解释宇宙形成路线的一般形态上，其内容本身揭示了非凡程度的经验意识和理性思想。他在解释自然现象时大胆使用归纳和演绎推理及充足理由律，试图提供一种关于天文学现象的几何说明的努力。他用经验类比和富于想象的模型来解释气象学的发生，并以纯粹自然主义术语来说明有机生命的努力，标明他是一位第一流的思想家和科学理性主义的奠基人。②

阿那克西米尼（Anaximenes of Miletus，公元前585—前528）对于米利都学派的自然哲学做出一些重要的推进。阿那克西米尼的中心问题也是确定“本原”或者“自然”的本性问题。一方面，虽然他保留了阿那克西曼德“无定”的永恒运动和无限性，但是他关于普通的物理世界是如何生成的解释要清晰得多。另一方面，虽然阿那克西米尼不如阿那克西曼德那么富有革新性，但是阿那克西米尼的自然观念，尤其是他从收缩和稀疏过程的角度对于经验世界产生的描述，在通往一种更加明晰的科学理性主义的道路上又前进了一步，尽管还没有完全超越过去的遗产。

对于米利都学派的历史贡献，考恩福德（F. M. Cornford）指出，从世界和生活的泉源驱散神话的迷雾，这是一种非凡的业绩。它使世界的形成不再是超自然事件而是一种自然事件。正是由于爱奥尼亚人，它成为一切现代科学的普遍前提。因此，米利都人的主要遗产是这个天真却大胆的假定：无论多么复杂或者遥远，

---

① 文德尔班：《哲学史教程》（上卷），罗达仁译，北京：商务印书馆，1987年第1版，第43，44页。

② Richard H. Schlagel, From Myth to Modern Mind: a Study of the Origins and Growth of Scientific Thought, Volume Ⅰ, Theogony through Ptolemy, New York: Peter Lang Publishing , Inc. , 2001, 101～102.

自然现象是可以从经验概念和理性原则的角度来理解的。[①]

由米利都人开启的科学理性主义传统，不仅为稍后古希腊哲学的发展提供了舞台背景，而且为关于宇宙的科学观点打下基础。因为历史业已表明，是米利都人首次系统尝试将从宇宙起源和天空形成到地球上气象现象的原因和生物生成，作为一种整体延伸之物理过程的自然解释。由此导引出爱奥尼亚学派晚辈阿那克萨哥拉的宇宙论-物理学理性路线。罗素断言："西方文明发源于古希腊，其根基就是始于2500年前米利都的哲学和科学传统，在这一点上，西方文明不同于世界上其他主要文明。"[②]

二、宇宙论——物理学理性路线："种子说"与"原子论"

随着东西方民族的交往，泛希腊的自然哲学-宇宙论知识也在不断进步。以航海为业的爱奥尼亚人在长期实践中积累了许多经验知识，还有许多真实的、敏锐的观测。他们还与东方民族的经验知识保持联系，同古埃及人的关系非常密切。这些来自不同渠道的知识被爱奥尼亚人以刚刚迈出神话幼年的青春热情汇聚起来。他们将主要兴趣集中在物理问题上，特别是集中在重大的基本现象上；为解释这些现象，许多假说被设想出来。除此之外，他们的兴趣主要转向地理问题和天文学问题，诸如地球的形成，地球与恒星天体的关系，太阳、月亮和行星的性质，它们运动的状态和原因，等等。

作为米利都学派自然哲学思想的继承者、发展者和传播者，阿那克萨哥拉的贡献与众不同，具有相当的历史重要性。他延续了爱奥尼亚的科学和理性主义传统，并将哲学传播给了雅典人；并且是第一个提出心智可能是物理变化的首要原因的人。也许他对于雅典人在哲学和科学思想发展方面的影响是最为关键的一环。作为来自爱奥尼亚泰勒斯传统的最后一位伟大哲学家，约公元前462年他把自己的学说带到雅典。

在自然哲学或者宇宙论方面，阿那克萨哥拉的宇宙论是一种更有朝气的宇宙观点。阿那克萨哥拉认为，万物都可以无限地分割，哪怕是最小的一点物质也都包含着各种原素；事物所表现的就是它们所包含得最多的东西。文德尔班（Wilhelm Windeband，1848—1915）指出："强调宇宙秩序是阿那克萨哥拉学说中的赫拉克利特因素。从按照既定目的而安排的有秩序的运动推论到运动的理性原

---

① Richard H. Schlagel，From Myth to Modern Mind：a Study of the Origins and Growth of Scientific Thought，Volume Ⅰ，Theogony through Ptolemy，New York：Peter Lang Publishing，Inc.，2001，103～107.

② 伯兰特·罗素：《西方的智慧》，崔权醴译，北京：文化艺术出版社，2005年第1版，第8页。

因，这个结论是对自然作目的论解释的第一个例证，由此例证，价值概念（即美和完善）在理论领域里也被当作解释的原则。”①

从阿那克萨哥拉的思想中我们看不到对于伦理与宗教的偏好。他是一位反对任何形式神秘主义的忠实理性主义者——无论是旧神祇的神秘主义还是毕达哥拉斯派的新神秘主义，也是第一位因为自己的观点受到迫害的重要哲学家。他确然地延续和发展了爱奥尼亚的科学和理性主义传统。

在宇宙论-物理学理性路线上比阿那克萨哥拉显著前进的是恩培多克勒（Empedocles，约公元前 493—前 433）。罗素认为，恩培多克勒“把自然过程看做是被偶然与必然所规定的，而不是被目的所规定的。在这些方面，他的哲学要比巴门尼德（Parmenides of Elea，约公元前 515/539—?）、柏拉图（Plato，约公元前 428/427—前 348/347）和亚里士多德诸人的哲学更富于科学性。”②

在自然科学知识方面，恩培多克勒是那个时代颇具现代科学水准的难得的全才，他的科学贡献影响了那个时代整个科学思潮和哲学思潮的基本倾向。①在天文学方面，恩培多克勒知道月亮是由反射而发光的，而且认为太阳也是如此；他知道日食是由于月亮处于太阳与地面的居间位置引起的。他的这些知识似乎是从阿那克萨哥拉学来的，但这也无碍于我们对他的科学理性水准评价。③ ②在宇宙论方面，恩培多克勒关于地球位于中央、被晶体状球体包围的球形宇宙的观念，是对由亚里士多德阐述并被中世纪晚期所采纳的双球、地球中心宇宙的首次清晰陈述；而他关于地球是由旋转的天空产生的漩涡的或者向心的运动托在宇宙球体中心的猜想预示了笛卡儿的漩涡理论。③在物理学方面，恩培多克勒从当时一种叫“klepsydra”（一种有阀门的容器）的玩具受到启发，利用各种器皿进行实验，发现空气是一种独立的实体，这非常符合近现代科学基于经验的假说-实验之发现程序。甚至有人说，恩培多克勒四元素学说是曾经发展出的最富有成效的科学理论之一——原子论的先驱。④在生物学方面，恩培多克勒知道植物界也有性别，他还提出一种演化论与适者生存的理论。⑤恩培多克勒创立的意大利医学学派曾影响了柏拉图和亚里士多德的医学思想。恩培多克勒作为医生的经验——医学艺术要求一个人准确观察病人的症状和生理变化——使他成为一位生命现象的敏锐观察者。其富有创造性的思想常常表现出极为不同的水平，这依赖于现象或者问题是经验性的和近在手头的，同时也更富于推测性并更加深邃。由此，与前苏格拉底哲学家相比，恩培多克勒关于生命的解释建立在更加确切和详细的观察之上，也更加精致和复杂。他的胚胎学的推测，尤其是生

---

① 文德尔班：《哲学史教程》（上卷），罗达仁译，北京：商务印书馆，1987 年第 1 版，第 63 页。
② 罗素：《西方哲学史》（上卷），何兆武、李约瑟译，北京：商务印书馆，1963 年第 1 版，第 89 页。
③ 罗素：《西方哲学史》（上卷），何兆武、李约瑟译，北京：商务印书馆，1963 年第 1 版，第 85 页。

理研究展示了一种高度发达的批判意识。

恩培多克勒对科学理性主义发展的主要贡献在于他在解释生理过程时对于经验类比的敏锐使用。因为科学知识的发展不仅依赖于新的观察、发现和实验研究，它同样依赖于以比较熟悉的结构和事件来解释陌生的或者不可观察的现象。在这方面，引人注目的例子是他认为原子的内部结构类似于太阳系。尽管阿那克西曼德和阿那克西米尼都试图以地球相似物来说明特定天文学和气象学现象，但是恩培多克勒对类比的使用在许多方面更加老练。例如，他借用阀门控制机制来描述呼吸过程中血液与空气的相互流动和交换，以及使用灯笼来说明视觉过程。这里，我们看到对特定生理现象经验的、系统的研究浮现，这些现象可以当作一种正在发展的医学传统的基础或者背景。

在雅典之外，自然哲学继续向前行进。恩培多克勒和阿那克萨哥拉，曾以各自的方式将物质实在与动力实在相区隔，这种分离被留基伯（Leucippus，鼎盛年约公元前440—前430）和德谟克利特（Democritus，公元前460—前370）的原子论取消了；并且，原子论者是因企图调和巴门尼德与恩培多克勒所分别代表的一元论和多元论而走向原子论。

从现代人可得到的历史资料看，德谟克利特关于原子论的论述要清晰、明确一些。他认为，包括人类在内的世间一切都是由坚硬的、打不破的、无限小的、不可见的粒子集合组成的。他还说，宇宙本身来自这种原子巨大的、旋转的漩涡，并且有无限数量的世界被以同样的方式创造。根据德谟克利特的理论，原子是不可毁灭的、永恒的和不变的。物质的一切变化只是大量凝集在一起的原子的分开或凝聚。德谟克利特进一步说，甚至人脑，更惊人的是神祇——如果存在的话——也是由原子组成的。如我们现在所知道的，这是一个好理论，但问题是，与古希腊其他所有理论一样，它只是纯粹推测。由于没有办法证明或否证它，原子论并不比当时在希腊传播的其他众多理论有更重的分量。另外，公众意见对它的一个重要攻击是，这种关于宇宙的纯粹机械的观点绝对没有为神的存在留下空间或理由。

罗素认为："原子论者乃是严格的决定论者，他们相信万物都是依照自然律而发生的。德谟克利特明白地否认过任何事物可以由于机缘而发生。""事实上，原子论者的理论要比古代曾提出过的任何其他理论都更近于近代科学的理论。"而"德谟克利特是一个彻底的唯物主义者；我们已经知道，在他看来灵魂是由原子组成的，思想也是物理的过程。宇宙之中并没有目的，只有被机械的法则所统驭着的原子。他不相信流俗的宗教，他反驳过阿那克萨哥拉的奴斯（nous，一般译为"灵魂"）。"[①]

① 罗素：《西方哲学史》（上卷），何兆武、李约瑟译，北京：商务印书馆，1963年第1版，第98，99，106页。

德谟克利特从形而上学思考中产生的原子概念，已被证明对自然界的理论科学很有效。这是因为，正如在留基伯的体系中已经明显表现出来的一样，这种概念包含了这个原理：所有自然界呈现出来的质的差异都必须归纳为量的差异。[①]

三、南意大利学派的数理和几何证明路线：数学化科学理论的先驱

几乎与爱奥尼亚学派并行发展的是西方的南意大利学派，从毕达哥拉斯（Pythagoras of Samos，约公元前584—前497）到恩培多克勒，形成了以数理哲学为主要特色的南意大利学派。在数学方面，由于毕达哥拉斯的影响，南意大利在大希腊要比在爱奥尼亚兴盛得多，尽管那个时代的数学史与神秘主义是混淆在一起的。不过，人们通常相信，是毕达哥拉斯确立了几何是逻辑上相关的一系列命题的思想。

毕达哥拉斯学派不太重视感官知觉的实体，而注重宇宙万物间的关系、秩序、一致或和谐。毕达哥拉斯曾经说“万物皆为数”。在他的观念中，数是事物的本质、本体，而不仅仅是形式。毕达哥拉斯学派从关于数的纯粹形而上学的本体论建构走向关于事物的“规律”或者“法则”的解释。并且，他们的哲学一方面是关于宇宙构成的，另一方面是音乐的，或者说既是科学的也是美学的，因而也不乏“实验”（或“工艺”）成分——因为如何定音对于乐器非常重要。凭借他们的数学发展起来的天文学观念上的宇宙论同时渗透着美学和伦理学动机。毕达哥拉斯派还把世界假想为原子的，把物体假想为原子按各种不同形式排列起来而构成的分子所形成的。他希望以这种方式使算学成为物理学的以及美学的根本研究对象。这种兼具美学的基于自明性前提（尽管其前提主要是一种信念）的演绎推论方式，无疑是数理科学的先驱。

尽管毕达哥拉斯对于数字持有一些神秘的、古怪的信念，但我们也应该感激他坚持认为，通过数学我们可以获得对世界的理解。在证明的演绎推论的意义上的数学，就是从毕达哥拉斯开始的。罗素指出，自毕达哥拉斯时代起，算术和几何学就一直在古希腊哲学中起着重要的作用。有多个原因可以说明数学为什么在此特别重要。首先，数学问题简约明白；其次，数学已经有了一套论证程序的既定模式，证明在数学中的作用比在绝大多数其他科学中更为明显；最后，一项数学论证的结论一旦被正确理解，就不容置疑。除了问题的简约明白和结构的明确性外，数学还为美的创造提供了一定的范围。在这一领域中的“典雅”和“节约”等概念都是符合美学理念的。[②]

---

① 文德尔班：《哲学史教程》（上卷），罗达仁译，北京：商务印书馆，1987年第1版，第64页。

② 伯兰特·罗素：《西方的智慧》，崔权醴译，北京：文化艺术出版社，2005年第1版，第102，103，107页。

逻辑史学家涅尔夫妇（William Kneale and Martha Kneale）指出，在希腊古典时期，与建立数理宇宙模型相伴的是证明观念的兴起。“证明”这个概念之所以引起人们的注意，大概是因为它首先与几何学联系在一起。系统地研究几何证明这门学问似乎是由毕达哥拉斯学派开创的。[①] 尽管我们无法重构古希腊数学证明的早期发展，但是我们也许可以看到这种发展被反映在碰巧被保存下来的哲学论证的例子中。最古老的和最详细的这些论证完好无损地传给了我们，是因为它被镶嵌在巴门尼德的一部六步格诗中。

在所有古希腊哲学家中，巴门尼德和恩培多克勒是仅有的两位用诗歌形式提出理论的先哲。巴门尼德的诗篇与许多同时代哲学家一样，也取名为《论自然》。全诗分为两部分，第一部分叫做“真理之道”，其中包含许多我们感兴趣的逻辑理论；第二部分叫做“意见之道”，他在当中提出了实质上属于毕达哥拉斯学派的宇宙论。虽然他曾是毕达哥拉斯学派的信徒，但是当他阐述自己的批判观点时，却抛弃了毕达哥拉斯学派思想。

在巴门尼德看来，一切涉及“无”的事物的考量都是达不到真理的，唯有绝对者。因此，“意见之道”是不能进入“爱智者”殿堂的，唯有“真理之道”。

无论是毕达哥拉斯派的数理哲学，还是爱利亚学派的论辩术，都引入了几何学的证明范式。只不过前者认识事物的方式被长期幽禁在神秘主义的活动领域中，一直到文艺复兴时期才得以在物理科学中复兴。而从爱利亚学派发展起来的哲学思想，在雅典哲人的继续努力下，为后来论辩的辩证法和逻辑学的产生和发展奠定了逻辑哲学基础。身为逻辑学家的罗素认为：“巴门尼德在历史上之所以重要，是因为他创造了一种形而上学的论证方式，这种论证曾经以不同的形式存在于后来大多数的形而上学者的身上直至黑格尔为止，并且包括黑格尔本人在内。人们常常说他曾创造了逻辑，但他真正创造的却是基于逻辑的形而上学。”[②]

四、辩证法和修辞-逻辑理性路线和模式

由于注意到生成的原因、事物的变化或者运动等问题，在恩培多克勒和阿那克萨哥拉（甚至爱奥尼亚学派）那里，我们看到了或多或少的辩证法因素。不过，我们看不出他们有创建辩证法或者有辩证地看待自然、看待思维的理论企图。爱利亚学派显然注意到了变化问题，但是他们拒绝它，视之为绝对不可设想的。恩培多克勒同意爱利亚学派的观点，认为绝对的变化是不可能的；就变化的真实意

---

① 威廉·涅尔、玛莎·涅尔：《逻辑学的发展》，张家龙、洪汉鼎译，北京：商务印书馆，1985年第1版，第5页。

② 罗素：《西方哲学史》（上卷），何兆武、李约瑟译，北京：商务印书馆，1963年第1版，第78页。

义来说，没有什么东西能够变成任何别的东西；但他却与赫拉克利特（Heraclitus of Ephesus，公元前 540/535—前 480/475）一样，仍然主张事物会变化，不过这种变化是相对的，而不是绝对的。比他早约一个世纪的赫拉克利特却特别重视变化、运动和事物之间的关系，因而开了古希腊自然辩证法的先河。①

希腊古典时期的辩证法和修辞-逻辑理性路线，由于价值取向上的差别，又可区分为四种类型的学派传统，即赫拉克利特的自然辩证法、爱利亚学派的论辩的辩证法和怀疑批判的理性精神、苏格拉底的修辞-精神助产术和柏拉图的形而上学-逻辑理性模式。

1. 赫拉克利特的自然辩证法

赫拉克利特在公元前 535 年出生于爱奥尼亚的以弗所，他虽然是爱奥尼亚人，却不属于米利都学派的科学传统，而是一位特殊的神秘主义者。赫拉克利特将生机勃勃的“火”这种实体看做基质，有意识地突出变化的事实或生成。在他看来，世界对于一切存在物都是同一的。万物都像火焰一样，是由别种东西的死亡而诞生的。

人们熟知的是赫拉克利特最著名的流变说强调的见解：你不能两次踏进同一条河流，因为新的水不断地流过你的身旁。罗素提议说，可以比较他的另一句名言：“我们既踏进又不踏进同一的河流；我们既存在又不存在。”② 需要注意的是，赫拉克利特并不是在宣扬不可知论，他绝对不是不可知论者，他是在强调事物作为存在的运动性，在于强调事物是运动着的事物的确然性。

赫拉克利特认为世界上有一理性掌管其中发生的事件。世界是一种由对立面的结合而形成的统一体：一切产生于一，而一产生于一切。罗素说：“这种‘万物归一’的观点是一种相当可敬的科学假说。”③

比起他同时代的以至于随后的大部分人明显地弱化甚至剔除时间、变化和运动的自然哲学或宇宙论思想，“流变说”显然是在另一个方向上对于自然哲学和宇宙论的极大贡献。

赫拉克利特最重要的贡献是他独特的辩证法理论：将永恒流变观点与宇宙统一性观点相整合而来的学说。在他看来，应当了解相反者是如何相成的；对立的力量可以造成和谐，正如弓之与琴一样；斗争中对立面结合起来就产生运动，运动就是和谐。罗素认为，这种学说包含着黑格尔哲学的萌芽，黑格尔哲学正是通

---

① 从恩格斯引述的观点内容看，他在《自然辩证法》中所称的“伟大创立者”，显然指的是赫拉克利特。参见《马克思恩格斯选集》（第三卷下），北京：人民出版社，1972 年第 1 版，第 454 页。

② 伯兰特·罗素：《西方的智慧》，崔权醴译，北京：文化艺术出版社，2005 年第 1 版，第 21 页。

③ 伯兰特·罗素：《西方的智慧》，崔权醴译，北京：文化艺术出版社，2005 年第 1 版，第 12 页。

过对立面的综合而进行的。①

尽管赫拉克利特的形而上学正像阿那克西曼德的形而上学一样，是被一种宇宙正义的观念所支配，尽管他的辩证法还相当朴素，但是在"全面的"和"联系的"、"发展的"和"变化的"等思想方面，很难说现代的辩证法将他超越了多少。

2. 论辩的辩证法和怀疑批判的理性精神

就在赫拉克利特以那个时代少有的流变的统一观念认识世界之时，爱利亚学派的奠基人色诺芬尼（Xenophanes，约公元前565—前473）（作为一位思辨的神学家而不是哲学家）则从世界统一的哲学概念出发，得出有利于泛神论宗教意识的结论，宣称神有统一性和不变性，神即宇宙。更加显著的是，爱利亚学派通过其伟大的代表人物巴门尼德创制出"存在"概念。巴门尼德还以他的论证方式反驳赫拉克利特，说：没有事物是变化的。到了这学派的下一代，芝诺（Zeno of Eleatic，约公元前490—?）捍卫了这种态度。

虽然巴门尼德和芝诺的逻辑思维表现出调和和弥漫的方面，因为对于我们来说很清楚的动词"to be"的各种用法的区别，以及逻辑与本体论之间的差别，在他们关于逻辑的原始观念中是融合在一起的，但巴门尼德仍然可被认为发现了逻辑蕴涵，芝诺可被认为发明了辩证法。而且，从知识的经验内容抽象出各种逻辑原则，然后将其采纳为实在的标准，这是一种标示最高精神能力的抽象业绩。虽然受其时代知识水平的限制，但巴门尼德信徒（与毕达格拉斯信徒一起）无疑证明早期时代的思想家与后来时代的思想家一样能够拥有同样高质量的抽象思想。当代哲学家和数学家依然困惑于芝诺悖论，就足以证明这一事实。在他们进行哲学探讨的模式中，巴门尼德信徒表现出现在被称为理性主义的智力特质，即一种蔑视经验证据、赞成显得自明并不容置疑的原则的精神。更一般地说，理性主义者是这样的，他对形态系统的智力主张的信任胜过对感觉经验证据的信任。因此，我们发现，巴门尼德否定经验变化、运动、时间和质量的实在性，因为它们与某事物要么是要么不是之排中律不一致。正如巴门尼德所诠释的，这个原则排除变化，因为它不允许存在与非存在之间的中间状态：没有状态或性质的变化、没有生成或毁灭、没有运动，等等。只有纯粹存在的不变的、无始无终的实在才能存在。

黑格尔给予芝诺以高度评价：他是爱利亚学派的大师，是辩证法的创始人。芝诺的出色之点是辩证法，他把理论中的各环节和对立更多地作为概念和思想表达出来，在他那里，爱利亚学派的纯思维成为概念自身的运动。他还说，我们看

① 罗素：《西方哲学史》（上卷），何兆武、李约瑟译，北京：商务印书馆，1963年第1版，第72，73页。

见理性的识见在芝诺这里觉醒了。[1] 罗素则指出芝诺批判性思维的重要性，他说："芝诺的辩证法主要是对毕达哥拉斯观点的一次破坏性攻击，同时也为苏格拉底的辩证法，尤其是为我们以后将遇到的假说方法奠定了基础。而且，他首次针对某个具体的问题，系统地运用了严密的论证。"[2]

如我们看到的，在爱利亚学派中充满怀疑批判精神，这种精神主要体现在他们的论辩艺术之中。这种智力倾向在当时泛希腊的社会文化背景中衍生出怀疑主义运动。

公元前 5 世纪下半叶，怀疑主义运动中最重要的代表人物是智者派领袖普罗泰戈拉（Protagoras，约公元前 480—前 408）。普罗泰戈拉在一本关于反驳的论据的著作中明确表达了矛盾对立律，甚至说关于每一个对象都有两个互相对立的命题，并由此导出结论。

普罗泰戈拉给人们留下一个著名的命题：人是万物的尺度，是存在的事物存在的尺度，也是不存在的事物不存在的尺度。也就是说，在知识方面，人以自己为准则。文德尔班指出，在普罗泰戈拉那里，"对于人类知识来说，无论什么东西都不是普遍有效的"[3]。智者们这种理论上的怀疑主义又导致伦理上的怀疑主义，导致在行为上人以自己为准则的观点。

智者们继承了爱利亚学派的传统，他们的主要技艺之一就是用前人公认的正确观念来使人迷惑，并使人陷入矛盾。不仅如此，他们批评认识就必须对认识问题做出深入研究。怀疑主义者的诘难要求人们不断审视和反思。在试图驳斥和克服怀疑主义的过程中，哲学家磨炼了对哲学问题的公式化表述以及做出了解决它们的努力。智者的理性贡献在于，以前的思辨家曾经朴素地和武断地肯定人类思想能够把握真理，而智者否定有取得确实和普遍的知识的可能性，迫使哲学检查思维过程本身，为认识论开辟了道路。他们利用过各种逻辑谬误和诡辩，这使研究正确的思维规律成为必要，从而加速了逻辑的诞生。

历史对于智者似乎不太公平。由于柏拉图和亚里士多德怀有敌意的批判和某些比较年轻的智者的虚无主义论点，智者学派运动在思想史上很长时期为人误解。自从黑格尔和格罗特试图比较公允地评价这些思想家之后，西方思想界才开始较为公平地对待他们。然而，全部智者学派运动的重大价值在于他们的批判精神。他们的怀疑主义激发了人们的思想，要求哲学、宗教、习俗、道德以及建立在它

---

① 黑格尔：《哲学史讲演录》（第一卷），贺麟、王太庆译，商务印书馆，1959 年第 1 版，第 272，274，279 页。

② 伯兰特·罗素：《西方的智慧》，崔权醴译，北京：文化艺术出版社，2005 年第 1 版，第 42 页。

③ 文德尔班：《哲学史教程》（上卷），罗达仁译，北京：商务印书馆，1987 年第 1 版，第 129 页。

们之上的制度来辨明自己的合理性。智者否认认识的可能性，那就使人有必要说明能够认识的道理。他们迫使哲学寻求认识的标准。[1] 正是他们训练了雅典人的理性思维，激发了苏格拉底和柏拉图的理论创造。

3. *苏格拉底的修辞-精神助产术*

从爱利亚学派到智者学派的整个思想发展导致了将真理作为不可得到的东西而加以放弃。作为智者的苏格拉底（Socrates，公元前 470/469—前 399）却渴望真理，他相信只要我们虔诚地追求真理，我们就可以得到真理。公元前 430 年到公元前 320 年，从苏格拉底开始，伴随着怀疑精神，雅典人对于知识的信心不断增长。苏格拉底维护知识，对抗怀疑论的袭击，他表明用逻辑的方法可以获得真理。在爱奥尼亚学派和南意大利学派相继随着地区的衰落而衰落的同时，雅典开始成为智力活动的主要舞台，苏格拉底、柏拉图和亚里士多德便活跃在雅典的学术讲坛上。

苏格拉底及柏拉图的思想，是在继承阿那克萨哥拉的学说并与智者派的斗争中发展起来的，但是，他们主张反思乃是与智者们相同的地方。一方面，与他们基于个人观念的变异和多样的思想相对立，苏格拉底需要的是人人都会公认的唯一而永恒的知识。他追求逻辑的“自然”，并在概念中找到了它。另一方面，由于诡辩家感到不可能拥有知识，所以他们宣称知识并不重要，重要的是有用的意见；苏格拉底对此又提出相反的观点。在这个问题上，区分辩论与辩证是十分重要的。辩论者的目的是为了取胜，而辩证者则是为了努力发现真理。这实际上就是辩论和讨论的不同之处。并且，诡辩家感兴趣的是完全彻底的实践，而苏格拉底却认为这是不够的，他还认为未经验证的生活是不值得去过的。在某种意义上，他是极端的理性主义者。

对于苏格拉底来说，对概念的探索就是知识的本质，而且概念必须对一切有效，因此普遍性知识只能在共同思想中找到。苏格拉底寻求普遍性的方式，特别是在帮助他人走上普遍知识道路的意义上，他的哲学是对话哲学。对于苏格拉底来说，对话论辩是通向逻各斯的基本路径。在苏格拉底看来，概念早已存在，它无须人们去制造而是需要人们去发现，它只需要人们把它从隐藏于其中的个人经验和意见的外壳中解脱出来。而正是在对话过程中，分歧意见各方所共有的理性本质显露出来了。苏格拉底的这种概念形成过程无疑是一个归纳推理过程或者归纳法过程。这种路径利用特殊观点和个别感官表象的对比而导向一般概念；它力求排除万难确定一般概念，从而解决个别具体问题。这就要靠搜集类似例证，要

---

① 梯利著、伍德增补：《西方哲学史》，葛力译，北京：商务印书馆，1995 年第 1 版，第 47～49 页。

靠找出相互关系才能做到。黑格尔说："苏格拉底是第一个用归纳法来规定普遍的人。"[①] 不过，在色诺芬尼和柏拉图看来，苏格拉底利用的归纳法仍不免带有幼稚的单纯和不完善的印记。但无论苏格拉底论证中的缺漏有多大，其历史意义是不容贬低的。他的归纳法的价值不是在方法论上，而是在逻辑上、认识论上。它规定了：科学的任务是在事实的比较中努力建立一般概念，这对未来起了决定性作用。[②]

苏格拉底对话哲学的显著特点，他的标志性的修辞艺术，使他闻名且令人生畏的是他的反讽。他以这种方式将骄傲自满、自恃多才的雅典人带入这样的心情：深入理解自己的无知就是一切知识的开始。沿着对话的方向，苏格拉底带着他的同伴一步一步地用更加清晰、更少矛盾的陈述来展开自己的思想，从而使他将自己心灵中一直潜伏着的不完善的预感明确地表达出来。他称这种方法为他的精神助产术，称为此而做的准备为反语法（佯装无知法）。在黑格尔看来，苏格拉底对话哲学所蕴涵的辩证方法有两个基本环节，一是否定前提，二是助产术——将理性的东西催生下来，这种方式本身就包含陶铸成分。因为他的主要目的不是别的，是要从人们表象、经验中的特殊成分引导出朴素地存在于人们意识中的某种普遍的东西；在于自我意识的培养和理性的发展。也就是思维者首先反省自己，进而将自我反省转化为对普遍概念的反思，对普遍概念确然的反思和确立。[③]

以往的自然哲学家是理性地构筑外部世界，而此时的苏格拉底是理性地反思人们构筑中的精神世界。而且他也将"人"作为万物的尺度，但是这个"人"是被严格规定的，是"作为思维的人"。这种尺度就是真、就是善，并且真就是善，善就是真。善本身就是目的。对于苏格拉底来说，善是宇宙生成的最高原则，是人的理性的最高智慧。在苏格拉底的哲学思想中，德行就是知识；因为必须要有德行，也就必须要有知识。历史上第一次，道德意识彻底明确地作为认识论基本原理而出现了。在他看来，只有关于人类生活关系的知识才是伦理生活所必需的。只有对于这些人类生活的关系来说，认知才是必需的；只有对于这些人类生活的关系来说，人类的认知能力才是适宜的。从此，雅典的思想家在苏格拉底的引导下，远离自然哲学，转向探索人类行为问题和道德哲学。

4. 柏拉图的形而上学-逻辑理性模式

也许理念论是柏拉图最有意义的哲学贡献。其要义是，理念乃是那些不变的、永恒的、非物质的本质或者原型，我们看见的实际的可见事物仅仅是其拙劣的摹

① 黑格尔《哲学史讲演录》(第一卷)，贺麟、王太庆译，商务印书馆，1959年第1版，第221页。

② 文德尔班：《哲学史教程（上卷)》，罗达仁译，北京：商务印书馆，1987年第1版，第135页。

③ 黑格尔《哲学史讲演录》(第二卷)，贺麟、王太庆译，商务印书馆，1959年第1版，第57～59页。

本。对于柏拉图来说，理念是通过概念来认知的非物质的存在。这与苏格拉底是一致的。柏拉图在发展苏格拉底思想的同时，整合巴门尼德的“有”，将其看做普遍的、善的、真的、美的东西，而且涵盖“无”，因而对于柏拉图，“有”也就是理念这种具有目的性的东西。他既结合毕达哥拉斯学派数的观念，因而“理念”具有规定性和区别，还结合赫拉克利特的变化和爱利亚学派的辩证法。在文德尔班看来，柏拉图的理念所呈现的“非物质的现实与物质的现实的关系，如同存在与流变的关系，不变与变的关系，单一与多的关系——总之，如同巴门尼德的世界和赫拉克利特的世界的关系。通过一般概念而认识到的伦理知识的对象是真正意义上的‘存在’：伦理的、逻辑的、物理的始基是同一的。这就是古代哲学各条路线汇合之点。”①

总体而言，柏拉图的“理念”这种关于世界的统一性，在辩证法、认识论和方法论中都得到贯彻；而且柏拉图注重意识与实在的自身协调的统一，与苏格拉底比起来他显然更加注重知识。在他看来，哲学就是人的本质。为帮助人们理解他的这种理念论哲学，在《国家篇》里他用洞穴之喻做出生动解释。人们之所以对哲学感到陌生，是因为他们如同囚犯一样，只是看到影子，只看到事物的外表；真正的哲学家就是从洞穴逃到真理之光中的囚犯，他是一个具有真实知识的人。这种光芒赋予我们真理，赋予我们求知的力量，代表着善的理念。对于柏拉图来说，哲学乃是一种洞见，乃是“对真理的洞见”，“它不纯粹是理智的；它不仅仅是智慧而且是爱智慧。”

柏拉图哲学的基础是他对知识的解释。他确信，存在着不变的普遍真理，而人类理性也可以把握它们。为了获得真正的知识，他首先把能认识真理的知识与意见区别开来。其次，他把理智世界和感觉世界划分开来。凡是不变的都被理智和理性所认知，凡是变的都被意见所认知。文德尔班指出：“由于这种与严格区分两个世界相对应的思想，柏拉图的认识论就成了比德谟克利特的认识论更理性主义的学说，而且毫无疑义也超过了苏格拉底的认识论，因为苏格拉底用归纳法从个别的意见和知觉中得出一般结论，而且认为一般结论就是这些意见和知觉的共同内容，而柏拉图并不以这种分析态度来考虑归纳的过程，他在知觉中只看见一些暗示和启发，凭借这些暗示和启发灵魂回忆起概念，回忆起理念的知识。”②

知识回忆论是和柏拉图关于理念和现象世界之间的关系的概念紧密联系在一起的。这种关系存在于原型与原型的摹本或者肖像之间。或者说，回忆说所预设的根本前提之一是：存在着本身就是数学化的逻各斯世界。柏拉图认为宇宙是理

---

① 文德尔班：《哲学史教程》（上卷），罗达仁译，北京：商务印书馆，1987年第1版，第162页。

② 文德尔班：《哲学史教程》（上卷），罗达仁译，北京：商务印书馆，1987年第1版，第162，163页。

念的逻辑体系，各种理念按逻辑次序排列。这种世界观凸显出数学对于柏拉图哲学强烈的影响：正如毕达哥拉斯学派曾认定事物是数的模仿，同样柏拉图发现个别事物总是在某种程度上对应于类概念，而类概念是一种没有任何摹本能赶得上的逻辑思想。数学在柏拉图的思想发展中开始时具有的巨大意义，最后就获得形而上学的表现。数学结构是中间环节，凭借它，非存在的虚空就能够在现象中模仿理念世界的纯“形式”。

思辨的或者逻辑的哲学，古代哲学家叫做辩证法。第欧根尼·拉尔修（Diogenes Laertius，3世纪初）以及其他古代哲学史家曾明确指出，在爱奥尼亚学派创立了自然哲学、苏格拉底创立了道德哲学之后，柏拉图又加上了辩证法。那种在纯概念中运动——逻辑理念运动——的辩证法。柏拉图对形式逻辑的贡献并不限于他试图详尽论述论辨的方法。我们发现他时时在对话的过程中说明逻辑的原则，如在《理想国》中证明灵魂有独立成分的论证过程中表述的矛盾律。

在广义的逻辑学（而不仅仅是关于推理的学问）的意义上，柏拉图的具体贡献主要体现在两个方面，一是关于定义问题，二是关于假说和演绎论证问题。在早期的几篇对话录中，在给某个术语下定义时，柏拉图采取的都是例举方式；在后期的作品（如《美诺篇》和《尤塞弗洛篇》）中则使用种加属差的方式。在《斐多篇》中最重要的部分也许是对假说和演绎法的描述，这正是一切科学论证的基本框架。

对柏拉图来说，真正现实知识的内部有其伦理目的；这种知识必须构成德行。因此它同通过感觉得到的世界的关系不会是另外的关系，只能是严格地限制其极限的关系。对于德谟克利特，真正的存在具有解释现象的理论价值。对于柏拉图，真正的存在具有实践价值，是德行知识的对象。就其本来的原则而言，他的学说本质上是伦理的理性主义。

在所有古代哲学家中，柏拉图是唯一将其作品几近完整地传给后世的圣哲。柏拉图在哲学方面的影响可能比其他人都大。作为苏格拉底和前苏格拉底各学派的继承人，作为阿卡德米（Academy，一般译为“学园”）的创始人和亚里士多德的老师，柏拉图占据哲学思想的中心位置。无论怎样评价他，最为重要的是如思想史表明的，他将所有不同的哲学关注点置于一个统一的思想体系之中，这种方式对后世产生了巨大影响。

第三节　亚里士多德的理论化方式和理性路线

对于科学来说，古希腊哲学家中最重要的是亚里士多德。作为一个具有博大好奇心和广泛智力的人，他在比前辈更大的规模上发展出众多概念。他是任何地方有记录的第一位构思出解释宇宙所有方面如何运行的统一体系的思想家。尽管他搞错许多事情——他的理论中的许多观点成了后来思想家的陷阱——但因为他试图从整体上解释世界和宇宙是如何运行的而迈出伟大的第一步，他理应赢得应有的声誉。[①]

一、亚里士多德的哲学理性

对于亚里士多德来说，“爱智慧”首先就得知晓“第一哲学”。但是，在他那里，“第一哲学”并不是今天人们所理解的“形而上学”，也不仅仅是他的《形而上学》所陈述的内容。在他的观念中，“第一哲学”囊括本体论、宇宙论、逻辑学和认识论等方面的内容，涉及今天哲学门类的部分领域。它一方面是关于世界之本体的学说，另一方面，更重要的，它是关于知识的思想理论体系。

亚里士多德的本体论学说具有双重意义。一是它提供了可以理性地认识世界的可能性。二是，他的本体论论说是与他对普遍的理论知识与具体的实用知识的基本划分紧密联系着的。

为了解释人类理解世界、认识世界的可能性，亚里士多德建立起自己的生命学说，并且在秉承柏拉图理念论基本内涵的基础上构筑了自己的灵魂说。在亚里士多德看来，人的理性灵魂就像感觉灵魂一样具有潜在性的特征。人类的思想能力是一种可能性，而不是一个持续的现实性，因为虽然人类心灵可能到达知识，它也可能未到达知识。但是，世界的持续性暗示了真理的持续性，因为有位不动的推动者，他是世界的灵魂（nous，奴斯）和他的理智原则。与此同时，在伦理学的意义上，亚里士多德还区分了理性的两种功能——道德的功能和理智的功能；理智的功能主要体现为获得知识和把握第一原理能力的哲学智慧。

虽然如罗素所说：“亚里士多德的形而上学，大致说来，可以描述为是被常识感所冲淡的柏拉图（哲学）。”[②] 但也正是从他的本体论观念，亚里士多德通向他关于世界（或宇宙）知识的理性路线。显然，他继承了柏拉图真、善和美一体的观念，这就很自然地导向了他的逻辑理性方式。对他而言，逻辑与科学有着密切的关联性，他把逻辑看做是形成科学语言所使用的工具。

二、亚里士多德的自然哲学和自然知识体系

亚里士多德的自然哲学延续了古希腊宇宙起源学说，将从前不相关的两个目

---

① Ray Spangenburg and Diane K. Moser，The History of Science from the Ancient Greeks to the Scientific Revolution，New York：Facts On File，Inc.，1993，13.

② 罗素：《西方哲学史（上卷）》，何兆武、李约瑟译，北京：商务印书馆，1963年第1版，第212页。

标统一起来：解释和知识，它们被认为是合理的真正的信念。因而，他的自然哲学的目标，一方面是提供一种对自然世界的解释，另一方面是使那种解释作为永恒的和必要的知识而无忧。他的科学理性就是直接服务于这一目标的。亚里士多德的解释是通过把握本质达到的。各种自然在种和差的图式中相互联系；变化通过扎根于本质的“四因”来理解。对于知识，亚里士多德采取了尽可能简单的形式：一切推断都是演绎的。这种演绎完全是由规则支配的，其起点由直觉确定，由经验约束。

就宇宙论而言，亚里士多德的宇宙生成解释在很大程度上是创世纪以及先前学说的翻版。而且，在亚里士多德的自然理念中，“目的概念”和“必然性概念”是两个紧密关联的理念，由此他就会把天体想成是由一位具有古希腊人的爱好秩序和几何简捷性的神明意志在推动着，这也是十分自然的。于是一切运动的最后根源便是“意志”：在地上的便是人类与动物随心所欲的意志，在天上的则是至高无上的设计者之永恒不变的意志。

亚里士多德和古希腊大多数哲学家一般将物理学理解为对自然的理解，在于寻求关于自然的一般概念，物理学被称为关于原理的学说。物理科学作为关于自然的知识体系，包括通过对作为一个整体的自然世界的起源和本质的推测来认知而不是通过实验检验来认知，它在本质上是沉思的学科，类似于后来的依赖推测方法的自然哲学。[①] 因此，亚里士多德的物理学著作主要是哲学的，而不是实验的。从其哲学的基本思想出发，亚里士多德反对德谟克利特的机械原子论观点，摒弃从量的方面，从原子位置关系的变化上，来解释物质世界的一切变化。

在博物学的经验科学领域，亚里士多德无疑得益于他的学生亚历山大（Alexander，？—前 323）。可能是出于对老师以及自然知识的热爱，亚历山大在四处征战的同时也不忘记作这样的安排：命令近 100 个以打猎、捕鱼、捕鸟为生的人，以及波斯帝国境内动物园、禽兽园、鱼塘的监督者，搜集每个地方值得注意的东西，凡是发现了新的动植物材料，都必须把原物或该物的绘图或详细的描述寄送给亚里士多德。这使亚里士多德得到许多非常珍贵的自然研究材料。亚里士多德在博物学领域广泛而骄人的成就可能与此有直接关系。

在亚里士多德领导“吕克昂”（Lyceum，通常与柏拉图的“Academy”一样也被译为“学园”）的 12 年间，他直接引导科学研究（如对植物和动物的历史和分类研究），组织历史研究（如关于哲学和关于物理学研究的百科全书式的历史），指引并帮助文件的编制（如对 158 个宪法的收集），鼓励对动物的解剖，在《气象

---

① V. Ilyin，A. Kalinkin，The Nature of Science：an Epistemological Analysis，Moscow：Progress Publishers，1988，51.

学》中解决了尼罗河泛滥的原因问题，并且就几乎是每个经过验证的知识领域进行演讲或写作。正是这些演讲和记录构成我们今天拥有的他的作品的主体。

科学史家 W. C. 丹皮尔认为："在精确知识方面，亚里士多德所取得的最大进步或许应该首推他在生物学方面的贡献。"他说："在现代意义的物理学方面和天文学方面，亚里士多德不像在生物学方面那样成功。亚里士多德之所以在生物学方面成功，是因为生物学直到近年来为止，一直主要是一门观察科学。"①

总体而言，他的知识延伸和对知识的突破真正令人惊奇。他的智力可被称为一切时代最强有力的智力。他在"吕克昂"建起最好的现代大学典型的有组织研究的程序。虽然他不是强调持续的经验研究的重要性的唯一的人——如医学学派中非常典型的科斯的希波克拉底学派，但他却是第一个在如此广泛的规模上组织研究并使研究制度化的人。

三、亚里士多德的经验论和逻辑方法

1. 亚里士多德的经验论

对于亚里士多德而言，观察——而不是数学的抽象——是理解实在的最好工具。黑格尔说，亚里士多德是一个完全的经验主义者，他没有漏掉经验的任何细节。② 如果人们认为经验论意指一切知识必须基于感觉观察，那么亚里士多德就可以被认为是一切时代第一号的经验论者。对于亚里士多德来说，科学知识由来自第一原则或者公理的证明而构成，并因此必须是必然的和确定的，但是，最初的原则本身是从对具体物体的感知的归纳而得到的。他一次又一次地重复道，"我们看到"，情况是如此，我们必须接受"我们感觉的证据"，"我们的眼睛告诉我们"某事物是这样，尤其是当他批评毕达哥拉斯学派、爱利亚学派和柏拉图主义者的理性主义推测的时候。甚至，他使用不寻常的苛刻语言谴责他的前辈：他们愿意接受"辩证的"论述胜过他们感觉的证明。

然而，遗憾的是，亚里士多德是一位过头的经验论者。正如兰德尔（John Herman Randall）所断言的，他的经验论是过于不加批判地依赖于日常观察证据和常识的确信。这并不是意在贬低亚里士多德在哲学和科学方面的巨大成就，而是要强调，在他的哲学探讨中，他所参照的基础——与柏拉图的理论影响同样重要——是由直接感知揭示的普通经验世界。虽然亚里士多德能够达到的对物理世

---

① W. C. 丹皮尔：《科学史及其与哲学和宗教的关系》，李珩译，桂林：广西师范大学出版社，2001 年第 1 版，第 32 页。

② 黑格尔：《哲学史讲演录》（第二卷），贺麟、王太庆译，北京：商务印书馆，1960 年第 1 版，第 307，308 页。

界的这样一种客观立场，仅仅是科学发展中的一个起始阶段，但不可否认的是，这个事实本身就是思想生长中的一个必要阶段。因为，虽然（古代）原子论代表科学的基本理论成分，毕达哥拉斯主义和柏拉图主义体现了关键的数学因素，但是在由经验的东西相伴随之前，它们都不能达到科学目标。①

与此同时，关于科学知识的起源和基础，亚里士多德的描述似乎非常可靠。其后果最主要的是，虽然他认为使用客观观察作为工具来寻找自然原因是任何人都能做得最好的事情，但在建造他的世界模型大厦时，与其说是基于观察，不如说是基于对“为什么是这样的?”这种问题之答案的一种智力追寻。他设想，一切事物都有一个目标，好像由一个总计划控制着。并且，一切事物都以服务于其先定的最终目标的方式运行着。非常遗憾，历史证明，亚里士多德这种以目的论而著称的主要哲学路线，使后世科学家沿着它走进了死胡同。

2. 亚里士多德的逻辑方法

亚里士多德在《论灵魂》中声称，科学知识由来自共相的证明构成，但是这些共相是通过对具体对象感知的归纳而知道的。归纳在《论辩篇》中被亚里士多德定义为“从个体到共相的通道”，在《后分析篇》中则被更加明确地定义为“将共相展示为隐匿在清晰地被知道的殊相中”。事实上，在易于观察分辨和易于理性归纳的一些科学研究方面（主要是在生物学领域），亚里士多德在一定程度上完成了从（基于观察的）经验主义认识论到立足观察与逻辑归纳相结合的科学方法论的过渡。

显而易见，在亚里士多德的科学研究中，存在着基于观察的逻辑归纳方法和基于（主要是常识性的）共识的逻辑演绎方法这两条方法论路线。不过，似乎他更在意后者。一方面是因为亚里士多德总是致力于强调科学知识仅仅通过感知是不可能的，因为后者总是属于殊相，而前者总是属于共相；另一方面，也许是在他那里三段论逻辑已趋成熟的缘故。

亚里士多德的这种方法论倾向，近代以来不断地遭到猛烈抨击。人们将他的逻辑等同于三段论，将他的科学贡献等同于中世纪教会内外的亚里士多德主义者所推崇的，但对于亚里士多德的贡献却是极为有限的一小部分学术思想。即使是到 20 世纪还在盛行对亚里士多德知识体系的各种偏见。仅就以三段论为代表的演绎逻辑而言，就经常遭受到一些科学史家或者科学哲学家的唾弃。丹皮尔就断言：“三段论法对于实验科学却是毫无用处的。因为实验科学所追求的主要目的是发

---

① Richard H. Schlagel, From Myth to Modern Mind: a Study of the Origins and Growth of Scientific Thought, Volume Ⅰ, Theogony through Ptolemy, New York: Peter Lang Publishing , Inc., 2001, 304, 305.

现，而不是从公认的前提得出的形式证明。”[①]

不可否认，如麦克米伦（Ernan McMullin）指出的，在被认为是一种形式主义的三段论逻辑本身之中，没有什么有助于断定这种三段论是否能够实际地提供一种关于自然的科学。[②] 但是，我们也要看到演绎逻辑对于科学研究的实际价值。也许三段论式演绎逻辑的价值在于两个基本方面：一是为应用领域提供理论依据，也就是从一般性、普遍性的知识推论出与应用实践活动相联系或者相对接的比较特殊的具体的知识；二是可用来检验理论假说，从假说推论出具有可操作性的用于实施检验程序的具体化的理论模型。

人们对于亚里士多德的批评还集中于他的自然科学中缺失了量化表达模型；或者说，他在数学理性方面的片面发展：将数学传统重点放在从几何公理系统到逻辑体系的建构上。这是亚里士多德的思想体系所自我限定的。一方面，人们很容易将亚里士多德的科学理性还原为一种同时作为证明和解释的逻辑。另一方面，如斯朗格尔（Richard H. Schlagel）指出的，正是由于亚里士多德关于形式化知识的观念依赖于发现将各种属区别开的基本属性，他用三段论作为其科学证明的方法，而通常（虽然不是完全地，正如他对“比率”和对将数学应用到力学、光学及和声学时所经常指出的那样）忽略了发现事件之间可定量的法则和相互关系对于科学知识的重要性。[③]

人们也可以批评，虽然亚里士多德曾劝导“吕克昂”较年轻成员对动物进行察看和解剖，但他并没有将实验称为一种获得新的物理学知识（与生物学相对）的方法或者检验理论的方法。相反，他的方法是要证明，人们已经相信但并不了解的东西，是结论性的为真，是一个事实。而且，这种方法也不具有作为近代科学关键元素的实验检验的自我校正之方面。尽管如此，人们也不应该忘记，直至文艺复兴，作为自然科学知识进一步研究之关键性起点的，仍然是亚里士多德式的经验观察和理论，而不是巴门尼德的理论，甚至不是德谟克利特或者柏拉图的理论。确切地说，正是由于他提倡接受感觉证明，因此他的学说通常成为新的科学探究——尤其是在物理学和生物学中——的起点。如同哈维（William Harvey，1578—1657）、开普勒（Johann Kepler，1571—1630）、伽利略和牛顿这些研究者

---

① W. C. 丹皮尔：《科学史及其与哲学和宗教的关系》，李珩译，桂林：广西师范大学出版社，2001 年第 1 版，第 35 页。

② Ernan McMullin，The Shaping of Scientific Rationality：Construction and Constraint. Ernan McMullin ed.，Construction and Constraint：the Shaping of Scientific Rationality，Indiana：University of Notre Dame Press，1988，27.

③ Richard H. Schlagel，From Myth to Modern Mind：a Study of the Origins and Growth of Scientific Thought，Volume Ⅰ，Theogony through Ptolemy，New York：Peter Lang Publishing，Inc.，2001，317.

坚定的实证信仰——认为真理的最终检验必须是实验证实——是智慧史上的转折点一样，亚里士多德不同于前辈对辩证争论，而是对经验证据的接受也标志认知境界的重大转换。而且，非常关键的是要懂得，对于实验在科学中决定性作用的觉醒，不会发生在认识到科学研究中经验观察之重要性之前。正是由于后一种意识，及其对需要发展可检验的科学理论的暗示，亚里士多德对科学理性主义的生长做出了贡献。因此，如果说伽利略可被称为"近代科学之父"（虽然有哥白尼、培根和开普勒的重要贡献），那么亚里士多德就应该被称为"近代科学的祖父"，尽管毕达哥拉斯、德谟克利特和柏拉图等也有相当大的贡献。①

历史地看，持续在亚里士多德和亚里士多德信徒之间进行区别的伽利略，以及 19 世纪伟大的博物学家和革新者达尔文，并没有对亚里士多德的思想体系持拒斥态度。虽然亚里士多德的宇宙论具有明显的泛灵论、自我中心和不加批判的常识性特征——尤其是与原子论者相比较时，但它具有三个方面的根本性的科学史价值：①明确坚持以可观察的经验证据作为冲突理论的最终裁决者；②将复杂问题还原为基本特征的杰出分析能力；③影响深远的最富有囊括性、连贯性之知识体系的全面性思想。在近代科学革命期间，尽管有毕达哥拉斯信徒（伽利略通常将哥白尼主义的支持者指称为毕达哥拉斯信徒）、柏拉图和托勒密的数学和天文学的影响，还有 17 世纪期间阿基米德的实验主义的影响，但正是亚里士多德的观察和科学概念主要为当时的研究和论证提供经验事实和背景。例如，在伽利略的《关于两个世界体系的对话》中，有 153 处参考亚里士多德，37 处参考托勒密，9 处参考柏拉图和 7 处参考阿基米德。甚至在他晚年主要讨论物理理论的书中，引用亚里士多德的频次仍然是引用阿基米德的 2 倍，是引用柏拉图的近 5 倍之多，虽然参考得不像以前那么多。

亚里士多德在他的遗嘱中表现出一些感人的品质，如他阻止出售自己的奴隶，并且释放了一些奴隶。

---

① Richard H. Schlagel, From Myth to Modern Mind: a Study of the Origins and Growth of Scientific Thought, Volume Ⅰ, Theogony through Ptolemy, New York: Peter Lang Publishing , Inc. , 2001, pp. 319, 320, 357, 358.

第二章　希腊化时期科学技术领域科学精神的发展

随着亚里士多德思想体系的建立，古希腊哲学到达巅峰。公元前 323 年，亚历山大大帝（他试图以物质的方式征服亚里士多德努力以智力的方式征服的世界）去世后，古希腊伟大的时代结束了。伴随亚历山大的征途，古希腊人将古希腊的先进文化传遍今天我们称为希腊世界的地方。从此开始了自公元前 323 年亚历山大去世到公元前 31 年奥古斯都建立罗马帝国时为止历时 300 年之久的希腊化过程。在这一过程中，世界的学术中心由雅典转移到亚历山大里亚。或许是因为这里的东方文化环境和新的统治中心建设的需要，亚历山大里亚的学术活动与应用实践领域紧密结合在一起，这不仅促进了技术发明创造，更重要的是这种希腊化特征具有促进应用实践的技术领域中理性意识的成长和理性推测（或者思辨）领域中的理论发明向观察-实验视界靠拢的双重意义，从而锻造出阿基米德式的古代科学精神典型。

第一节　希腊化的形成及其科学文化环境概观

公元前 323 年，33 岁的亚历山大英年早逝。亚历山大拼凑起来的庞大帝国很快就被帝国的军事派系瓜分分裂为独立王国，其中主要有三个重要王朝：欧洲部分的马其顿和希腊由安提哥尼（Antigonids）王朝统治；西亚部分由塞琉古（Seleucids）王朝统治；非洲的古埃及由托勒密王朝统治。

如后人所看到的，所谓希腊化及其成就主要发生在托勒密王朝的古埃及。首先，比起这一时期原属亚历山大帝国的欧洲部分和亚洲部分来，古埃及受战争的蹂躏较少；其次，亚历山大港处于特别有利的商业和交通地位；最后，特别重要的，托勒密王朝是学术的供养者和保护人，该王朝的历代国王都致力于建设古埃及特别是亚历山大里亚的文化，努力把当时许多最优秀的人士吸引到他们的首都。

在希腊化时期，亚历山大里亚聚集各个领域的众多知名学者。这些学者的聚集主要与一个伟大的学术机构相联系。公元前 3 世纪中叶左右，亚历山大里亚建立了著名的缪塞昂（Museum）[①]。缪塞昂内设四个部门：文学部、数学部、天文学部和医学部。这些部门既是研究所，也是学校，它们需要的图书完全由藏书40万册的古代世界最大的图书馆供给。也如博物馆是诸科学研究中心一样，图书馆还是人文学科研究中心。而且，亚历山大里亚的图书管理员不仅仅是一卷卷草纸书籍的收集者、编目者和守护者，他们还有辨认、修正和编辑它们的艰巨任务。正如萨顿所言：亚历山大里亚图书馆是语文学者和人文学者的托儿所，正如博物馆是解剖学者和天文学者的托儿所一样。[②]

虽然“缪塞昂”（即博物馆）不是一个新词，因为亚里士多德的“吕克昂”就附设一个博物馆。但是，正是由于“亚历山大里亚博物馆”，这个词以及它所标示的文化机构意义才有了今天的普遍意涵。柏拉图的“阿卡德米”和亚里士多德的“吕克昂”，作为教学机构，除学者们的研究活动，主要是提供有组织的教学。与此不同，“缪塞昂”主要是数学家、物理学家、解剖学家、地理学家等的一个研究机构，并不是一个正规的教学机构。尤其是斯特拉托领导“缪塞昂”期间，他竭力仿效亚里士多德和前任特奥弗拉斯图斯的经验定位，保障博物馆主要是为从事科学研究服务，这对希腊化时期的科学进步影响巨大。这里第一次出现了职业学者——为了将其生命致力于知识的追求而在经济上受政府支持的人。

正是由于“缪塞昂”的创建和对这一机构顺畅运行的开明资助，才使得历史上出现了亚历山大里亚式的学术辉煌。博物馆允许其成员完全自由地和持续地进行他们的研究，而且这里首次出现了学者自行组织的集体研究。

希腊化时期亚历山大里亚的文化，是由相互融合的民族、众多学者发展起来的、具有更为广阔和细致的自然界视野的文化。其形成受到两个因素的极大影响。其一，应用技术领域对理论思维的需要增强了。亚历山大里亚人的商业和营造兴趣比雅典人更为浓厚，这样就使得地理、航海和力学问题摆到突出位置，促使人们致力于材料、生产方法和改进技巧等方面的事务。其二，商人与学者们有着密切的社会交往，学者们了解并且研究许多应用领域的实际问题，事实上将理论研究与具体技术探索有机地联系在一起。这种结合扩展了技术领域，力学和其他科学也相应取得进步。在古典时期备受轻视、被人所忽略的技艺也得到人们的青睐。[③]

---

① 缪塞昂（Museum），一般译为“博物馆”。这个词的本义是献给文艺女神缪斯（Muses）的殿宇，作为一种学术机构它不同于现代社会中的博物馆。

② Richard H. Schlagel, From Myth to Modern Mind: a Study of the Origins and Growth of Scientific Thought, Volume Ⅰ, Theogony through Ptolemy, New York: Peter Lang Publishing , Inc., 2001, 367, 368.

③ M. 克莱因：《西方文化中的数学》，张祖贵译，上海：复旦大学出版社，2004年第1版，第61页。

因此，希腊化时期是一个以专业化为特征的时代，并不仅仅在学术领域。在希腊古典时期，一个有才能的人可以被认为能够样样精通，他同时可以是军人、政治家、立法家或哲学家。而在这一时期，是一个拥有专业身份，再也没有人身兼多种甚至一切事务的时代。公元前4世纪末或者公元前3世纪初，世界的学术中心已经从雅典转移到了亚历山大里亚。

第二节　希腊化时期的怀疑主义和批判态度

亚里士多德之后的哲学特征就是更显明地回归到苏格拉底以前的学说。或者说，主要地凸现了智者派所发展起来的怀疑批判精神。随着学术中心从雅典向亚历山大里亚的转移，古典希腊的怀疑主义和批判精神也流传到新的学术重镇。在亚历山大里亚以及其他希腊化地方盛行的哲学派别主要有四个：怀疑主义学派、犬儒学派、伊壁鸠鲁学派和斯多葛学派。[①] 他们或者持有对既定理论的怀疑精神，或者持有对现实生活的批判态度。他们有着共同的颠覆传统和批判现实的哲学精神倾向；他们在学术传承和思想观点上多有交叉，他们之间只有关注领域和实践态度上的差异。

一、怀疑主义的理性路线和确知方式

怀疑主义学派是希腊化时期的第一大哲学学派，几乎所有的怀疑主义者都承认皮浪是他们的鼻祖。皮浪曾受教于欧几里得的学生布利逊，学到了麦加拉学派论辩术的逻辑方法，因此他的思想及其形成，部分地继承了这种苏格拉底主义学派传统。另一方面，他还追随德谟克利特的徒孙阿那克萨尔克参加亚历山大军队远征亚洲，直至古印度，因而他又同时与德谟克利特思想传统有关。可能正是由于形形色色的文化见识，增强了他对确定知识的怀疑主义态度。

对于感官的怀疑一直困扰着希腊古典时期的哲学家。智者们，特别是普罗泰戈拉和高尔吉亚，曾被感官知觉的模糊以及具体知觉之间的显著矛盾引导到类似于休谟的完全的主观主义。皮浪在这方面似乎走向极端化。在他看来，无论我们的感觉或者我们的判断，都不能说出真理。皮浪这种对确定性事物的否弃态度，与古印度的佛教思想也有一定关系："他在思辨方面和实践方面一样，把古印度的

---

① 罗素：《西方哲学史》(上卷)，何兆武、李约瑟译，北京：商务印书馆，1963年第1版，第293页。

绝对舍弃一切的那种理想，给古希腊人传过去了。”① 黑格尔：认为，“皮浪的怀疑论既反对感性事物的直接真理性，也反对伦理生活的直接真理性，但不是反对作为思想内容的直接真理性，像以后进一步发展出来的那样。”②

在皮浪之后，蒂孟作为怀疑主义者特别有名。他以人们不得不采取循环论证来说明获得确切知识的虚妄。因为古希腊人所承认的确切知识来自演绎逻辑，而一切演绎都得像欧几里得那样，必须是从公认为自明的普遍原则出发。但蒂孟否认有任何找出这种原则的可能性，所以一切就都得靠另外的某种东西来证明。于是一切的论证要么是循环的，要么是系在虚空无物上面的一条无穷无尽的锁链。蒂孟在晚年住在雅典，于公元前 235 年辞世，至此，皮浪学派作为一个学派就消亡了；但是他的学说——说来似乎很奇怪——多少经过改造之后，却被代表柏拉图传统的学园接受下来。

作为新柏拉图学园怀疑主义代表的是与蒂孟同时代的阿塞西劳斯。他的哲学特别以反对斯多葛学派而闻名，当时针对的问题是：检验真理的标准是什么。他的哲学思想的重点是，智慧的人必须保留自己的赞成和同意。这个原则与皮浪怀疑主义的原则是相同的，他以此来反对斯多葛学派所持的“真理是思维表示同意的一个观念、一个内容”的看法。阿塞西劳斯对柏拉图学园的哲学倾向有着深远影响，以至于整个学园大约有 200 年之久一直都是怀疑主义的。

在希腊化时期第一个复兴怀疑主义的是埃奈西德谟。他在世纪元年前后（或者确切些在西塞罗时代）生活于亚历山大里亚。这位怀疑论者说：要知道事物本身是什么是不可能的，因为事物相对于不同的动物、不同的人，或者随着相对于它们的人的知觉官能，或者随着诸如健康状况、年龄等条件，而显现出很大的不同。他在论证方式或者方法上归纳出 10 种“论式”，这些“论式”似乎是将以往哲学家中的那些使人不敢做出决断的肯定或者否定的论证做出的一种方法上的分类。

总体而言，古代的怀疑主义并不仅仅就是为证明关于知识的确定性的漠然无助，作为一种辩证法智慧逐渐地具有方法论意义。例如，为了发现某种因果关系，怀疑主义者并不是去追寻事物的一般性质，在他们看来，事物有着特定的“记号”，而且记号只是一个事实；在因果关系的意义上，是此事实“唤起”彼事实——先前的或者与它同在的，以至于两个事实中的一个一旦被给予时，就可以

① 莱昂·罗斑：《希腊思想和科学精神的起源》，陈修斋译，桂林：广西师范大学出版社，2003 年第 1 版，第 328 页。

② 黑格尔：《哲学史讲演录》（第三卷），贺麟、王太庆译，北京：商务印书馆，1959 年第 1 版，第 112 页。

从此事实推论出彼事实。

同时，更为重要的是他们的批判精神，莱昂·罗斑对此做出了比较全面的概括。他说，古代怀疑主义者“对一个问题的所有各方面作严格的，并且孜孜不倦地渴求穷尽的分析；无与伦比的辩证的精细；一种绝不肯自己欺骗自己的精神的固执的诚实；对无论什么成见或学说都毅然决然地抱敌对态度；对纯粹事实的尊重，留心于谨慎地注意事实之间的关系和在实践上利用这种事实；这就是希腊的怀疑论发展到最后阶段的一些特点。”有趣的是，“在开始，它的方法本来是一种道德训练，它的目标是生活的恬静；到后来，它另外又是，而且主要地是一种科学精神的训练了。”“面对着各学派的那种学说上的不容忍以及偏见的专横，它那种批判的态度表示出一种勇敢的企图，要使科学成为自主的，要求科学只专心致志于为了有用的实践的目的而严格地决定它的专门的方法程序。在这方面，如有人正确地说过的，它是实证精神的先驱。”①

二、犬儒学派的道德哲学和对现实生活的伦理批判态度

犬儒学派的创始人是安提斯泰尼。安提斯泰尼的逻辑学说意在探求每一个事物的固有本质。他认为本质是一种不可分的、因此是个别的实在。一个概念，在表明一个东西时，同时就是表明绝对真的东西。由此推论，当我们只限于指出一个本质的名称时，就既没有矛盾也没有错误的可能。这种对对象系统和认知系统中关系的彻底否定，直接引导到对知识的全然漠视。所以在安提斯泰尼看来，所要认识的也就只是为生活所必需的就足够了。这种逻辑也是道德学说的基础。从本质上的不可分性和不变性，就可同时推论出德性的统一（德性是只能整个的有，或者整个的无）；除了德性的善和罪恶的恶之外，其余一切光荣、名誉、财富、生命，以及和这些相反的，都只是在容易为意见所欺骗的“愚人”眼中才有区别。他们想用禁欲主义的苦行来达成自然的人，也就是真正的人。

公元前 3 世纪是这一学派的极盛时期，犬儒学派此时呈现出智者派的惯常倾向。学派成员身着短上衣，手握拐杖，肩背行囊，奔波于各个城市，为的是在各个城市发表演说。他们的演说确立了一种新的体裁，这是一种问答体的谈话或者驳斥——因为他们在演说时总是设想有一位听众在和他们论辩；他们的演说辞富有鲜明色彩，充满说教意味的轶事、比喻及寓言，为的是将道德说教的哲学题材以华美的形式通俗化。

安提斯泰尼的继承人是西诺普的第欧根尼。他与亚里士多德是同时代的人，

① 莱昂·罗斑：《希腊思想和科学精神的起源》，陈修斋译，桂林：广西师范大学出版社，2003 年第 1 版，第 332 页。

但是他的学说在气质上却属于希腊化时代。亚里士多德是欢乐地正视世界的最后一位古希腊哲学家。从他而后，所有的哲学家都是以这样或者那样的形式而拥有某种逃避哲学。第欧根尼拒绝接受一切习俗，无论是宗教的、风尚的、服装的、居室的、饮食的，或者礼貌的。但他宣扬友爱，不仅仅是全人类之间的友爱，而且还有人与动物之间的友爱。在第欧根尼看来，与德行相比，俗世的财富是不值得计较的。他追求德行，并追求从欲望之下解放出来的道德自由。在他看来，只要你对于幸运所赐的财货无动于衷，便可以从恐惧之下解放出来。

总之，如黑格尔所说，犬儒学派认为有最高价值的，乃是需求的简单化；因此只需遵从自然，看来好像是非常可取的。① 与犬儒学派相类似，伊壁鸠鲁的伦理学是到自然之中去寻找它的基础。在伦理实践上，他建立的学派比犬儒学派走得更远、更为深刻，他以宗教团体的方式来贯彻自己的伦理纲领。

三、伊壁鸠鲁的学说体系和批判精神

伊壁鸠鲁的学说是对柏拉图和亚里士多德唯心主义哲学的反动，这主要基于他将心灵与肉体相对立的二元论。伊壁鸠鲁解释了生命和意识的现象。他认为人类灵魂和心智的构成包括某种别的方式的未知类型的原子。灵魂对他来说是我们身体的一部分，其功能并非完全不同于那些我们愿意归诸神经系统的功能。他认为，实在的唯一试金石是感觉，观念只不过是重复的感觉所引起的比较微弱的形象而已。这些形象储蓄在记忆中，并为名称所唤出；自然界不那么明显的现象应该根据类似的现象来类比解释。②

在自然哲学方面，伊壁鸠鲁持有与德谟克利特相类似的宇宙方案。他认为自然界是由原子和虚空组成的，而且我们的世界只不过是原子在无限的空间和无尽的时间中偶然的结合所造成的许许多多世界之一。相应地，在物理学方面，伊壁鸠鲁的突出特点是他的原子论学说。伊壁鸠鲁承认有两种实在，即物体和虚空，最初的物体就是原子。伊壁鸠鲁的观点与德谟克利特的原子论有所不同。其不同于德谟克利特的关键方面：一是伊壁鸠鲁肯定原子本质上是有重量的，这一点似乎他是首创；二是原子的形状和数目是有限的；三是在伊壁鸠鲁看来，就运动来说，必须在假定原子有重量之外还有第二个原因，这就是一种完全不受决定的禀性，能够自发地、但“无限小”地“偏离”垂直下降的所谓“偏斜运动”。这是为

---

① 黑格尔：《哲学史讲演录》（第二卷），贺麟、王太庆译，北京：商务印书馆，1960年第1版，第147页。

② W.C.丹皮尔：《科学史及其与哲学和宗教的关系》，李珩译，桂林：广西师范大学出版社，2001年第1版，第39页。

了防止原子堕落——永远的垂直下降，可能是为了与他的神学或者伦理观念相协调。由此可以看出，伊壁鸠鲁的兴趣在于他伦理实践的意向，这种意向决定了他对于一般学说的选择。不过，他虽然是有神论者，但是却从自然中将神驱除出去，因此他的物理学是机械论的和唯物论的。[①]

在逻辑学方面，伊壁鸠鲁对理论体系或者形式化逻辑不感兴趣。他的逻辑主要是为了知识批判，为了能够识别知识中所包含的无可争辩的“自明”的东西，在于判别出“记号”。从这些记号出发就可以推论出那些——尤其是关于物理学方面的——不明显的东西；进而在这个基础上最后建立起生活法则。

伊壁鸠鲁逻辑地建构起来的神学思想，对于动荡时代的、无助的人们似乎有一种无比优越的地位。它吸引了人们的狂热虔信和顶礼膜拜。因为他的哲学不是一种教训，而是一种通过推理和反省思考来给人以幸福生活的行为；他的学校是一个愿意共同实践这种行为的兄弟抑或朋友的团体，而且这种新的信仰对于任何人都是开放的。他的思想给人们一种解脱的启示。

伊壁鸠鲁学派始终保持伊壁鸠鲁学说的正统地位，学派的学说内容和基本框架几乎没有改变。或者说，这一学派的信徒中一直没有出现出色的理论家，似乎都是在学习和实践伊壁鸠鲁的思想。

四、斯多葛学派的理性宇宙观和生命哲学

希腊化时期的逻辑学领域主要有两大学派，即从亚里士多德而来的逍遥学派和克吕西波（Chrysippus）从麦加拉学派学说发展起来的斯多葛学派。总体而言，亚里士多德的逻辑理论主要是由证明的思想发展而来的，例如几何学；而麦加拉学派主要是全神贯注于芝诺的论辩术和日常生活中的论证性论战，这些论战产生了柏拉图和亚里士多德所谓的论辩术。

在罗素看来，“犬儒派学说中最好的东西传到了斯多葛主义里面来，而斯多葛主义则是一种更加完备和更加圆通的哲学。”[②] 对于斯多葛学派来说，哲学就是技艺练习，这种技艺的对象是“智慧”，是关于神灵或者人事的知识。这种练习的最高成就或者研究分为三种：①逻辑或者辩证法是研究言词的；②伦理学是研究人生的；③物理学是研究世界的。在斯多葛学派看来，物理学是逻辑和伦理学的先置条件，要想正确了解后两者，就只有在了解物理学关于世界和人的那些一般原则时才有可能。

---

① 莱昂·罗斑：《希腊思想和科学精神的起源》，陈修斋译，桂林：广西师范大学出版社，2003年第1版，第340，341页。

② 罗素：《西方哲学史》（上卷），何兆武、李约瑟译，北京：商务印书馆，1963年第1版，第296页。

关于世界以及人的运动原理，斯多葛学派认为，作为一个“物体”，它既起作用，又接受作用。因为一方面，物体具有一种本质上运动的、完全现实的自发性，一种“张力”。这种张力，从物体的中心开始，力求向外扩张，然后又回到内部以凝结成为一个统一体；另一方面，像这样为某种主动的力量所扩张或者凝结的是一种被动的质料，这质料也同样是物体，但只是作为未经质的规定的，并且是未定形的或者未被个体化的质料。

对于这种“张力”，斯多葛学派赋予独特的品质。无论是在神还是在元素那里，主动性永远是一个物体用来维持它的“构造”的“张力”，也就是物体的“嘘气”或者“普纽玛”，它是生命的原则或者精神。“普纽玛”以它的“天道”治理着世界，它有条不紊地向着世界的产生前进。

斯多葛学派进而认为，宙斯就是理性，就是“天道”。宙斯给世界颁布的法律就是“命运”，是一条“因果锁链”，甚至对自然秩序的违反，也包含在永恒的秩序之中。但他们在肯定万事万物有规律的相互联系的同时，又肯定事物作着一种演变。因果联系不再是一种本质的逻辑的发展，而是世界的命定发展的两个阶段的“联结”，这种联结本身是偶然的，是一种实在规定性或者自然规律。

在斯多葛学派看来，自然归根到底是一种在作用中的理性，这种理性主义的实在论并不是纯粹的经验论。他们的道德目标也类似，就是寻求人们自身的自然理性并在行为中予以体现。而对于使人们不能清楚地看到自然理性的“情欲”障碍必须把它连根拔去。有智慧的人就是自己具有自然理性本身的人；假若他似乎是在自然之外，那是因为他在普遍的愚蠢之中是自然的唯一忠实的影像。

在人生境界的理想状态方面，斯多葛学派与伊壁鸠鲁学派之间非常接近，但是在达成的路径上却是对立地平行的。这两个学派在唯物论的议题下，是生机论与机械论的对立；在前苏格拉底哲学家中的宇宙论来源方面，是以赫拉克利特与德谟克利特相区隔；在生成论方面，以目的论与偶然组合相对立；在神学观念上，是泛神论与世界之外的神相对立；在宇宙统一性方面，以一个世界与无数个世界相对立，以世界可重新再生与可被根本摧毁相对立；在物质的终极实在方面，以物质可无穷分割与分割到原子为止相对立；在空间观念方面，已充满的与存在虚空相对立；在世界的普遍性方面，以普遍联系与普遍原子论相区别；在生成机制上，以宿命论与偶然性相区别；在事物组成上，以全部的混合与许多单纯东西的凑集相区隔。总之，这不仅是不同而且是一种反动，这两派哲学就像是在打着交手战。[①] 当然，这两个学派也有相像之处，它们都主张形体（body）是唯一的实

---

① 莱昂·罗斑：《希腊思想和科学精神的起源》，陈修斋译，桂林：广西师范大学出版社，2003年第1版，第353页。

在，一切事物都能从那些形体的角度得到解释。因此，在这个意义上，它们都是“科学的”哲学。

第三节　希腊化时期数学和应用数学领域理性精神的发展

如果说，希腊化时期的哲学仅仅是希腊古典时期理性精神的延续和在更大空间的传播，那么，这一时期数学领域的成就就显得光芒四射。因为这一时期的数学发展，冲破了古典时期形而上学玄思的樊篱，呈现出不同于古典时期圣贤哲人的精神特质。希腊化时期数学的发展，呈现为似乎对立的双重特征：一是应用性非常明显，数学与解决天文学、力学-机械学等应用领域的理论描述问题直接关联；二是自身理论趋于系统化，特别是几何学。这种理论性与实用性并举的特性，与希腊古典时期的数学与形而上哲学相联结、与古埃及和古巴比伦的数学与形而下的土地测量和商业计算相衔接的特征，存在根本区别。亚历山大里亚的伟大数学家，一方面毫无例外地显示了古希腊人在抽象理论方面的天才，同时也十分乐意将其理论天才应用到在他们文明中足够重要的实际问题上。在公元前3世纪，与亚历山大里亚有着密切联系的数学家和科学家做出的重要工作，可以与此前各个世纪里任何古希腊人的才能相媲美。但是，他们不像前人那样把一切学术都当作自己的领域，而发展包罗万象的哲学；他们是近代意义上的专家，都只是一心一意地做数学家，都不渴望有哲学上的创造性。他们当中的代表人物是欧几里得(Euclid，公元前330—前260)。

一、欧几里得《几何原本》的理性贡献

在欧几里得那里，古希腊人几何学的逻辑才智达到顶峰。他的《几何原本》是以往时代最有影响的书籍之一。欧几里得的声望就是建立在《几何原本》之上的，这是因为它是以往时代最伟大的数学教科书。

欧几里得在《几何原本》中的实质性贡献，除研究对象范围的扩大，产生了新的证明并且提升了解决具体问题的技术之外，《几何原本》的第一位的重要性在于第一卷中所例证的公理方法。从定义、公设和“共同观念”或者公理开始，欧几里得举例说明了这些对于演绎出定理的重要性。事实上，欧几里得的贡献正在于他对定义、公设和“共同观念”（亚里士多德语）或者公理的选择和简洁表达，这些永久地确立了我们今天所知道的几何学（和数学）的演绎的、公理的方法。他的“第五公设”尤为重要；正是对这个公设的研究和修改，高斯（Carl

Friedrich Gauss，1777—1855）、罗巴切夫斯基（Nikolai Ivanovich Lobachevsky，1792—1856）、波尔约（Bolyai，1802—1860）和黎曼（G. F. B. Riemann，1826—1866）的非欧几何才被发展出来，进而被爱因斯坦在广义相对论中用来描述空间-时间的几何结构。

现代人常常把欧氏几何描绘成封闭的、有限的和静态的，而且它不研究变化图形的性质。这是事实，也是古希腊数学的一个明显特征，但这种几何学无疑已经贯穿于欧几里得之后的人类文明长河之中。如人们看到的，这部著作在历史上是仅次于《圣经》而被最多复制和研究的书籍。从印刷术发明以来，已经出现了1000多种版本。对于《几何原本》不朽影响的证明，是它对牛顿和爱因斯坦这两位最伟大科学家的影响。牛顿模仿《几何原本》组织《原理》，爱因斯坦则在他的"自述"里印证了欧几里得几何学在他还是个12岁男孩时对他所起的作用："这里是一些断言……虽不是显然的，但却能够给出这样的确定性证明，以至于任何怀疑都显得不可能。这种明晰和确定给我留下无法描述的印象。"①

现代人对于《几何原本》价值的看法已经一致：这部著作的伟大力量并不在于其内容创意，而在于将已知的东西重新安排和重新结合为严格的在逻辑上严密的说明。欧几里得展示出一套公理（被知道为真的东西），从这些公理，每个个体命题能够通过直接推理而演绎出来。这种阶梯式方法的证明如此有说服力，以至于它成为之后几个世纪数学和科学证明的标准。② 但是这种几何学也具有古希腊文化典型的局限性：欧几里得的方法纯粹是演绎的，没有任何可以验证基本假设的方法。这些假设被他认为是毫无问题的，但是到19世纪，非欧几何学便指明它们有些部分是可以错误的，并且只有凭观察才能决定它们是不是错误。但是，最起码，欧几里得的《几何原本》的思想体系，对从希腊古典时期的数学理性向近代以来科学理性的范式转换，在很大程度上起到中枢作用。

二、希腊化时期理论数学的发展

在欧几里得之后，活跃于公元前210年左右的佩加的阿波罗尼乌斯（Apollonius of Perga，约公元前262—前190）为亚历山大里亚的数学进步做出显著贡献。阿波罗尼乌斯把欧几里得及前人关于圆锥剖面的知识搜集起来，并以自己的工作大大推进了这门学科。他将所有的圆锥曲线都看做是一个圆锥剖面，在此基础上，他发明了圆锥曲线，还创立了抛物线、椭圆、双曲线等名称。他将双

① Richard H. Schlagel，From Myth to Modern Mind：a Study of the Origins and Growth of Scientific Thought，Volume Ⅰ，Theogony through Ptolemy，New York：Peter Lang Publishing，Inc.，2001，373.

② Curt Suplee，Milestones of Science，Washington，D. C.：National Geographic Society，2000，27.

曲线的两面看做一条曲线，这样就说明了三种剖面的相似之处。他利用锥线法来解普通的二次方程式，并且测定了任何圆锥曲线的渐曲线。阿波罗尼乌斯颇有希腊古典遗风，他是纯粹从几何学角度来讨论这个学科的。古希腊几何学随着欧几里得和阿波罗尼乌斯的出色工作而到达巅峰。

公元前 2 世纪，亚历山大里亚已经失去在希腊化世界数学领域的学术垄断地位，而与罗马和帕加马（Pergamos）共享荣誉。[①] 而且那种纯粹从事理论数学研究的数学家似乎在希腊化世界也不复存在。理论数学与应用数学并举的数学家，甚至与科学发明兼顾的学者，成为希腊化世界数学领域的主流。

这个世纪亚历山大里亚突出的数学成就首推球面三角的发明。他们在这方面最简明的贡献，是给出特殊几何图形的面积、体积的计算公式。这种测量方法的核心是三角函数理论，这项发明是由西帕克斯（Hipparchus，约公元前 190—前 125）做出的。

西帕克斯于公元前 160 年至公元前 127 年先后在罗德斯和亚历山大里亚工作，他是一位出色的天文学家和数学家。在他之前，自从欧多克斯（Eudoxos，约公元前 409—前 356）发明同心球模型用以“拯救”天文现象以来，通过球的组合再现行星的运动就成为古希腊时期数理天文学的基本方法。对于天文现象的解释和预言而言，这种方法存在两个严重缺陷：一是星相学家无法准确描述和预测行星的位置变化；二是不能解释行星亮度为什么变化。对于欧多克斯同心球模型的第一个缺陷，西帕克斯是通过发明三角函数，进而创立球面三角术的应用数学路径来解决的。对于欧多克斯同心球模型的第二个缺陷，西帕克斯采取重建模型的解决路线，就是抛弃原来的同心球模型，创立本轮-均轮体系。这种模型以托勒密（Ptolemy，约 90—168）体系著称，但是它的最早发明者是希帕克斯。西帕克斯创立的球面三角术这门数学工具，使古希腊天文学由定性的几何模型转换成定量的数学描述；而本轮-均论双球模型使天文观测数据在很大程度上得到系统化的理论解释，或者说实现了观测数据与宇宙模型的有效对接。三角函数的发明和三角函数表的给出，还带动山脉高度以及地球和其他天体半径的测量和推算。西帕克斯为了测量地球、天体而创立的数学分支，从他那个时代以来一直被用来处理大量的实际问题。测量员、航海家和地图绘制者经常应用这些知识。正是利用西帕克斯的发明，亚历山大里亚的古希腊人使基于大地测量的地图绘制成为一门科学。他们的地图为后来 15～16 世纪伟大探险时代提供了最好的关于地球的知识。M. 克莱因认为，三角学是受到实用和智力兴趣双重推动而产生的数学分支的光辉典

① W. C. 丹皮尔：《科学史及其与哲学和宗教的关系》，李珩译，桂林：广西师范大学出版社，2001 年第 1 版，第 48 页。

范。它一方面受到测绘、地图绘制和航海的推动，另一方面受到探索宇宙之好奇心的驱使。借助三角学，亚历山大里亚的数学家就可用点和线来描述整个宇宙，并使他们自己关于地球和天空的知识更为精确。①

亚历山大里亚数学家具有历史意义的另一项数学贡献是丢番图（Diophantus，246—330?）做出的，他创立了代数学这门划时代的数学学科。在希腊古典时期，数学几乎等同于几何学，因为希腊早期数学家几乎都在几何学领域工作，直到希腊化时代晚期，才出现了丢番图这位伟大的代数学家。

丢番图的《数论》（6卷本）收集了189个代数问题。与古巴比伦针对实用性的算术题集不同，丢番图在《数论》第一卷中就给出有关定义和关于代数符号的说明，依稀有希腊的演绎风格。在《数论》中他划时代地提出三次幂以上的高次幂表示法。这对于倾心于几何学的希腊古典时期数学家是不可想象的，因为三次以上的高次幂没有几何意义。丢番图的《数论》自然也就成为代数学作为一门数学独立学科诞生的标志。②

丢番图的工作以及亚历山大里亚时期其他数学家在算术和代数方面的工作，大都与希腊古典时期数学家几何学倾向的研究风格迥然不同；这一时期的数学家十分注意与解决具体应用问题的衔接，而古典时期的数学家往往注重演绎结构和推理规则。希腊化数学家群体的兴起，在很大程度上反映了东方数学对希腊化科学的渗透。③

总体而言，希腊化时期的学者，尽管没有努力朝向亚里士多德呈现给世人的那种无所不包的对自然的理解，但是开始于古典希腊时期的工作还是在更加专业的领域里继续着。这种学术发展的专业化特征主要体现在数学与各个科学部门的联结上，所以就造成如罗素所说的，“希腊人的卓越性表现在数学和天文学方面的，要比在任何别的东西上面更为明显”④。谁也无法预料的是，这种特征以至于与占星术的流行一起，在很大程度上圈定了中世纪数学的主要学术范围。在中世纪，“数学”、“数学家”就等同于“天文学（星象学）”、“天文学家（星象学家）”，这种状况一直持续到近代科学革命。不过，希腊化时期学术的发展与中世纪明显不同，数学除了与天文学的联结之外，还与力学、光学等应用科学和营造技术等实践技术部门紧密联系在一起，从而达到与近代科学革命相隔近千年之久的古代科学巅峰。

---

① M. 克莱因：《西方文化中的数学》，张祖贵译，上海：复旦大学出版社，2005年第1版，第66～72页。

②③ 吴国盛：《科学的历程（第二版）》，北京：北京大学出版社，2002年第1版，第98页。

④ 罗素：《西方哲学史（上卷）》，何兆武、李约瑟译，北京：商务印书馆，1963年第1版，第267页。

三、希腊化时期应用数学领域的理性精神

莱昂·罗斑说，古希腊思想是一种理性的甚至是好推理的思想，它从其历史一开始，就有那种想了解事物的秩序，以及要把各种信仰可理解地组织起来的企图，就是理性的甚至好推理的。[①] 在天文学领域也不例外，古典时期的哲人们构建了形形色色的宇宙理论模型。但是，他们的宇宙理论模型是基于日常经验观察的天才构想，与古巴比伦、古埃及以及希腊人自己所观测到的天文数据或者天文现象并没有直接的关联性，或者说，他们的宇宙学说并不能解释天文现象。

在作为一门学问的意义上，希腊天文学的早期发展无疑得益于东方。希腊人从古埃及以及古巴比伦得到一些东西。但是这些东西，一方面是可贵的比较丰富的天文观察记录，另一方面却是与之难以契合的粗糙理论，他们相对先进的历法以及占星术目的的星相学学说，并不能对各种天文现象做出连贯的解释。希腊天文学范式的转换是从希腊古典时期晚期开启的。

1. 欧多克斯以数理理性"拯救现象"："双球模型"的古典前奏

柏拉图向他学园的师生们提出这样的问题：设计一套数学系统，既适合于行星有系统的运动，同时也能解释观察到的不规则运动。他要他们从"整理外观"入手来描述所面临的问题。也正是学园的欧多克斯给出了历史上第一个重要的天文学理论，而且这是在自然界理性化的过程中迈出的决定性一步。这种决定性转变包括三个方面：①从关注恒星到关注行星的转变；②创立了一个用于表述恒星和行星现象的几何模型——"双球模型"；③创设标准以用于指导那些为了解释行星观测材料的理论。[②]

欧多克斯（或许与柏拉图一起）设计的双球模型，以天球的自转来解释每天看到的所有天体的视觉升降运动，并且给出以往与历法直接关联的主要星相概念的解释，这是一种理解和谈论行星现象的几何方式。从此"流浪者"（希腊语中"行星"一词的本义是"流浪汉"）就有了理性的规则运动。

作为一个理论体系，这个双球模型体系起码在当时对于描述和预测那些表面上看起来踪影不定的天体运动是十分精巧的。这种模型后来被希帕克斯-托勒密拆解发展成本轮-均轮"天球"体系。欧多克斯双球模型在科学发展史上有其独特的重要性。M. 克莱因指出："这个体系建立了自然界的数学秩序，与此同时这个体

---

① 莱昂·罗斑：《希腊思想和科学精神的起源》，陈修斋译，桂林：广西师范大学出版社，2003 年第 1 版，第 393 页。

② 戴维·林德伯格：《西方科学的起源》，王珺、刘晓峰、周文峰、王细荣译，北京：中国对外翻译出版公司，2001 年第 1 版，第 94，95 页。

系还证明了人类思维建立这种秩序的能力。值得注意的还有一点，那就是欧多克斯认为，他的体系是纯数学性的。他对那些球体没有附加任何物理意义。它们是虚构的，而整个体系则仅仅是对于观察到的运动的一种理论解释。”① 完全可以说，这是希腊古典时期宇宙-天文学发展的巅峰。公元前 5 世纪“拯救现象”的成功，真正启动了天文学领域中数学理性构想与观测数据相结合的数理天文学的发展。也正如人们看到的，这种路向在希腊化时期得到深入发展，以至于影响和启发了从哥白尼天文学到伽利略天文学的基本构想。

2. 希腊化时期“双球模型”发展的两个方向

希腊化时期对于欧多克斯双球模型的发展，主要沿着两个方向。一是对这个模型做出实质性改变，这是由阿里斯塔库斯（Aristarchus，约公元前 310—前 230）指引的，他将欧多克斯以地球为中心的模型，革命性地改变成以太阳为中心的模型。另一个方向是对这个模型做出了持久的精细化改造，其中间根本环节是由希帕克斯做出的，就是将欧多克斯仅以天球的运动来解释星星的位移，改造成以本轮-均轮的混合运动来解释，如我们在前面刚刚叙述的。这两个发展方向的共同目的都是为了更好地解释天文现象，或者说都是为了使理论模型与观测到的天文现象更加一致，都在追求某种具有统一性的解释模型；不过，前者侧重于符合视觉直观的解释性的日常经验定位，而后者侧重于理想化的简单性的数理理性定位。

阿里斯塔库斯与阿基米德是同时代人。在流传下来的《太阳和月球的大小与距离》一书中，他把一些几何学原理非常巧妙地运用到天体大小比较和距离测算上。这种方式证明了数学对经验探究的价值：给出特定数量和特定未知数，数学为通过前者确定后者提供了计算方法。正如萨顿所说，“测量”那些天体的事实本身，在他的时代是使人震惊的。阿基米德和后来的一些研究者，诸如希帕克斯、托勒密和其他不太著名的天文学家，都尝试在他计算的基础上进行改进。② 今天的科学家相信，如果阿里斯塔库斯有机会利用现代仪器工作，他会做出更加接近正确的答案。③

从欧多克斯的双球模型到希帕克斯的本轮-均轮模型，有两个人起到重要的推动作用，一个是比欧多克斯稍晚的库奇库斯的卡利普斯（Callippus of Cyzicus，约公元前 370 年—前 300 年），一个是亚里士多德。此前，欧多克斯或者其他人为了解释火星非常异常的“逆运动”等不规则运动添加了第三个同心球。卡利普斯对

---

① M. 克莱因：《西方文化中的数学》，张祖贵译，上海：复旦大学出版社，2005 年第 1 版，第 80 页。

② Richard H. Schlagel, From Myth to Modern Mind: a Study of the Origins and Growth of Scientific Thought, VolumeⅠ, Theogony through Ptolemy, New York: Peter Lang Publishing, Inc., 2001, 380, 381.

③ Ray Spangenburg and Diane K. Moser, The History of Science from the Ancient Greeks to the Scientific Revolution, New York: Facts On File, Inc., 1993, 20, 21.

欧多克斯双球模型做的改进，是给太阳和月球添加第四个同心球，并给水星、金星和火星添加第五个同心球。亚里士多德在此基础上进一步大量增加同心球数量，试图进一步提升同心球模型对于天体运动的解释力。

作为最伟大的希腊天文学家，希帕克斯保留了亚里士多德的观点，并认为地球而不是太阳是宇宙的中心。他试图解释与亚里士多德认为的天体围绕地球做完美圆周运动的信念不一致的现象。他设想天体不是围绕地球的中心运动，从而创制了他的本轮-均轮模型。这个理论模型被两个世纪之后的托勒密接受，长期禁锢了西方的天文学思想，一直到1543年被哥白尼推翻。

正是西帕克斯创制的与他数学工作紧密关联的本轮-均轮宇宙模型，以及他在天文学领域的诸多发现和发明，使他成为仅次于托勒密的古代天文学家。但是，他与阿里斯塔库斯以及埃拉托色尼（Eratosthenes of Cyrene，约公元前276—前194）、赫拉克利德（Heraclides of Pontus，约公元前388—前315）相比，虽然不缺乏数学理性精神，但由于囿于解释日常视觉经验牢笼而显得缺乏批判精神，或许在追求统一性方面还缺乏诉诸简单性的勇气。斯朗格尔推测说，可能正是因为希帕克斯高度的经验（或“实证主义”）倾向性，促成他拒绝阿里斯塔库斯的革命性假说。

3. 托勒密：古希腊天文学的集大成者

古希腊天文学家的种种成就，在后来者托勒密的光环下黯然失色。托勒密的主要著作《天文学大全》（从中世纪开始在流传中采用了阿拉伯-伊斯兰世界的称谓《至大论》）是一部天文学百科全书。《天文学大全》带有浓厚的数学色彩，他的数理运算模型将当时已经观察和观测到的大多数天文现象都考虑进去了。它弥补和校正了以往学说存在的许多问题，提供了有用的解释机制，使天文学家和占星家都可以依据它开展工作。该著作是在西帕克斯研究成果的基础上加以发挥写成的，在哥白尼和开普勒时代之前，一直是标准的天文学著作。与之前的著述比起来，这部著作的论述更为系统详尽，并且增加了不少新近观察到的天文现象，但对西帕克斯的理论并没有做出重大改变。

尽管托勒密的模型被后世否弃，但是他以及他的前辈的一些科学精神因素还是值得肯定的，诸如“拯救现象”的求知精神、模型或理论建构的数理化路径、对简单性解释模型的追求、对于观测-经验的重视等。

亚里士多德和托勒密的宇宙-天文学观念之所以能长期统治西方世界，主要是因为亚里士多德以其缜密的推理体系为古代和中世纪西方人满意地解释了一切自然之谜，提供了大量基于简单观察的、可被认为是好的常识性解释。而亚里士多德的目的论又满足了人们的心理需要。完美和有秩序的天空提供了一种日常凡俗世界不完美之上的和谐美。

托勒密不但是古代伟大的天文学家，而且还是一位出色的地理学家。托勒密总结了古代所有的地理学知识，汇集成8卷本的《地理学》著作，这部著作给出地球表面8000个地方的经度和纬度，是世界上第一部地图集和地名词典。[①] 托勒密在地理学方面的影响直到15～16世纪有了许多海上发现之后才渐渐消除。托勒密认为，在测量和绘制地图时，必须先对经纬度进行正确观测，这样才能取得圆满成果，这个认识非常重要。因为在地理学领域，历史上至今也没有出现像天文学领域那样，纯粹依靠数学（也是美学的和伦理的）诉求就能够建起一个对宏观地理学现象具有较好解释力的理想化理论模型。或者说，理想化数学模型的建立，要依靠大量观测和实验的支撑，模型假说才有建立的可能。

无论后人怎样评价托勒密，这种作用是十分明确的：他是希腊数理天文学的系统保有者——无论他自己的贡献有多大，他对于由柏拉图发起的以数学原理"拯救现象"的传统在西方世界的继承和发展起到无可替代的中继环节作用。作为中世纪遵从的古代权威，他的"数学化"范式在很大程度上决定了中世纪中晚期"数学家"——从事天文研究的星象学家（以及一般的占星术士）和天文学家（往往也是占星术士）——自觉运用数学原理、构建数学模型来解释天文现象和宇宙总体运动模式的数学理性倾向，这也就决定了哥白尼和伽利略的天文学倾向。林德伯格说："尽管对宇宙物理学感兴趣，托勒密的天文学工作天平侧重于数学分析。而且正是作为一个宇宙数学家，忠实于用数学手段'拯救现象'，托勒密影响了整个中世纪和文艺复兴时代。实际上，亚里士多德和托勒密象征着天文学事业的两极——前者特别关注物理结构问题，后者是才华横溢的数学模型的建造者。"[②]

一直到近代科学革命之前，西方世界对于宇宙（或者世界）的"科学"理解，除了天文学性质的总体的、宏观的考察，还有既与星球运动观察又与人的视觉相关联的光学研究，这在一定程度上是一个关于宇宙的灵魂如何被人的灵魂所"看到"的具体议题。如林德伯格指出的："任何成熟的自然哲学都必须处理视觉问题。"例如，原子论者将视觉归结为火（光）从人的眼睛发出，与太阳光结合形成从可见物体延伸到眼睛的媒质——眼睛可接受的从可见物体表面发射出的原子薄膜（影子），通过这种媒质可见物体及其"运动"就被传递到眼睛，再从眼睛到达人的心灵。因此，古代光学既包括对光的研究，也涵盖对人的视觉问题的研究。这是古代成功地应用数学的第二个学科。[③] 这也就不难理解托勒密对光学研究的喜好了。

---

① M. 克莱因：《西方文化中的数学》，张祖贵译，上海：复旦大学出版社，2005年第1版，第72页。

②③ 戴维·林德伯格：《西方科学的起源》，王珺、刘晓峰、周文峰、王细荣译，北京：中国对外翻译出版公司，2001年第1版，第109页。

4. 作为应用数学的光学和力学领域的数理理性

古希腊（数理）光学的开拓者是早于托勒密500年左右的欧几里得。这位伟大的几何学家除了我们在前面已经简略介绍过的几何学贡献，可以说他具体导引了古代光学的发展路线。在他的《光学》一书中，欧几里得以公理化演绎的方式讨论光学问题，形成视觉透视理论。对于人如何能“看得见”的问题，他认为是因为人的眼睛能够发射出许多射线；这许多的射线成锥形，眼睛处于它所发射出的锥形射线群的顶部，而可见物体则是处于这个锥形射线群的底部。这样他就规定了视锥这种几何实在，并在此基础上构建起几何透视学。他在《光学》中设立了若干公设：被观察到的物体的外观尺寸是相应视锥角的函数；被观察到的物体的位置取决于落在该物体上的射线在视锥中的位置，等等。他从这些公设推演出大量定理，他正是以这些关于人与物体之间的空间函数关系来解释“看得见”的问题。

托勒密综合了纯数学的欧几里得式的几何光学与亚里士多德式（考虑光实体和光的运动过程）的实在论光学路线，做出如前面简略介绍的成就。托勒密《光学》特别重要的部分是他的反射和折射理论。其中，如果说他的反射理论是以欧几里得和希罗（Hero，约公元10—70）的工作为基础，他的折射理论则是从零开始。可以想象，如果没有掌握一定的可与实证观测相吻合的光学原理，托勒密建构一个能够容纳观察-观测材料的、作为天文现象权威解释统治西方天文学达千年之久的宇宙模型的可能性究竟有多大。当然，在包括光学在内的，托勒密关于宇宙解释的整个理论体系中，数学化理想和几何学运用始终是最为根本的。

在希腊化时期，数学化的理性路线还表现在力学或平衡学方面。这是希腊化时期服从于数学分析的第三个学科。它一方面与应用领域的实际问题紧密结合，另一方面则是更加数学化。林德伯格指出，比起天文学和光学，希腊化时期的力学或平衡学“更完全屈从于数学”；在天文学和光学中，“还可以找到一些数学无法回答的重要物理学问题”，“相比之下，在杠杆平衡学中，物理学几乎可以完全还原为数学。”[①] 这种特点明显地展现在阿基米德的伟大成就中。我们在后面关于阿基米德的专门讨论中自然会涉及这个问题。

第四节 技术发明和应用实践领域的希腊化实验精神

希腊化时期的科学精神，一方面体现在从希腊古典时期继承下来的理性精神

① 戴维·林德伯格：《西方科学的起源》，王珺、刘晓峰、周文峰、王细荣译，北京：中国对外翻译出版公司，2001年第1版，第113～114页。

方面，并且那种数学化理想和几何化表达理念在天文学以及光学和力学领域得到既广泛又深刻的体现；与此同时，在技术发明和应用实践领域，与希腊古典时期那种注重形上思维的理性主义的科学精神倾向根本不同的科学精神倾向有了长足的发展，这就是注重从观察、实验中总结自然界的一般规律，并且将建构的结构模型或者理论模型付诸实际运行检验的希腊化实验精神。这两方面都是西方科学精神的主要渊源。

希腊化的实验精神在天文学领域主要体现在观测活动之中。作为搜集数据和检验模型的根本手段或途径，在裸眼观察和利用器械、仪器的观察测量中都有不同程度的体现。这似乎是已经拥有历法的不同历史阶段、不同类型的各种文明所共有的。并且，古希腊文明在这方面的起源和发展都受益于古埃及和古巴比伦文明。

在天文学领域之外，古希腊文明这个人类早期文明的后来者，在古典时期前后大量吸收、融合来自东方各种早期文明中应用技术领域的先进成果，其技术实践领域诸方面的水平已经接近或者超过世界上同时代的其他文明。在希腊化时期，随着文明中心向亚历山大里亚的转移，在应用需求的拉动和社会支持的促进下，那种吸收融合和提升创造的步伐无疑是加快了，以至于在区区数百年间就集中地创造出亚历山大里亚辉煌的技术成就。这些成就主要体现在工匠-工程技术等营造技术、机械和仪器发明领域，以及（观察-实验）医学领域。而钟情于脑手并用的实验精神除了体现在这些领域，也体现在炼金术士的活动之中。在希腊文明中，实验精神成分在注重经验积累的应用实践领域中要比在天文学领域中更为明显。

一、营造技术和技术发明领域的实验精神

在公元前 3 世纪活跃于亚历山大里亚，与在科学发现和技术发明方面都成就卓著的阿基米德同一个时代的人中间，有一个叫克特西布斯（Ctesibius of Alexandria，约公元前 285—前 222）的发明家。克特西布斯对技术发明有着浓厚的兴趣，他还很年轻的时候就利用平衡原理为当理发师的父亲设计可以自由调节高度的镜子。他还发明了压力泵用来压缩空气，并根据空气压缩原理，发明了以压缩空气为动力的弓弩和风琴。克特西布斯还设计制造出一种在今天看来也是十分精致的计时装置——水钟，其特征是一个浮子及其在下面的水收集器皿中附着的杆，当水位升高时，杆就使指针移动，这是一个就像拥有一只“手”的时钟。[1]

活跃于公元前 1 世纪的数学家和发明家海伦（Heron，公元前 1 世纪）制造出一种类似于自动售货机的装置，当塞进 5 个古希腊硬币时，这个机器就能自动洒出圣

---

① Curt Suplee, Milestones of Science, Washington, D. C.: National Geographic Society, 2000, 29.

水，他还发明了同样原理的音乐自动发声和神殿大门自动开启的装置，这些装置使广大信众对于众神越发觉得神秘莫测。亚历山大里亚人也将有关声和光的知识运用到实际发明中。最著名的要算阿基米德的大镜子，这面镜子将太阳光聚集在围困他家乡叙拉古（Syracuse）的罗马人的战船上，在强大热流作用下，罗马人的战船被烧毁了。在克特西布斯及阿基米德时代前后的数百年间，亚历山大里亚人发明了大量的——即使是按现代标准来看也是非常惊人的——灵巧的机械装置。

亚历山大里亚的营造技术和发明成就在公元1世纪时达到最高峰。这个时期，古埃及已成为罗马的一个行省，从社会历史分期上讲已进入罗马时代，但是古希腊文明或者希腊化文明并未灭绝，它仍然沿着自己的轨道发展。许多希腊籍的以及在希腊化文明区接受教育的科学家依然属于希腊文化而不属于罗马文化。这个世纪的代表人物是希罗，他的多部科学著作通过阿拉伯文而传世。他的应用数学著作有《测量术》和《几何学》，据说还有对《几何原本》的注释。他的开创性贡献主要在工程技术方面。他在《机械术》一书中记载了希腊化时期的许多机械发明，包括杠杆、滑轮、轮子、斜面、尖劈等利用杠杆原理的器械组合设备。在《气体论》中，希罗根据水不能进入充满空气的容器的实验，表明空气是一种可以压缩的物质。在利用空气动力方面，希罗发明了一个蒸汽喷气动力装置，这是带有两个弯曲喷管的空心球体。当空心球中的水被加热到沸点后，蒸汽就通过喷管向外喷射，这样就产生了反冲力，从而使得空心球转动起来。希罗还做出了虹吸器、测温器、空气抽压机等项发明。

今天的学术界会承认这样一个历史事实，即“亚历山大里亚在建筑工程、水路和陆路运输工程、军事工程方面都有很多建树，尤其在机械制造方面，更是有不少杰作问世。”① 但是，对于这个事实，特别是在此期间充盈着的实验精神，人们并没有太多直接的确凿考古证据。亚历山大里亚的各种营造技术和技术发明方面的成就，特别是纯粹技术知识和创造发明的细节，大多随着岁月的流逝而湮没了。对于亚历山大里亚人在营造技术和技术发明方面的成就，人们能够从历史文献旁证中粗略地重构出来，而对于纯粹技术知识和创造发明的细节，由于缺乏专门著作和历史记载，学者们大多回避这个问题，我们只好凭依文化史和科学发展规律做出理论上的复原。

营造技术和发明创造，不是仅凭大脑想象就能够做到的，是动手做出来的文明，是既动手也动脑的文化，是付诸实验活动的文化。也许仅凭偶然的（或者偶遇的），以至于有意的（或者有目的的）视觉观察以及其他感觉经验，能够

① 吴国盛：《科学的历程》（第二版），北京：北京大学出版社，2002年第1版，第94页。

发现自然的一些奥妙，但是在对自然了解的深度和广度上的局限性，起码在现在看来是显而易见的；进而，诸如建筑、机械、器械和仪器的营造技术和发明等应用科学和技术领域在关键知识、关键技术上的进步，仅仅依靠大脑——哪怕是伟大天才的大脑——构想，并不付诸实验程序就能获得，这不能说完全不可能，但实现的少之又少，而且往往限于只是个别环节或者个别方面的进步上。对于技术密集、创新技术集成的重大科学技术进步，那种仅仅止步于空想或者空谈，就想获得真正的实质性进步，即使不是柏拉图的理想国，也是一个文明领域进步的乌托邦。①

亚历山大里亚技术发明的大爆发，很可能是多种因素共同促成的，这些因素构成了这一现象得以发生的历史-文化逻辑。第一，技术活动者具有较高的社会地位。从事技艺实践的人不再是希腊古典时期没有社会地位和等级身份的群体，似乎成为受人尊敬、尊重的人物。第二，学术自由容易获得物质支持。此时的学者不再需要凭借技术知识来维持日常生计，因为有政府或者社会资金的资助。第三，知识精英汇聚应用技术及相关科学研究领域。这一时期的亚历山大里亚，具有同时代人当中较高甚至最高文化知识修养的人大量进入与应用技术知识紧密联系的科学研究领域，特别是这些人中还有大批涌入的拥有技术的或者较为高级的外族、外地知识分子。这既抬升了亚历山大里亚的整体技术水平，也形成了学术竞争局面。第四，技术公开成为学者们的常规做法。这通常是为了证明自己的水平以获得政府或者社会资金的资助。第五，实现了技术教育的建制化。在技术秘密公开化的氛围下，或许也是作为一种谋生手段，亚历山大里亚出现了技术教育学园。第六，实现了科学技术知识普及的社会化。技术教育带动了技术书籍以及科学书籍的大量复制——当地拥有丰富的纸草，这为书籍的抄写制作提供了必要的物质基础。在科学技术知识普及方面，与古埃及时代谨慎缄口、口头传授知识不同，新知识可以通过书籍自由地四处传播。在世界文明史上，工匠传统下技术知识的传承依靠的是师徒世代之间的实践操作指导和要诀口口相传。而且为了有限的关键技术知识的独占性，以养家糊口、维持生计，往往有严格保密、只传授给特定对象的潜规则，自然也就没有著书立说以向社会公开传授的习惯。对于亚历山大里亚来说，幸运的是，古埃及纸草要比羊皮便宜和容易得到得多，因此亚历山大里亚也就成为古代书籍抄写、贸易的中心。科学史上第一次出现了一部关于机械、冶金知识的优秀著作。水-汽驱动装置的基本原理在一篇论述压缩空气和浮力的论

① 文艺复兴时期的里奥纳多·达·芬奇，就是一个最为典型的例证，尽管他富有实验精神，但在有些领域的总体实施上是不到位的，因此，他纵有一大堆天才的设计——甚至是被后人肯定了的设计图纸，在他的时代以及随后的数个世纪，谁也没有看到动力飞行器和潜水艇等现代技术文明的影子。

文中得到解释，另外其他的论文对地窖、弓弩、隧道的结构做了说明。[①]

二、希腊化时期医学领域实验精神的发展

总体而言，与自然哲学推测和解剖观察的生理学理解相联系的古代科学医学，是现代西方医学认可的主要渊源。但是，这并非西方医学的全部渊源，西方医学还与另外两类医药学活动有着深刻渊源，特别是在“医药”一体概念或者某种身体状态诉求之下。第一种是与巫术观念或者原始宇宙观的价值因果关系理念相联系的传统医药学。各个民族无一例外地都有自己的传统医药学。第二种是与工艺或者巫术实践活动相联系的实践医药学。在西方医学史上主要是炼金术、炼丹术，在其他文化传统中还有各种体育健身艺术（如中国古代的五禽戏等健身武术、古印度的瑜伽术等）。

1. 希腊化时期实验医学的古典基础

希腊古典时期的医学实践大体上是沿着两种路线向前迈进的。第一种路线是如在许多古老民族中所盛行的巫术医学。第二种路线就是各种传统医学中都或多或少地存在着的观察-实验医学。在古希腊医学实践上的这种半巫术半实验的医学传统中，还伴随着与占星术-炼金术联姻的解释-实验医药学，这是古希腊后期医药学的重要组成部分。不过，我们主要是从第二种发展路线中看到古希腊医学，特别是希腊化时期医学领域中实验精神的发展。

无论巫术医学还是观察-实验医学，古希腊医学的目标显然是技艺的，而不是科学的，如希波克拉底（Hippocrates，公元前460/459—前370）。希波克拉底学派医学代表了希腊古典时期的最高成就。这一学派的理论和医术都与今天的实验医学相似，他们研究人的生理时并不像亚里士多德和盖伦（Galen，公元129—199）那样去追问“最后原因”，他们是追问“怎么样”，而少问“为什么”。确切的观察-实验方法在这里也出现了。例如，希波克拉底学派对鸡的胚胎学研究提出明确要求，这就是观察者每天打破一个鸡蛋，以观察孵化过程。在疾病治疗方面，他们认为疾病是一种要服从自然法则的过程。他们坚决主张进行精微观察和要周密地解释症候，从而事实上走上通向现代临床医学的道路。他们还对许多疾病做出准确描写，指出适当的治疗方法。为了解人体结构，他们有过一些解剖活动，但是他们的这种活动是受到习俗和法律的严格限制的。直到后来，大概是在托勒密王朝的统治下，才在亚历山大里亚进行系统的人体解剖，第一次给人体解剖学和生理学提供了事实确凿的可靠基础。

---

① M. 克莱因：《西方文化中的数学》，张祖贵译，上海：复旦大学出版社，2005年第1版，第62页。

如果人们能够对“理性”做出宽泛的理解，我们就会同意吴国盛对希波克拉底的评价。他说：“希波克拉底的最大贡献是将医学从原始巫术中拯救出来，以理性的态度对待生病、治病。他注意从临床实践出发，总结规律，同时也创立了自己的医学理论，即体液理论。……这种体液理论一直在西方医学中流传，就像中医的阴阳五行说一样，成了西医的理论基础。”①

2. 亚历山大里亚的经验-实验医学

在希腊化时期，古埃及文明对于人体解剖的宽容——甚至是鼓励（为了制作木乃伊）——氛围，加上希腊古典医学传统对于了解人体结构的渴求，人们对解剖的兴趣更大了。这是一种为了获得较为详细的生物学信息的实验形态，如在赫罗菲拉斯（Herophilus）的研究中和在亚历山大里亚博物馆工作的埃拉西斯特拉图斯（Erasistratus）的研究中所例示的那样。赫罗菲拉斯和埃拉西斯特拉图斯在医学方面的工作代表了希腊化时期亚历山大里亚医学的最高成就。

赫罗菲拉斯是被现代人确切知晓的最早的人体解剖学家，也是希波克拉底时代之后最伟大的医师。他的医学是经验性的，差不多没有什么理论成见。他对大脑、神经、眼、肝和其他内脏器官，以及动脉和静脉，都做了很好的描写；他认为智慧之府是大脑，而不像亚里士多德所主张的那样是心脏。

埃拉西斯特拉图斯是赫罗菲拉斯的同时代人，但较为年轻。他进行过人体解剖，并利用动物进行实验。他对生理学有着浓厚的兴趣，也是把它当作独立学科的第一人。他对大脑、神经和循环系统方面的知识有所贡献，并且认为人体和大脑里都有特殊的管道来输送血液和元气。他以为这元气便是空气。埃拉西斯特拉图斯从伊壁鸠鲁（Epicurus，公元前342？—前270）接受了原子说信条，反对医学上的神秘主义。赫罗菲拉斯和埃拉西斯特拉图斯等使他们那个世纪在医学史上成为一个值得注意的时代。

3. 盖伦：希腊经验-实验医学的集大成者

亚历山大里亚之外从事医学活动的盖伦是希腊医学的集大成者。他整理总结了希腊医学成就，把希腊解剖知识和医学知识系统化，并且把一些分立的医学学派统一起来，从而创立了自成体系的医学理论。盖伦生理学将肝脏、心脏和大脑看做人体的主要器官。他认识到了肝脏的造血功能，但盖伦还没有认识到血液的循环运动。盖伦在病理学方面主要是继承了四种体液学说。盖伦大约写出256部书，不仅涉及医学，也涉及哲学、法律、语法和数学。但主体是关于医学的，有15部涉及解剖学，这是他的特殊兴趣所在。他的最为著名的著作《论解剖准备》，

---

① 吴国盛：《科学的历程》（第二版），北京：北京大学出版社，2002年第1版，第74页。

保持解剖研究的标准教科书地位长达1400多年。

盖伦的医学理论基于前人发现的解剖知识和自己的大量解剖实践及临床经验，对人体结构和器官的功能有比较正确的描述和说明。但是盖伦的解剖活动没有亚历山大里亚医师那么幸运。他生活在一个基督教开始流行强盛的时代，当时的社会禁止人体解剖，盖伦就通过解剖猪和其他动物，特别是猿（他认为猿最类似于人类）来推测人体构造。他首次确认许多肌肉，并且第一个证明脊髓的重要性。尽管盖伦的著作像亚里士多德的作品那样大多数时候是错误的，但是却成为那些努力重新点燃人类知识之灯的人遵从的、无可置疑的权威。[①] 不幸的是，也正是这位权威阻止生物学和医学的进步达1000多年。

不过，正如莱昂·罗斑指出的，古希腊医学"因为是要解释事实，并且在它的运用中包含许多心理学的因素"，因此在一定程度上"是在哲学范围之内的学问"。[②] 在那个愚昧并未完全蜕去以及追求哲学上的普遍性和统一性的时代，盖伦之所为不足为怪。何况，如果说科学是一种文化，技术是一种文化，那么医药学从来就是实践价值取向的具有实验倾向的实践文化，并且毫无疑问地都依托于一定的观念或者理念，而医疗手段、医疗途径都以一定的实践目的为前导，都不同程度地与一定的实践价值取向相联系。一切医药活动都是看实际疗效的。因此，虽然在传统医药学中的确存在未被证实的哲学观念，甚至迷信糟粕，但是这并不能成为全盘否定传统医药学的理由。任何全盘否定传统医药学的妄言，都是在漠视它们的历史和现实价值，都是对它们对于人类这一物种能够存在至今的价值的无知，都是对人类文明史、文化史的背叛。

三、炼金术士理性精神与实验精神结合的奇特方式

学界一般认为，古希腊的以至于中世纪西方世界的占星术和炼金术源自东方，特别是古埃及和古巴比伦地区。炼金术在起源上与古代其他思想领域，特别是占星术的思想观念有着密切的联系。一般而言，炼金术士往往也是占星术士。而且这种活动中的巫术思想或者哲学学说的形成与工匠活动密切相关。

炼金术士相信，物质本身并不重要，但是它的特性却是实在的，特性就是金属；因此改变金属的特性也就是改变了金属。他们觉得工匠对这一点有着深切体会。当时的工匠已经知道，染色用的媒剂能够侵蚀金属；如果在一种贱金属中加

---

① Ray Spangenburg and Diane K. Moser, The History of Science from the Ancient Greeks to the Scientific Revolution, New York: Facts On File, Inc., 1993, 82, 27.

② 莱昂·罗斑：《希腊思想和科学精神的起源》，陈修斋译，桂林：广西师范大学出版社，2003年第1版，第376页。

入少量黄金的话，就可以用染色媒剂侵蚀这种合金，留下一层金色的表面。他们以为，这样一来，作用与酵母一样的那种贵重金属就克服了合金的低贱性，使之具有黄金的灵魂。[①] 显然，这种哲学学说既在一定程度上反映了那个时代一些从事“劣等”工作的工匠们的精神价值诉求，同时也为自己所从事的“造假”行为的合理性和产品的价值提供辩护。

对于炼金术的评说，也许从丹皮尔的视角来考察是有趣的。一方面，丹皮尔对于东方因素怀着深刻的偏见和敌意，将占星术和炼金术视为一种邪恶的力量；另一方面，他尊重历史的真实，看到了希腊化时期古希腊科学发展的（实用技术）特点。W. C. 丹皮尔正是戴着多种色彩的有色眼镜，对占星术和炼金术做出了似乎“公允”的但却缺乏逻辑一致性的评价。他指出：“占星术和炼金术都有一个根本性的基础，那就是对自然的观察和理性的思想，虽然这种思想大半是错误的。因此，占星术和炼金术在天文学和化学的早期发展中都起了真正的和高尚的作用。……巫术同科学的起源也未尝没有关系，但是它的精神同科学精神是肯定背道而驰的……在希腊化的时代，巫术迷信发展起来，古代的科学也就衰落了。”W. C. 丹皮尔还指出：“亚历山大里亚的炼金术士和后来的一些炼金术士不同，他们既不是傻子，也不是骗子。他们是按照当时最好的哲学进行实验的；过错不在他们，而在于那种哲学。”[②]

W. C. 丹皮尔显然看到炼金术中的理性成分和观察-实验特点。但是，我们并不能将炼金术简单地划归为巫术活动，尽管它包含一定的巫术成分（或许毋宁说是信仰成分）；炼金术主要地是一种工匠-商业活动。一般地看，与占星术紧密关联的炼金术是一种（商业目的的）工匠-营造技术，同时也是一种（中世纪直至近代的西方世界中的）医药活动。炼丹术则主要与医药活动相联系，炼丹术在西方世界的出现是中世纪的事情了。在古希腊科学中，占星术与天文学混杂在一起，而与占星术观念紧密联系的炼金术又与工匠活动混杂在一起。如人们看到的，在古代，文化观念是一种混沌未开的世界观；学术领域的界限不像现在这么分明，或者说，关于世界的思想或者理论没有分化到如今学科理论上的泾渭分明。因此，在对待具体的“惊异”议题或者生存议题时，做出的解释往往是混杂着各种文化因素的推断，猜想的或者神秘的成分自然十分浓厚。古希腊科学也不例外。因此，对于希腊化时期炼金术活动中“理性”与“实验”的奇特结合应当给予充分肯定，

---

① W. C. 丹皮尔：《科学史及其与哲学和宗教的关系》，李珩译，桂林：广西师范大学出版社，2001 年第 1 版，第 50，51 页。

② W. C. 丹皮尔：《科学史及其与哲学和宗教的关系》，李珩译，桂林：广西师范大学出版社，2001 年第 1 版，第 38，51，52 页。

它比近代化学革命中的科学精神毫不逊色；只是它没有同时代的力学和应用发明领域中理性精神的纯粹，其神秘性质的理性与观察-实验的结合，比起阿基米德式的理性与实验的结合方式就逊色多了。

公元 292 年，罗马帝国皇帝戴克里先（Emperor Diocletian，约 245—313）下令取缔炼金术活动，并下令焚毁所有讨论炼金术的书籍。从此在亚历山大里亚流行了 300 年左右的炼金术开始衰落。大约千年之后，炼金术在欧洲的复兴，成为近代化学革命的必要基础。

第五节　阿基米德：理性精神与实验方法-实证精神相结合的古代典型

阿基米德是希腊化地区营造技术和机械发明大喷发时代最为传奇的人物，也是一位超越时空界限的具有近代科学精神的古代科学家。

一、数学家和数学理性主义者阿基米德

在欧几里得之后的希腊化数学家中，阿基米德无疑是其中最伟大的一位。阿基米德被认为是与欧几里得、阿波罗尼乌斯并列的古希腊三大数学家，甚至被认为是与牛顿、高斯（Carl Friedrich Gauss，1777—1855）并列的历史上最伟大的三位数学家。① 阿基米德对理论数学和应用数学都有贡献，但他特别受人尊敬是因其完美的数学证明。这种数学证明在理论数学方面主要体现在他花了大量时间的度量问题研究中，而在应用数学方面则完美地体现在他的静力学成果以及大量机械发明之中。

阿基米德之前的古希腊数学不太重视算术计算；关于面积和体积，数学家至多证明一下两个面积或者体积的比例，而不再关心每个面积或者体积的数值究竟是多少；因此只有直边图形的面积以及直边体的体积才可以用算术简单地计算出来，而曲边的面积和由曲面的运动构成的三维体的体积都无法直接计算出来。当时，连圆面积都没有确切的计算办法，因为圆周率的值还不太清楚，或者说还没有在圆面积计算办法上与正多边形挂钩的强烈方法论意识。欧多克斯发明了穷竭法——就是用内接和外切的直边图形不断地逼近曲边形的求值方法——以用来解决曲面面积问题，阿基米德进一步发展了欧多克斯穷竭法，并将其应用于面积和体积的计算，包括被抛物线线段所包围的面积、某些螺旋曲线所包围的面积、球

① 吴国盛：《科学的历程》（第二版），北京：北京大学出版社，2002 年第 1 版，第 89 页。

体的表面积和体积。他还利用穷竭法，推导出 π 值的范围：3.141～3.142。学术界已认可，穷竭法无疑已经触及极限问题，这是近代极限概念的先驱。①

在阿基米德之前，希腊文明是用字母计数的。这种计数方式在记大数时尤其不方便。当时希腊书写系统能表达的数字小于 100 000 000。这种计数法尽管在书写记录上比较繁琐，但在当时的实际应用中是够用的。阿基米德做了一件古希腊人不屑一顾的工作，他设计了一套表示大数的体系。这一在当时毫无实用价值、只有数学意义的工作，可能是与阿基米德自己的数量化宇宙理想相关联的；因为在表达这一记数方法的《沙粒计算手册》（*The Sand-Reckoner*）中，包含了作者关于阿里斯塔库斯太阳中心观点的描述和他自己的几何学证明：他能够表达在量级上超过填充宇宙的沙粒数量的“像阿里斯塔库斯推想固定星星的球体所是的那么大的”数字。

在阿基米德的所有著作中，几乎到处充满作为一位数学理性主义者力图到达的数量化的理想目标。在《论劈锥曲面和回转椭圆体》中，他使用类似于积分的方法来确定各种几何图形片断的体积和面积；《抛物线的求积》中更是如此；在《论螺旋形》中，他论证了螺旋形的各种几何性质；在《辅助定理之书》和《家养牲畜问题》中，他要求找到四种颜色的每一种的公牛和奶牛数量或者解决有 8 个未知量的问题。他的力学著作自然也是数学化的。最值得一提的也许是《方法》，这部著作是 1906 年由海伯格（Heiberg）发现的羊皮纸著作，它具有特殊的重要性，因为在书中阿基米德辨别了发现的方法和对定理的推导证明的方法。斯朗格尔指出：“读阿基米德的论著时，人们不会不欣赏他对数学问题和几何形态的强烈着迷，他的每本著作都包含了大量错综复杂的几何图表来例证他的证明……他论证的方法结合了归谬法的演绎技巧和积分的方法。前者包括承认与某人旨在证明的东西相反或者相矛盾的东西，从它得出的不一致结果，从而证明原来的命题。后者，积分或者穷竭法，在于通过不断增加或者减少内接或外切在未知形体里面或者外面的形体，直到尽可能地接近所期望的量，以近似地得出面积或者体积。用这些方法，他能够处理并解决所指出的那些问题，展现了最高级别的天才。”②正是以阿基米德为代表的亚历山大里亚数学家使算术和代数成为独立的数学学科。

对于阿基米德数学化的科学精神倾向，克莱因评论说：“无论阿基米德怎样深受那个时代实用风气的影响，他依然具有古希腊人对基础理论的热爱之情。在他

---

① 吴国盛：《科学的历程》（第二版），北京：北京大学出版社，2002 年第 1 版，第 89 页。

② Richard H. Schlagel, From Myth to Modern Mind: a Study of the Origins and Growth of Scientific Thought, Volume Ⅰ, Theogony through Ptolemy, New York: Peter Lang Publishing , Inc., 2001, 384, 385.

所有的成就中，他自己最引以为自豪的是理论方面的成就。”① 斯朗格尔推测说：“按照他的遗愿，在他死后，他的坟墓上放置着一个圆柱体与球体外径相切的艺术品，上面还刻写着圆柱体与球体的比率，这显然是他自己心目中最伟大的数学成就。”②

二、静力学家和实验主义者阿基米德

阿基米德作为一位古代科学家，他与亚里士多德的理论兴趣显著不同，他对对象和事件的形而上学意义、那些难以捉摸的“为什么”根本不感兴趣。他想知道过程是如何发生的，什么样的数学原理可以描述它们的运行。在两卷本《论漂浮物体》中，他讨论了流体静力学问题，论证了“阿基米德原理”：浸在水中的物体排出的液体重量与其自身重量相等。

与浮力定律相联系的是两个众所周知的而且相互关联的故事，一个是阿基米德受国王海厄伦（Hieron）之命鉴定制作王冠的材料是否是纯金的故事，另一个是他洗澡时突然叫喊“尤里卡”——“发现了”（鉴定路线）——的故事。

前一个故事表达了阿基米德在解决实际问题方法上的某种思路转换，就是由经验判断向诉诸一般原理的转换；后一个故事表达了阿基米德在科学发现上从事实观察向原理归纳的转换，或者说，由单纯的经验理解或者纯粹的理性思辨向将二者联结起来考察的转换。前者的技术哲学意义在于科学理论对于应用技术的语境规范价值。在解决实际问题的技术路线上，正是由于科学理论的加入，拓展了思考实际问题的视野，厘清了解决技术问题的思路。后者的科学哲学意义在于一般观察或者实验观察对于科学理论发现的语境导引价值——这是实验主义者典型的方法论理念。一方面，一般观察或者实验观察是科学理论思维的经验材料来源，这些经验材料构成了科学理论思维的客观实在对象，它（们）是（科学）真理论的经验基础；另一方面，从一般观察或者实验观察而来的经验材料（也即客观实在对象）具有引导和约束科学理论思维及其发现（理论要素及其关系和结构的）理论实在对象的功能，这种（经验）约束（功能）是科学理论之所以具有真和能够不断逼近真的、介于客观实在与理论实在之间的逻辑（约束）中项。十分可惜的是，阿基米德在科学发现的方法论路向上的转换，在中世纪不但没有发展，而且长期中止了。

在两卷本《论平面的平衡》中，阿基米德描述了杠杆原理和平衡原理，并且

---

① M. 克莱因：《西方文化中的数学》，张祖贵译，上海：复旦大学出版社，2005年第1版，第65页。

② Richard H. Schlagel, From Myth to Modern Mind: a Study of the Origins and Growth of Scientific Thought, Volume Ⅰ, Theogony through Ptolemy, New York: Peter Lang Publishing, Inc., 2001, 383.

推导出关于静力学的其他命题。就实际应用而言，杠杆在公元前3世纪并不是一个新发明。但是，就关于对杠杆的数学原理的理解和把握而言，那些被动观察的经验主义者与阿基米德之间存在巨大鸿沟。从理论现象上看，使阿基米德与他们区隔开来的成就就是他聚焦于理解要提起的重量与杠杆长度、杠杆支点位置和移动这个重量所需要的力之间的数学关系；从实践现象上看，一旦这个原理得到阐明，他就能够对任何重量和杠杆的组合做出预言——他自然而然地就能够做出那么多的机械发明。[①] 这种鉴别，对于阿基米德在力学或物理学上的贡献评价也许是到位的，但是在科学精神的意义上，即在将数学工具应用于力学问题的方法论意义上，这种评价至多给了阿基米德一个数学理性主义者的荣誉。

然而，在将力学（实验方法）应用于数学问题的方法论意义上，那就是关于科学精神的另一种境界了。阿基米德在他的著作《论与力学问题相关的方法》中——在其中他求出抛物线截面面积——明确地将力学与数学联系起来。阿基米德在给他的朋友埃拉托色尼的信中说："我认为这样做是合适的：在同一本书中为你写出并详细解释一种特定方法的独特性，通过这种方法，你将有可能开始使你能够用力学手段来研究数学中的一些问题。"[②]

不难理解，逐步调整剖面与底的夹角角度来切割三维几何体（例如圆锥体或者圆柱体）而来的平面图形（例如抛物线或者椭圆形）有一个渐变过程，这也就可以引导出某种连续性（连贯性）、一致性（统一性）的几何学的理论思维。由切割圆锥体得出抛物线剖面，由逐渐改变与底的夹角来切割圆锥体获知了抛物线剖面的连续性渐变，也获知了那些连续性渐变的抛物线的共同焦点，由对光线的反射研究，获知了（包括正圆在内的）抛物线反射体——自然界并没有这种连续性的现象表现可供归纳——的光线聚焦原理。

因此，不难看出，阿基米德在对静力学研究的中心环节即数学关系的把握上，实施了两种方法论路向相联结、相融合的方法论路线。如果我们要考察阿基米德对数学关系的把握，或者力学问题与数学问题的结合或者联结，就必须追问：阿基米德是如何把握数学关系的？或者说，他是如何实现力学问题与数学问题的结合或者联结的？毋庸置疑，他显然需要实施精细的实验，以便于仔细观察和准确测量。

三、阿基米德：理性精神与实验方法-实证精神相结合的古代典型

作为对于阿基米德数学化杠杆原理的基本判断是，在阿基米德对杠杆原理和

---

① Curt Suplee, Milestones of Science, Washington, D. C. : National Geographic Society, 2000, 33.

② Michel Authier, Archimedes: The Scientist's Canon. Michel Serres ed. , A History of Scientific Thought: Elements of a History of Science, Oxford: Blackwell Publishers Ltd. , 1995, 140.

平衡原理的数学阐明中，他在数学工具的使用上并没有独特之处。他使用的数学工具是已被毕达哥拉斯学派和天文学家广泛使用的比率和比例的几何学概念，其新颖之处在于力的问题与数学问题的联结，也就是将（杠杆）长度比率与力（重力/施加力）的比率数值联系起来考察，这是由世界观或者科学信念——物质的几何（比例关系）形态与物质的力量（比例关系）形态（如同后来的重力概念）在原子论观念上的统一性——决定的。进一步说，阿基米德之所以认定力学问题与数学问题可以（或者能够）联结，之所以要实施联结，这是他的世界观和相应的科学信念决定的。这种物质-数学统一性与近代物理革命的世界观如出一辙。

阿基米德的世界观既是原子论的物质的世界观，又是数学关系的世界观。对于古希腊思想中十分冲突的原子论与元素论，阿基米德采取了德谟克利特式的兼容立场。对于阿基米德而言，原子论具有某种研究特质，使研究者"走近特定命题"，而元素论可以用作由欧几里得所证明的数学真理的哲学基础。阿基米德在《沙粒计算手册》中，以原子论宇宙论观点，即以最小的物质颗粒沙子为基础来测量世界；在《方法》中关于 stomachion（容量）操作游戏的系统研究，将具有基本几何形态的一组块件结合产生了多种图形。这一切确证了他对原子论理论的兴趣。

在世界的统一性，以及两种对象或者两类事物之间的"相等"或者"同一（性）"的意义上，阿基米德并不是首创者。希腊古典时期的哲人毫无疑问地都持有自己的世界统一性信仰，并且都采取以"相等"或者"同一（性）"为信念的理论建构路线；无论是出于建构自然哲学的宇宙论，还是出于美学的和伦理（秩序）的动机，以至于占星术士和炼金术士的巫术或者工匠—巫术动机，类比的或者抽象的同一（性）关系在理论建构中已是司空见惯。阿基米德与他们的不同之处根本在于：一方面，他关于两种对象或者两类事物之间的"相等"或者"同一（性）"是纯粹数值上的"相等"或者"同一（性）"，而不是性质上的"同一（性）"——毕达哥拉斯学派的数字-比率宇宙论也没有逃出性质同一性的窠臼；另一方面，阿基米德描述的事物之间的关系是纯粹的数值上的数学关系，不是关于事物以至于宇宙生成的（定性描写的）因果关系，而是关于"过程是如何发生的"数量关系。因此，阿基米德之所以要实施力（学）的（以及光学的）问题与数学问题的联结，还在于这是力学理论（以及光学理论）由定性描写向数量化描述的范式转换的必然要求，也是理论数学向（与实际问题紧密联系的）应用数学拓展的必然要求。空想和玄思很难达到这种范式转换，也很难与实际应用问题达成契合。就力学（以及光学）作为一种应用数学的理论研究而言，理论化和应用性的双重诉求在总体上是并行不悖、难分伯仲的，其中任何一种诉求都不是必然地具有优先性。

与上述问题相关联的是，既然要实施以纯粹数值上的力学（以及光学）问题与数学问题的联结，阿基米德是如何实现这种联结的？今天的人们自然会觉得，“过程是如何发生的”这一理解和把握世界的路线，仅以日常经验为基础是远远不够的。因为，对于对象或者事件产生的“过程是如何发生的”这一问题，也许能够从日常的偶然现象中或者对自发事件的有意观察中有所发现、有所感悟，这种对自发性事件的被动观察也能够对近似的（或者类似的）事物或者事件做出概括性的定性描述，就像博物学家从事的工作那样，亚里士多德也是如此经验路线。然而，要想对“过程是如何发生的”做出数量化描写，对于经验材料的获得而言，日常经验中的被动观察并不是十分理想的方法论路径；由于事件发生的自发性具有很大程度的不规则性和不确定性，因而经验材料在获得途径的方法论意义上是不可控的和偶然性的，所获得的经验材料也往往是近似的、不精确的，由这种材料不易做出关于事物以及事物之间关系的精确数量描写。因此，阿基米德对于杠杆原理的数学理解和把握，必然地是实验导向的。正是实验将数学问题与力学问题有机地联结起来。就是在近代以来，中观物理学也无法做出纯粹的数学推论，在解决具体力学问题时实验也是必不可少的。

而且，如果说在理论数学方面，阿基米德有前人的理论基础或者研究方向所导引，但是在力学和几何光学方面新的应用数学领域并没有前人确切的方法论路线可遵循。阿基米德有着自己的不可思议的独创性，他并没有遵循他人的研究，而是在发现新的演绎方法或者证明的同时，不断地展开新的问题或者开拓新的研究路线。[①] 阿基米德之所以能够在静力学方面成为近代物理学革命的先行者，他之所以能够在几何光学、几何学以及微积分方面有所建树，很重要的一个原因也正是由于他在经验材料获得路线上的方法论突破。正是以精确的数量化表达导引的、以实验作为力的问题与数学问题的联结为中枢的方法论路线，形成了阿基米德与玄思的自然哲学家、被动观察的经验主义者之间的巨大鸿沟。也因其具有坚实的实验基础和理论上完全的数量化表述，阿基米德的科学理论也就有了很强的实践价值，自然易于与发明创造的应用领域相对接。与这种科学特质相联系，虽然人们无法凭借实物来说明阿基米德实施的实验，但是，他的众多机械发明在动手实验和准确实施实验的意义上无疑是有力的旁证，完全可以算作是凭借演绎而实施的科学实验。丹皮尔明确指出：“力学和流体静力学的起源应该到实用技术中去寻找，而不应到早期希腊哲学家的著作中去寻找，但是当观察同在几何学中学到的演绎方法结合起来的时候，这两门科学就有了坚实的基础。把这两门科学放在坚

---

① Richard H. Schlagel, From Myth to Modern Mind: a Study of the Origins and Growth of Scientific Thought, Volume Ⅰ, Theogony through Ptolemy, New York: Peter Lang Publishing, Inc., 2001, 383.

实基础上的第一人是阿基米德。他的工作比任何别的希腊人的工作都更具有把数学和实验研究结合起来的真正现代精神。”①

至于阿基米德为什么倾心于应用数学性质的科学领域，似乎有两个方面的应用技术导向的社会文化原因。一是希腊化时期应用实践领域蓬勃发展的影响，二是由于他的祖国的需要、他的既是亲戚又是朋友的国王的召唤。克莱因指出：“亚历山大里亚时代的特征，在阿基米德的工作中得到了最好的体现。”他说：“阿基米德对实用兴趣最明显的标志，是他那些独具匠心的发明。”②

但是，我们必须看到，毕竟阿基米德的技术发明更多的是与科学研究相联系的。因此，在科学发现的实验要求和社会应用需要的双重意义上，阿基米德的应用数学性质的科学诉求与近代以来伴随物理学发展进程的实验精神要素和社会需求因素颇为相似。吴国盛就指出：“希腊化时期，古希腊人那种纯粹、理想、自由的演绎科学与东方人注重实利、应用的计算型科学进行了卓有成效的融合，实际上为近代科学——既重数学、演绎又重操作、效益——树立了榜样，阿基米德是希腊化科学的杰出代表。”③ 由此看来，阿基米德对应用技术发明的痴迷就是顺理成章的。

总之，阿基米德承袭和发展古希腊人的理性精神，形成将原子论构想与数学化理想融合起来的理性精神。特别是他在自己广泛的研究领域中，创造性地确立了将数量化的理论目标付诸剖析-组装几何体物质材料来发现经验材料的实验方法，并且发展出通过演绎-实验来验证数学模型的实证精神。

奥瑟尔根据与阿基米德仅隔两个世纪的罗马历史学家普罗塔克（Plutarch，约公元120—127）的记述，总结出阿基米德这位古代的“现代科学家”原型：阿基米德有如此崇高的理想，如此深刻的精神视界，拥有这么大范围的知识，以至于尽管他的发明为他赢得了几乎是超人智力的声誉，他却不愿屈尊留下任何关于机械发现的著作。他经常忘记饮食和自己身体及周围物质环境的存在，甚至忘记穿衣服——如发现浮力定律的那个故事。那种斯多葛式的淡泊，集中精力的能力，发现之后质朴的快乐，无视一切的心灵自由，逆境中的坚持不懈，以至于面临死亡时的淡定等，这些在一定程度上确立了阿基米德的“科学的性格”。西方科学家的原型诞生了。④

---

① W. C. 丹皮尔：《科学史及其与哲学和宗教的关系》，李珩译，桂林：广西师范大学出版社，2001年第1版，第41，42页。

② M. 克莱因：《西方文化中的数学》，张祖贵译，上海：复旦大学出版社，2005年第1版，第64页。

③ 吴国盛：《科学的历程》（第二版），北京：北京大学出版社，2002年第1版，第88页。

④ Michel Authier，Archimedes：The Scientist's Canon. Michel Serres ed.，A History of Scientific Thought：Elements of a History of Science，Oxford：Blackwell Publishers Ltd.，1995，147，148.

第三章　中世纪理性精神的复兴和近代科学精神的孕育

在传统观点看来，中世纪是一个令世人厌恶的世纪。时至今日，“黑暗的”这个形容词还常常冠在它的名称前面。自从 19 世纪下半叶以来，理性的人们从历史连贯性的角度，开始重新审视中世纪的文化。罗兰·斯特龙伯格指出：“自然主义和理性主义一直是中世纪思想里的强大要素，甚至在中世纪思想屈从于专横的信仰要求之时也是如此。”[①] 皮埃尔·迪昂更是认为，科学革命是从 14 世纪开始的，是作为经院哲学思想富有成效的结果而形成的。解释科学革命这项工作应被归结为从 14 世纪寻找原因。[②] 因此，对于近代科学而言，它与中世纪学术活动的文化联系，是我们无法仅凭意识形态敌意就能武断地割裂开的。毕竟，古希腊理性传统，在基督教神学的建立与发展中，在教会学校的语言-逻辑教育中，得到比较广泛的传播；从 13 世纪开始，开设自然哲学课程的大学组织雨后春笋般地建立起来；教士阶层和占星术士的天文观察，医生的身体观察，光学与炼金术士的实验，以及教堂和城市建筑实践，这些颇具规模的各种活动一起缓慢地酝酿、扩散着实证精神，出现了崇尚实验和数学教育的罗吉尔·培根。

第一节　两种知识旨趣：教父神学和阿拉伯-伊斯兰科学技术文化

随着罗马野蛮民族的征服，广大希腊化地区被纳入罗马帝国版图。虽然罗马帝国版图横跨欧亚非大陆，但这一时期的西方世界非常缺乏科学文化建树。在公元纪年的前 10 个世纪，西方世界的文明之光也许只有基督教早期教父非常有限地承接了古希腊的理性遗产。然而，这一时期的阿拉伯-伊斯兰世界却较为完整地承接了古希腊遗产，并且有所发展。阿拉伯-伊斯兰的东方也成为古希腊

---

① 罗兰·斯特龙伯格：《西方现代思想史》，刘北成、赵国新译，北京：中央编译出版社，2005 年第 1 版，第 8 页。

② H. Floris Cohen，The Scientific Revolution：a Historiographical Inquiry，Chicago & London：The University of Chicago Press，1994，260.

遗产向中世纪西方世界传递的中转站，从而成就了西方世界中世纪后期的“文艺复兴”。这一接转过程的最终实现，仰仗于基督教教士对于信仰的理性辩护之喜好。

一、教父神学：神启与柏拉图式理性的结盟

罗马人是个尚武的农业民族，他们喜好实用技术，特别是建筑、医疗和农学等方面的技艺。罗马人不喜好理性精神生活，对古希腊的哲学遗产没有多大兴趣。罗马人对哲学和科学的贡献，至多是整理和无误地转述了古希腊的思想，就如卢克莱修的《物性论》、塞尔苏斯（Celsius，约生于公元前10年，卒年不详）的罗马医学百科全书和普林尼（Pliny，23—79）的《自然史》表现的那样。这似乎在西方思想的理性领域留下真空。这一真空是由基督徒填补的。

基督教世界理论知识的理性企图源自新柏拉图主义。新柏拉图主义的创始人普罗提诺（Plotinus，约205—270）是西方古代伟大哲学家中的最后一位。他生活在罗马史上最多灾多难的时期。在动荡的社会境况中，普罗提诺摆脱现实世界中的毁灭与悲惨的景象，转而观照一个善与美的永恒世界。对柏拉图主义者来说，永恒的理念世界是与虚幻的现象世界相对立的真实世界。虽然他不是基督徒，但是他对于基督教世界的早期思想理论活动，对于塑造中世纪基督教和天主教神学尤为重要。

在《论理智美》中，普罗提诺说，一切神确乎是庄严美丽的，美丽得不是我们的言词所能表达的。是什么使得他们如此呢？是理智；尤其是在他们（神圣的太阳和星辰）内部运行着的、又可以看得见的理智。无疑，普罗提诺学说谋划理想与希望的安全避难所的理性结构，包涵道德的和理智的努力。罗素认为，普罗提诺在纯理智方面的优点是无论如何也不能加以轻视的。他曾在许多方面澄清了柏拉图的学说；以最大可能的一贯性发展由他和许多别人共同主张过的那种理论类型；关于灵魂与身体关系的整个概念，也比柏拉图的或者亚里士多德的要更加明确。[①]

罗素说，在那些世俗意义上是不幸的，但却决心要在理论世界中寻求一种更高级幸福的人中间，普罗提诺占有极高地位。因此，在追求理性生活的意义上，普罗提诺的精神境况完全契合了基督徒早期的精神遭遇。而在理性传统的意义上，普罗提诺既是一个终结者——就古希腊人而言，又是一个开端者——就基督教世界而言。在中世纪的西方世界，除了极少数例外，对精神生活有所贡献的都是修

---

① 罗素：《西方哲学史》（上卷），何兆武、李约瑟译，北京：商务印书馆，1963年第1版，第374，361页。

道士，这种状况一直到 14 世纪。[①]

基督教部分地起源于希腊语文化，在其开始和后来的几个世纪，古希腊对它的主导性影响来自于柏拉图及斯多葛传统。虽然最初的基督教仅仅是一种天启宗教，其教义不向经验证实或者证伪开放，不向理性或者逻辑检验开放，但是，基督教创立之初就是一个追求普世性的宗教。一方面，早期信奉基督的传教者一反犹太教作为民族宗教的做法，不遗余力地在罗马帝国境内其他民族中布道，他们宣称耶稣的受难并不仅仅是为了犹太人，而是为了全人类。另一方面，为了“普世性”，基督徒钟情于信仰与理性的结合，从基督教的一些早期拥护者开始，就试图建立某种“真正的哲学”。

基督教从起源时就大部分是由古希腊文化即哲学文化构成的。基督教的哲学基础（当然，西方传统的所有哲学基本上都是古希腊的）在整个新约中非常明显。如《约翰福音》中就有诸如逻各斯和灵魂这样的概念，而这些对于古希腊哲学事业是中心的，尤其是柏拉图主义，而在犹太教中，这些概念几乎没有位置。正是在这种意义上，基督教最终成为一种“古希腊人的”宗教。

其实，基督教早期教父对古希腊哲学的青睐，一方面是种权宜之计，另一方面则与维护正统有关。一些基督徒认为，借助将基督教辩护为就是古希腊哲学的实现方式，将会消解攻击者，因为古希腊哲学在罗马文化中依然很有影响。基督徒希望，基督教可以通过古希腊哲学来解释。他们希望以此来表现自身的合法性，迫害就会停止。如雅典的查士丁·马特（Justin Martyr，约 100—165）和雅典的阿里斯蒂德（Aristides of Athens）就是这样推理的。在主张古希腊哲学对于基督教的理解和实践必不可少的人当中，最突出的是亚历山大里亚的克莱门特（Clement,？—约 97/99）和欧立根（Origen，约 185—254）这两位“古希腊教父”。在克莱门特看来，（柏拉图）古希腊哲学与基督教之间具有完全的连续性。而在欧立根看来，古希腊哲学是《出埃及书》中所暗示的，上帝赐予以色列的东西。[②]

在基督教历史上，几乎每次信仰与理性结合之主流方式的更替，都是与反对“异端”直接关联的。由于早期基督教许多有争议的教义问题都源于其许多概念上的古希腊（哲学）渊源，不借助古希腊的哲学思维方式就不容易解决这些问题。

在基督教世界，最早试图将信仰与理性相联结的是诺斯替异端理论形式的基

---

① 罗素：《西方哲学史》（上卷），何兆武、李约瑟译，北京：商务印书馆，1963 年第 1 版，第 361，375，377 页。

② Roger French and Andrew Cunningham, Before Science: the Invention of the Friars' Natural Philosophy, Hants: Social Press, 1996, 17, 18.

督教。最初几个世纪兴起的诺斯替主义[①]，它试图努力调解基督和福音与他们那个时代的科学和哲学之间的关系，但是他们否定道成肉身这一大事件，从而成了正统基督教的敌人，被正统基督教教会指责为“异端”。由于它对教会构成严重挑战，促使教父们做出了有力回应。

如果说诺斯替主义，因其来自非基督教主流，而且太世俗化，在基督教世界难成正果，那么奥古斯丁（Aurelius Augusstin，公元354—430）这位处于教会主流的神学家就非同一般，而且影响深远了，尽管他也同样借用世俗的古希腊哲学理性。在奥古斯丁跨入教会领袖行列的时候，为了应对已经存在近百年的多纳徒主义[②]异端对主流教义的威胁，他借用古希腊理性形式发展出自己的神学。奥古斯丁写道：“哲学”的名称意指“爱智慧”，上帝是智慧的，因此，真正的哲学家是一个热爱上帝的人。[③]

不可避免地，基督教与古希腊哲学不会完全一致。不过，如阿尔伯特·甘霖（Albert Greene）所指出的：“基督教从圣经中得来的人论与世界观乃是西方文化发展的枢纽。”[④] 对于西方人来说，幸好有基督教神启与理性结合而来的神学填补了罗马帝国的理性真空，这也成就了西方中世纪精神生活的主流。而对于西方近代科学而言，神启与理性相结合的传统，并不仅仅是保留和发展了古希腊理性精神，更为重要的是，由此而来的圣经世界观与古希腊理性自然观的最终结合，构成了近代科学的形而上学前提。基督教神学中的这种柏拉图式理性基因，在中世纪中后期亚里士多德主义盛行多个世纪后再次凸现，数学主义最终促成近代科学的数理范式。

二、阿拉伯-伊斯兰世界的科学技术文化

爱德华·格兰特认为，西方近代科学的诞生是古希腊、阿拉伯-伊斯兰和拉丁科学三种文明的胜利。他说：“虽然我们已经看到，科学可以被追溯到古埃及和美索不达米亚的古代文明，但是，出现于17世纪西欧的近代科学，是在古希腊和希腊化文明中开始的科学传统遗产，它被遥远的伊斯兰文明进一步滋养和推进，又

① 诺斯提主义曾被认为是教会和希腊世界接触过程中形成的世俗化基督教的一种极端形式。诺斯提主义这个术语，与希腊语 gnōsis 相联系，意思是“知识”或者“真知”。

② 多纳徒派之名源自一位早期的迦太基主教多纳徒（Donatus，313—355），他领导了反抗大公教会的运动。

③ Roger French and Andrew Cunningham，Before Science：the Invention of the Friars' Natural Philosophy，Hants：Social Press，1996，21.

④ 阿尔伯特·甘霖：《基督教与西方文化》赵中辉译，北京大学出版社，2005年，第5页。

于12世纪晚期开始在西欧文明中结出果实。”①

阿拉伯-伊斯兰文明对于西方近代科学的贡献主要体现在两个方面。一是在古希腊理性精神的保存和发展方面。在13、14世纪之前，阿拉伯-伊斯兰文明在逻辑的、数学的和方法论的知识储备方面，对现代科学的发展做出重要贡献。二是阿拉伯-伊斯兰文明对近代科学诞生的贡献，更主要地体现在自然科学领域的观察和实验的观念和实践方面，在阿拉伯-伊斯兰文明的黄金时代，伊斯兰文明在天文学、数学、医学、药物学和光学等自然科学领域做出卓越贡献。

阿拉伯-伊斯兰科学传统比任何其他传统——无论是欧洲的还是亚洲的——在实验技术方面都要丰富。阿拉伯-伊斯兰科学传统至少包括光学、天文学和医学领域三种相互分离的实验传统。在光学领域实验的观念发展和使用方面，中古时期（在世界史分期上相当于欧洲中世纪）的伊本·阿尔-哈伊扎姆（Ibn al-Haytham）对西方光学产生了持久而广泛的影响，一直到16世纪。在拉丁西方，他首先影响了罗吉尔·培根，以及其后所有关于光学的重要作者，包括罗伯特·格罗斯泰斯特（Robert Grosseteste，1168—1253）、波克姆（Pecham）、魏特伦（Witelo）和弗赖堡的狄奥多里克（Theodoric of Freiburg）。阿尔-哈伊扎姆在他的《光学》中，不是总结先前作者关于这个主题的积累性智慧，而是以一种与所有早期作者不同的方式重新开始光学研究。阿尔-哈伊扎姆采取了一种新的切入点：在一切可能的情况中设法使用数学和证明的方法来对光和视觉的性质进行研究。他在研究中使用了多种实验仪器，包括特地安排的暗室，这个暗室有为调控光的进入而特别设计的隙缝，以及观察管等。他形成自己的实验概念，有自己的包括对人工建构装置进行操作的清晰的和可以确认的方法论工具。

一种相似的实验型式在阿拉伯-伊斯兰医学中发展，如内科医师阿尔·拉兹（al-Razi）的医学。他因对控制实验的理解和对临床观察的记录，也因“拒绝接受未被实验所证实的陈述”和对诸如盖伦这样的权威的批评而著名。对于伊斯兰世界和欧洲影响深远的是阿维森纳（Avicenna，980—1037）。阿维森纳的伟大医学著作《规则》（*Canon*）提供了一套关于实验和药物检验的规则。这些规则事实上是“实际实验的一种精确指导”，其重要性特别体现在发现和证明医用物质效果的过程中。以至于一直到16世纪，阿维森纳的《规则》都支配着欧洲的医学领域。

中古时期阿拉伯-伊斯兰世界在宇宙天文学领域，以至于整个自然科学领域，值得肯定的成就是伊本·阿尔-沙提尔（Ibn al-Shatir）和马拉吉哈（Maragha）学派的行星模型。这种模型在数学上与大约200年之后出现的哥白尼模型相当。阿

---

① Edward Grant, The Foundations of Modern Science in the Middle Ages: their Religious, Institutional, and Intellectual Contexts, Cambridge: Cambridge University Press, 1996, 205, 206.

拉伯-伊斯兰在天文学方面的至尊地位一直持续到16世纪中期被哥白尼天文学体系取代。科学史界已趋于承认，除了由于宗教法规原因而缺乏解剖学研究外，阿拉伯-伊斯兰科学中有着丰富的实验观念。而且他们的自然科学课题既不缺乏实验方法的发展和使用，也不缺乏数学理论。[①]

早在公元9世纪，通过使用公元500年左右古印度发展出的位值计数法和零，阿拉伯数学家阿尔·安勒格里扎姆（Al Khwarizmi）传播了"算法"（或者"运算法则"），近现代西方正是从他的名字得到了"algorithm（算法）"这个词。我们现在称为阿拉伯数字的系统主要是古印度的系统，在欧洲直到17世纪才获得广泛使用。但是，若没有这个基础，西方近代数学将是不可能的。[②] 直到15世纪晚期，阿拉伯-伊斯兰文明中都有伟大的数学创造性。

不过，虽然阿拉伯-伊斯兰文化中并不缺乏普遍性理念，但是他们在这方面的理念却被幽禁在对于宗教教义的盲从上，而且缺乏必要的在普遍性观念方面的竞争氛围和机制。因此，虽然一些阿拉伯哲学家持有柏拉图主义的哲学观点，但他们未能发展出像12世纪欧洲柏拉图主义者所建立起来的理性主义的或者机械论的世界观。

第二节　古希腊精神的复兴和学术的制度化

爱德华·格兰特指出，作为使近代科学革命成为可能的背景，作为一种最终使这种科学革命在17世纪得以发展的社会环境，中世纪至少创造了三个关键的先决条件：①将关于科学和自然哲学的古希腊-阿拉伯著作翻译为拉丁语；②中世纪大学的形成和发展；③神学家-自然哲学家群体的涌现。[③] 对于中世纪科学精神的孕育而言，这是三个不可或缺的相互关联的背景因素或者文化条件。

一、中世纪大学：西方学术制度化的开端

对西方科学技术的发展来说，有两次伟大的翻译运动至关重要。一是阿拉伯-伊斯兰世界将大量的古希腊著作翻译成阿拉伯语，进而增加了许多新颖的东西，

---

① Toby E. Huff，The Rise of Early Modern Science：Islam，China，and the West，Cambridge：Cambridge University Press，2003，211，218.

② Curt Suplee，Milestones of Science，Washington D. C.：National Geographic Society，2000，43.

③ Edward Grant，The Foundations of Modern Science in the Middle Ages：their Religious，Institutional，and Intellectual Contexts，Cambridge：Cambridge University Press，1996，171.

其核心是亚里士多德的著作和对他的评论。这在古希腊科学传统向西方世界的传递方面具有根本作用。二是12～13世纪西方世界的大翻译活动，并且所翻译的著述压倒性地是科学和自然哲学领域的。后者标志着西方世界古希腊哲学-科学传统的恢复。翻译为正在出现的大学提供了现成课程，主要由精密科学、逻辑和自然哲学构成。假如那些翻译主要是文学、诗歌和历史方面的著作，大学课程将会极大地不同。而且，教会和政府赋予大学以法人权力调节自身，这就使大学能够决定自己的课程，确立学生的学位标准和确认教员的教学能力。将许多译著，尤其是亚里士多德的著作以及其他原始著作译本归并到大学课程，自然也就允诺了科学和自然哲学的制度化。①

就在大部分翻译结束后不久，大学在西方世界出现了。大约在公元13世纪前，博洛尼亚大学、巴黎大学和牛津大学相继建立。在这些大学的艺学院、医学院、神学院和法学院这四个典型的传统学院中，艺学院是最大的，而且它是进入其他学院学习的先置条件。逻辑、自然哲学、几何学、算术、音乐和天文学课程构成艺学院的课程基础，它们是文学学士和文学硕士的必修科目。随着13～15世纪大学的增多，同样的逻辑-科学-自然哲学课程传播到整个欧洲，它们塑造了西欧的智慧生活，其影响无所不在。

大学的大量创立，是西方欧洲向自主自治制度实体的突破，对于西方政治、社会、宗教和智力文明的发展，它是一个具有独一无二重要性的事件。

首先，大学教师被赋予特殊的权利，他们被特殊地免除市民的义务和责任。他们成为“智力上的骑士”。他们还有经济上的优势地位，如免除地方税，在民法上免除大学所在城镇的司法权。因此，学者们不用为生活担忧，这种社会条件非常有利于“为学术而学术”。罗马帝国和西方中世纪时期长期对自然科学的相对忽略提醒我们，对于自然现象的解释或者理解之目标不可能被独立地追求，除非在适宜的社会条件下。它要求闲暇，要求稳定，要求一种支持性教育体系以及更多。② 前两者似乎任何社会都有可能提供，但是作为有书面语言能力、形式化的理性思维能力和自然知识教育，以及研究活动支持的图书仪器或者可考察的基地和讨论氛围，以至于学术共同体和专门研究经费等教育体系的支持，却是那个“黑暗的”中世纪提供的。

---

① Edward Grant, The Foundations of Modern Science in the Middle Ages: their Religious, Institutional, and Intellectual Contexts, Cambridge: Cambridge University Press, 1996, 171, 172.

② Ernan McMullin, The Shaping of Scientific Rationality: Construction and Constraint. Ernan McMullin ed., Construction and Constraint: the Shaping of Scientific Rationality, Indiana: University of Notre Dame Press, 1988, 29.

其次，中世纪不仅传播大量随着世纪进化的传统自然哲学，而且留下引人瞩目的相对自由的理性探究之遗产。中世纪哲学传统是在大学艺学院形成的。几乎从一开始，艺学院教师就争取赢得尽可能多的学术自由。由于他们作为一个学院，具有独立地位，有着很大的权利和特权，他们在中世纪期间获得令人惊奇的高度自由。“七七禁令”所罗列的受谴责条款无意间揭示了许多自然哲学家想要的角色。其中最有趣的是：第 40 条，没有比献身哲学更加优秀的状态；第 145 条，没有可被理性质疑而哲学家不应该质疑和解决的问题；第 150 条，一个人不应该满足于根据权威而相信任何问题。“大学”这种自主自治的高等学术机构，这种新的制度安排，确立了在合法机构中对哲学和自然科学的自由研究和公开讨论的规则。在大学中，既有标准的授课，也有不按时间表的公开讨论。在这些讨论中，既列举先前已经被接受的关于逻辑和哲学的重要问题的论证，也提出新的论证。而且，毫无疑问地，这些论说具有公共的、开放的和公有的特性。最为关键的是，“大学”这种制度上的自主场所定位，也因职业行会中职业群体对于统一的教学（和实践）标准的集体占有，排除了职业外的和宗教的审查。这个问题并不是内部的和科学的，而是社会学的和文化的。就科学来说，个体必须构想被赋予了理性，世界必须被认为是合理性的和一贯的整体，并且各种水平的普遍表示、参与和论说必须是可得到的。正是在这些方面，阿拉伯-伊斯兰文明在作为近代科学孵化器的意义上存在极大弱点。

最后，欧洲 12 世纪复兴为随后科学研究纲领的改造和细化打下基础。它被统治智力思想的宗教精英所发展，根据斯蒂费尔（Tina Stiefel）的研究，它包含下面的假定：①为理解其运行而对自然的一种理性的和客观的研究是可能的、适宜的；②这样一种研究可能使用数学和演绎推理的技巧；③它应该使用经验的方法论，即在可能的地方使用基于感觉材料的证据；④对自然运行知识的寻求者（科学家）应该有条理地慎重地进行研究；⑤在关于自然如何运行的问题上，科学家应该避免一切权威、传统和流行意见的声音，除非达到这样的程度，以至于信息可被理性地证实；⑥科学家必须积极从事练习系统的怀疑，有时在他受过训练的探求对自然现象的理解中，必须忍受某种长期的不确定性状态。这些对于当时已在进行的方法论再思考做出了贡献。它在一个形而上学语境中展示了一种研究纲领，这个语境假定自然事件是可以被人们使用逻辑工具和上帝赋予的人类理性这种中介而理性地解释的。进而，这个研究计划接受了《蒂迈欧篇》和其他来源中陈述的关于自然的因果序列的假定。① 正是柏拉图式自然观与亚里士多德式自然观

---

① Toby E. Huff, The Rise of Early Modern Science: Islam, China, and the West, Cambridge: Cambridge University Press, 2003, 104.

的中世纪合流，形成近代科学革命的自然观基础。

爱德华·格兰特指出，尽管科学有着悠久的历史，西方科学之根在古埃及和美索不达米亚，但无可争辩的是，近代科学在17世纪出现于西欧而不是别处。因此，这个重要事件的原因必须在将西方社会与其他同时代和更早文明相区别的一些独特环境中寻找。直到大约1500年，伊斯兰国家在数学、天文学、几何光学和医学方面都要比西方发达得多——的确西方从阿拉伯语翻译为拉丁语的著作中学到了这些学科——但它们在伊斯兰社会中没有被制度化。古代和中世纪的中国尽管在这些方面有重要成就，但它们也没有被制度化。[①]

二、自主的自然：神学家-自然哲学家群体的贡献

中世纪早期的西方世界缺乏必要的关于自然的系统化的理论观念，也没有满足近代科学生发的证明-数学工具、实验意识和发现的方法。在12世纪之前，西方世界的自然科学知识不仅仅是落后的，而且是特别缺乏的，几乎没有古希腊自然哲学和古代自然科学知识的影子。完全可以说，中世纪早期西方人的智力活动与中世纪晚期生发出来的近代科学萌芽几乎没有什么有益的联系。于12世纪进入西欧的古希腊-阿拉伯科学不仅仅是对较不发达的拉丁科学的丰富，更意味着与过去的极大决裂和一个新的开端。从此，在新发展的大学中，逻辑、数学和自然哲学被制度化了。对于这种制度化，特别是对于自然哲学的制度化，艺学院教师的贡献固然值得称道，但神学院和大学之外属于托钵僧修会的神学家-自然哲学家群体的贡献也不可小觑。

神学家-自然哲学家阶层的成员，不仅在神学方面受过训练——大多数都有神学学位，而且在世俗学科方面也受过充分训练——他们都获得了文学硕士学位或者其他同等学位。他们对于近代科学革命先决性基础方面的重要性如何估价都不过分。最起码可以列举以下两点：其一，假如大学的神学家判定亚里士多德学术危害信仰而反对它，它就不会成为欧洲大学中研究的焦点；其二，如果没有这些学者的赞成和批准，古希腊-阿拉伯科学和亚里士多德自然哲学就不会成为大学的官方课程。事实上，他们不仅赞同世俗的艺学院课程，而且多数人认为自然哲学对于神学的恰当解释是必要的。正是由于中世纪神学和自然哲学的密切关系，也由于艺学院教师被誓约（1272年以来）禁止探讨神学问题，因此，将自然哲学应用于神学和将神学应用于自然哲学的责任就落到了神学家身上。对于古希腊-阿拉伯科学和自然哲学进入西欧，以及科学和自然哲学随后在西方思想中获得崇高地

---

① Edward Grant, The Foundations of Modern Science in the Middle Ages: their Religious, Institutional, and Intellectual Contexts, Cambridge: Cambridge University Press, 1996, 168.

位，神学家-自然哲学家阶层做出了不小贡献。[1] 正是在神学家-自然哲学家的主导下铸就了西方世界“自主的自然”之世界观理念。这是一个自然哲学的制度化过程。

神学家-自然哲学家首先促成古希腊目的论自然观向自主自然观的转化。在早期基督教世界，没有作为自主原则之自然观念或者理念的位置。从 12 世纪开始的西方世界自然观（或者世界观）的转化，主要有两个古希腊来源：一是亚里士多德的物理学著作，尤其是关于动物的著作；二是柏拉图哲学，主要是《蒂迈欧篇》。对于亚里士多德来说，“自然”总是事物的本性，他从未将 physis（本性）用作外在于动物的一般原理。这种哲学观念显然与基督教教义不符。而柏拉图式的哲学，虽然有关于事物的“理性”序列，但很少将“自然”用作（关于过程的）一般的创造性原理。基督徒之所以接受它，部分地是因为一个创造性造物主可以与犹太人全能的上帝等同。

古希腊遗产的自然观主要是一种信念行为，“自然”主要是一种生成或者变化的自主原则。因此，“自然自主性”必然导致对上帝的忽视——即使是柏拉图式的“自然”，这对于修道士们是显而易见的。但是，为了应对异端在自然观或者世界观方面的理性挑战，为了赢得神学在理性上的合理性主导地位，神学家-自然哲学家积极投身于自然哲学研究。

作为神学家-自然哲学家的修道士，他们摆脱自然自主性困境，或者说调和自然自主性与全能上帝创造性的方法，就是将“自然”认同为上帝活动的一个方面，上帝的创造物成了“自然”的被动的、物质的方面。这种策略至少部分地把 natura（天性）等同于创造物。这种方法逐渐被修道士广泛采用。无论是在阅读《圣经》、讨论哲学议题，还是在描写上帝与创造的关系中，他们都将自然视为神性的一部分，而不是一种独立智慧事业的独立主题。他们关于“事物本性”的意义和作为原理的“自然”之意义，具有理性的和天意的半神圣的特征；自然被描绘为服从上帝的代理人，其特殊任务是维持上帝最初创造的生物种类。这就意味着，上帝不直接关注不高贵的动物的生成，而由大自然来监督并负责事物的生成。在构建中世纪西方自然哲学方面，修道士不仅寻求对世俗大学的影响，而且在他们自己的内部教育组织中采纳大学模式。他们对大学里所教的自然哲学这门新学科的塑造产生了很大影响。修道士为了自身目的创立了表达他们自己作为修道士兴趣的自然哲学。

在中世纪晚期的西方基督教中，几乎所有的职业神学家同时都是自然哲学家。

---

① Edward Grant, The Foundations of Modern Science in the Middle Ages: their Religious, Institutional, and Intellectual Contexts, Cambridge: Cambridge University Press, 1996, 174, 175.

中世纪大学教育的结构也使多数神学家在他们的生涯中实际上早就从事过自然哲学教学。而且，自然哲学能够吸引有天赋的个人，他们相信他们可以自由地就构成这门学科基础的许多问题公开发表自己的意见。西方基督教对自然哲学的赞成态度不仅仅是来自几百年基督教对异教学术的适应，而且它潜在的用处很早就被认识到了。

中世纪自然哲学的理想是仅仅使用理性的论证。中世纪自然哲学典型地是理性的。在中世纪，自然哲学保持为亚里士多德使它成为的那个样子：主要是世俗的和理性的一门学科。在这一方面，艺学院教师与神学家-自然哲学家的自然哲学并无区别。

科学史家注意到，无论是世俗教师还是神学家-自然哲学家，在把自然哲学转变为一门独立学科时，都将对与物理世界有关的所有问题的理性研究作为他们的目标。如在 14 世纪 30 年代，威廉·奥卡姆（William of Ockham，约 1285—1349）就表达了多数艺学院教师和许多神学家对把自然哲学作为一门独立的和理性的学科的思想。他宣称：关于自然哲学的与神学无关的断言不应该被严肃地谴责或者对任何人禁止，因为在这些事务中，每个人都应该是自由的，自由地说他所喜欢的任何东西。16 和 17 世纪的自然哲学学者是由中世纪自然哲学家滋养的自由探究精神的受益者。中世纪经院哲学遗产留下了自由探究精神的形式、对理性的强调，以及走近自然的各种进路和要研究问题的精髓。新科学也从中世纪继承了这个深刻的意识：试图发现世界运行的方式是一项值得称赞的事业。①

从社会学角度看，制度就是思想观念。社会制度是这样的思想观念：它们被赋予范例的表达，以便特定社会和文明中的普通人很容易获得它们。这些思想观念已被转化为一套相互关联的角色和规范，因此，它们现在成了使社会行为合法的、对它起支配作用的指令。一方面，在社会行为的道德和伦理领域内，这个采取了使一套价值（或者价值型式）规范化的形式；另一方面，在第二个层次上，它通过使这些价值成为法律规定和文化律令而蕴涵了对这些价值的制度化。一旦价值被指定为法律准则，它们就开始有了自己的生命。②

总之，如果没有体制化的保护或体制化组织来坚守关于自然的研究，近代科学革命的发生是不可想象的。保存逻辑、数学和自然哲学文献并研究它们，其本身就是重要成就，毕竟它们构成了哥白尼、伽利略和开普勒等学习和改进的东西。

---

① Edward Grant, The Foundations of Modern Science in the Middle Ages: their Religious, Institutional, and Intellectual Contexts, Cambridge: Cambridge University Press, 1996, 201, 202.

② Toby E. Huff, The Rise of Early Modern Science: Islam, China, and the West, Cambridge: Cambridge University Press, 2003, 66.

而且，16～17世纪面临的并且经常被解决的许多重要问题是从中世纪继承而来的；如果没有这些问题，17世纪将没有多少东西可供讨论。神学家-自然哲学家在科学史上的贡献是不可抹杀的。犹如李醒民先生指出的："在近代科学诞生之前的古代和中世纪，往往被称为前科学时期或科学萌芽时期。当时所谓的科学，是以自然哲学——这个名称一直延续到近代科学诞生之后的较长时间——的名义亮相的。由于前科学与古代和中世纪的中轴文化或主流文化哲学和神学密不可分，或者说它被囊括在社会总体文化的母体之中，因此它自然而然地从当时的文化复合体中汲取了某些价值理念和精神力量，以利自身的发展。这些宝贵的精神价值成为促进近代科学诞生的积极动因，同时也伴随着近代科学的成长而发扬光大，得到进一步的强化和深化。"①

三、中世纪的理性世界观：自然世界与神圣世界的分离和理性化

从广义上讲，任何文明中理性和合理性的源泉都可以在其宗教、哲学和法律中找到。在自主科学出现之前，这些领域的论说和探究相互作用，产生了基于这些领域习语、隐喻和词汇的各种理性论述的融合。但是自然科学本身并不包含宗教的神圣含义，近代自然科学的诞生需要一种去除上帝之圣意干预的自然世界，也就是，自然科学的理论框架要与宗教观念分离开来。对于近代自然科学的诞生而言，中世纪西方世界的一个不小成就就是将自然与超自然的领域、超自然的与自然的力量分离开来，并且给予详尽说明。②

早期的基督徒一般认为，《圣经》包含了人类所必需的全部知识——神圣的和世俗的，但是，人类对于上帝的理解是有缺陷的，因为《圣经》被书写时，上帝用了一种既能够被人类理解，却又未表达出处于堕落状态的人类无法接受的更高级真理的表达。因此，他们认为《圣经》不仅有字面意义，而且还有精神意义，就像人体有物质和灵魂那样。为了从《圣经》的字面意义上升到更高级的精神意义，对于上帝，他们常常需要非常私人的沉思，也需要一些工具的帮助，诸如评论、说明、评注和附注这些"经院哲学"方式。而为了深切地理解《圣经》，他们充分地运用"七艺"——语法、修辞和辩证法（逻辑）之语言"三艺"与算术、几何、天文学和音乐之数理的"四艺"——中的 scientia（即人类知识）工具。在他们看来，scientia 这种（在理论层次上）关于世界的知识和可以被表达为从确实

---

① 李醒民：《科学的文化意蕴——科学文化讲座》，北京：高等教育出版社，2007年第1版，第222页。

② Toby E. Huff，The Rise of Early Modern Science：Islam，China，and the West，Cambridge：Cambridge University Press，2003，99.

的原理而来的知识，与 sapientia（智慧）不同，这种区别我们从 12 世纪中期霍诺留斯（Honorius of Autun）《论灵魂的流放与它的家乡》的说辞可见一斑：正如耶路撒冷是上帝子民的家乡，而他们却被放逐到巴比伦一样，尽管智慧是智者灵魂的家乡，而他却被流放到愚昧之地。从流放之地到家乡之路是 scientia，因为 scientia 探讨世间事务，而 sapientia 探讨神圣事务。人们应该以其心灵的愿望，而不是身体的步伐，沿着这条道路通行。的确，这条路由那 10 个引领性艺术（“七艺”加自然哲学、道德哲学和形而上学）而通向家乡。[①]

中世纪西方世界由神性世界观向理性世界观嬗变的决定性步骤，是将自然世界与神圣世界分离。在这方面，12 世纪考克斯（William of Conches）是这种关于自然的元科学哲学的杰出设计师。他在关于柏拉图《蒂迈欧篇》的评论中声称：必须认识到，每件作品都是造物主或者大自然的作品，或者是人类工匠模仿自然的作品；造物主的作品是没有先在质料的最初创造，如元素或者精神的创造；或者，它是我们看到所发生的与自然习惯的进程相反的事物，如童贞女之子，诸如此类；自然的作品会通过种子或者衍生物从同类的东西带来同类的事物，因为自然是内在于事物中的一种能量，并且从同类制造同类。自然的这种形象既蕴涵着秩序性（或层级性）之观念，也蕴涵着合法性（lawfulness）之观念。中世纪人已经发现世界是一个由相互联系相互连接的部分组成的宇宙。因此，霍诺留斯在谈及最高的工匠时说，他将宇宙制作得像一个巨大的齐特拉琴（zither），在这把齐特拉琴上面，他放置了琴弦以产生各种声音，他将世界分为精神的与物质的这两个互补部分。所有这一切和谐地混合，当它们以适当程度遵循植入它们内部的法则时，就能发出适当声音。人们不断发现，中世纪西方人强调一个有秩序的、调节好的、自然法则和自然力被认为在其中自主地运行的统一宇宙之观念。圣·维克多的休（Hugh of St. Victor）将世界说成是一个有秩序的统一体：这个宇宙网络中从顶层到底层事物的有序布置是如此安排的，以至于在存在的所有事物中，没有什么在本质上是无联系的或者分离的，或者是外在的。同样，沙特尔（Abbot Thierry of Chartres）断言：世界似乎有其存在的原因，并且以一种可预言的时间序列开始存在，可以表明这种存在和秩序是理性的。彼得·阿伯拉尔（Peter Abelard，1079—1142）以相似的方式力图说明自然的自主力量与神界的自主力量之间的分离，他偏好自然主义的解释，他以与上帝创造世界相似的自然本身的能力来解释自然力。这种将世界作为一个有秩序场所的形象引起世界是一部机器的观念，如在圣·维克多的休的作品中所见的那样：因为有两部作品即创造的作品

---

① Roger French and Andrew Cunningham，Before Science：the Invention of the Friars' Natural Philosophy，Hants：Social Press，1996，52～56.

和重建的作品，因此有两个世界即可见的和不可见的世界；可见世界是用我们的肉眼所看到的这部机器、这个宇宙。这种宇宙机器观念也是格罗斯泰斯特的一部科学论著的题目，是那个时代作品中被反复地看到的一种形象。①

在一个教会作为强势统治力量的社会，这种自然世界与神圣世界相分离的世界观念，是否能够成为一种主流意识形态，或者在是否能够得到扩散和演进的意义上，那些喜好自然哲学的基督教神学家和托钵僧修会学者的态度尤为关键。托马斯主义认为理性与启示可以交叠，而作为弗兰西斯修会修士的邓·司各脱（John Duns Scotus，1265—1308）则拒绝托马斯以及奥古斯丁关于上帝的种种论证，更加明确地指出信仰与理性之间的分离。弗兰西斯修会的学者们重新考虑了这一问题，并寻求两者之间更准确的定义。通过明确分离智力领域和信仰领域，他们试图让严格意义上的神学摆脱对古代哲学的依赖。更为特别的是，弗兰西斯派明显地再次强调鼓励数学研究的新柏拉图主义的作用。这种趋势逐渐割断了哲学对于神学的从属关系，随着对哲学思辨的自由追求，科学的研究开始进行了。

在哲学方面，奥卡姆比任何一位弗兰西斯修会学者都更加接近经验主义。邓斯·司各脱虽然把上帝请出理性思维的领域，但仍然保留或多或少传统上的形而上学，而奥卡姆则全面地反对形而上学。按照奥卡姆的观点，柏拉图、亚里士多德及其追随者所持的一般本体论，是完全不可能的。实在性隶属于个别的、单一的东西，只有它们才能成为经验的对象，并产生直接而明确的知识。这就意味着亚里士多德形而上学煞费苦心的体系是完全多余的，它无法用来解释存在。②

总体而言，大多数中世纪作者都维护自然界总是选择最简单途径这条原理，而奥卡姆的威廉则反对这种把人类关于简单性的思想置于自然界中的倾向。他认为，坚持自然界总是遵循最简单途径这一点，就是限制上帝的力量。上帝很可能选择用最复杂的道路来达到这些结果。由于这个理由，奥卡姆把简单性的重点从自然过程转移到所提出的关于自然过程的理论上。奥卡姆利用简单性作为形成概念和建立理论的标准。他认为，应该淘汰多余的概念，并建议在说明某类现象的两个理论中应该选择更简单的。后来的作者常常称这个方法论原理为“奥卡姆剃刀”。③

从12世纪开始，西方世界逐渐形成一种关于探究的模型：任何自然的和超自然的事物都是为了找到其原因并给予其理性而被考察。这一时期阿德拉德

---

① Toby E. Huff, The Rise of Early Modern Science: Islam, China, and the West, Cambridge: Cambridge University Press, 2003, 99, 100.

② 伯兰特·罗素：《西方的智慧》，崔权醴译，北京：文化艺术出版社，2005年第1版，第174页。

③ 约翰·洛西：《科学哲学历史导论》，邱仁宗、金吾伦、林夏水译，武汉：华中工学院出版社，1982年第1版，第39页。

（Adelard of Bath）采纳了这种新的自然主义自然哲学，表明了属于哲学家的领域：一切感觉之间的机能和相互联系在所有生物中是显而易见的，但是，哪些力量在什么方面以何种方法或者模式发挥作用，却是除了哲学家的心智没有人能够弄清楚的。考克斯的威廉更加大胆地肯定说："教给我们关于事物的本性不是《圣经》的任务，这个属于哲学。"这与 17 世纪伽利略的声明看起来是多么强烈地相似："圣灵的意图是教给我们人们如何走向天堂，而不是天堂如何运行。"①

理性与信仰的分离这种学说，一方面不可避免地导引出怀疑主义的复兴；另一方面，它为坚守信仰与从事科学研究并行不悖，而且将从事科学研究看做功德的理念打下信仰基础。这与此前以及同时代共存的其他神学观念相比，一个明确的区别就是对信仰本身管辖范围的限制或者缩小。总体而言，科学领域中的宗教情感，作为一种历史存在，经历了这样一个嬗变过程，这就是宗教信仰或者宗教情感逐渐退出知识领域，或者说不断地被弱化世界认知意义，逐渐趋向于人生意义和生命情感的生命哲学信仰。到爱因斯坦时，科学领域中的"宗教情感"已是非常纯粹，传统的"宗教信仰"之意含在爱因斯坦观念中已荡然无存。

罗兰·斯特龙伯格说："13 世纪末，神学与哲学、信仰与理性的托马斯主义结合开始破裂，但不是势如水火，而是友好分离，各走各的路，两个领域开始明显区分。它们的道路有可能交叉，有可能冲突，但是通常不存在一方控制或主宰另一方的问题。理性思想已经获得自由，踏上漫长的征程。"②

四、近代科学的中世纪理性主义基础

在西方文化传统中，理性主义并不是一个单一的哲学流派或者哲学运动，从来就是一个议题广泛、观点迥异、流派纷繁的心智取向。事实上，关于自然的宇宙观是在更大范围的理性主义潮流的背景中被提出来并被论证的。在西方基督教世界，这种理性主义传统肇始于教父时代神启与理性的调和倾向，而在 12 世纪大翻译和古希腊-阿拉伯哲学制度化的大背景下，基督教神学更加趋向于哲学化建构，或者说更加趋向于理性化论说。

教父神学的理性诉求，对近代理性自然世界观的形成并无直接帮助，但它却形成诉诸理性的传统，这是 12 世纪理性的自然世界观形成最为重要的"权威"依据。而且，作为中世纪中晚期的一项基本运动，使神学本身成为一门"科学"的

---

① Toby E. Huff，The Rise of Early Modern Science：Islam，China，and the West，Cambridge：Cambridge University Press，2003，100，101.

② 罗兰·斯特龙伯格：《西方现代思想史》，刘北成、赵国新译，北京：中央编译出版社，2005 年第 1 版，第 11 页。

努力，不屈不挠地将智力生活推向系统化和自觉的方法论反思的方向，对于“人有理性”这种嵌入哲学和严格神学思想中的观念，同样强烈的形而上学承诺一旦确立，最终摆脱宗教约束的、朝向关于自然的科学运动就是不可避免的。

在12世纪中叶，由于阿伯拉尔等中世纪哲人将哲学——主要被理解为逻辑学（辩证法）——应用于神圣事务而导致一种新学科“神学”的创立。这不是以往由沉思获得的洞见，也不是主教或者其他权威决定的意见，而是一种辩证论述的题材。这种“神学”与修道院的sapientia（智慧）不同。在这种“神学”中，神秘和天启真理要被理性检验来审查。在阿拉伯尔等看来，神学是scientia（知识）的应用，用以理解上帝的本质和基督教宗教。异教徒的学术又被带回来作为理解神圣的必要手段。由此，神学发明也就意味着对于每个教义立场都可以进行争论。

逻辑研究在12世纪突然间变得非常重要起来。论说是逻辑的中心，它既可以从权威那里拿来，也可以从推理本身得到，这是一种巨大革新。一切问题都可以付诸逻辑（或者“论辩的”）讨论，情况的每个方面都可能提出并得到辩护。权威之间，或者推理与权威之间的矛盾被有意地找出来：这就是逻辑这门学科的整个意义。源于亚里士多德的逻辑现在被用来讨论基督教及其教义的特征，并指出甚或可能解决这些特征的含糊性（ambiguity）问题。逻辑这门严格推理的知识被阿伯拉尔和其他人看做是对这种哲学化的关键。他们声称，这个意义上的哲学对于正确理解神圣事务是必不可少的，对于调和《圣经》与教父言说之间的明显矛盾是必不可少的。[①]

正如宇宙本身被设想成一个统一的整体，在12世纪的学术复兴中，人也被认为是这个理性整体的一部分。人被赋予理性，并因而能够解读和译解宇宙的型式，能够阅读“自然之书”。柏拉图理性主义的确打下关于宇宙作为一个理性的和连贯的整体的物理（和形而上学）本性之基础。它确立了一个坚定的信念，相信人具有理解和解释自然的理性能力。12～13世纪基督教哲学和神学明确地宣称人是理性的拥有者，这个能力使他能够解开关于上帝创造的最神秘的谜团。不过，随着新亚里士多德和其他来自希腊语和阿拉伯语著作的大量到来，这一切都将经历深刻变化。

在13世纪中叶，阿拉伯式-亚里士多德式科学正在困扰着欧洲的忠实信仰者。一个重要影响是阿威罗伊主义这种阿拉伯哲学的影响。阿威罗伊（Averroes，1126—1198）认为，在过去的1500年中，亚里士多德物理学是神圣的和没有瑕疵的。为了在忠于伊斯兰教的同时避免信仰与理性之间的矛盾，他断言，宗教知识

---

① Roger French and Andrew Cunningham，Before Science：the Invention of the Friars' Natural Philosophy，Hants：Social Press，1996，56，57.

与在科学研究中获得的理性知识完全是分离的。使基督教与此类亚里士多德主义相协调的是托马斯·阿奎那（Thomas of Aquino，约 1225—1274）。

在反对这些观念传入基督教时，托马斯·阿奎那坚持认为，神学是一种“科学”：它是从命题合理地得到的知识，这些命题由于是上帝启示的，所以被当作确定的东西而接受。自然与人截然不同并且自然有必然的法则。上帝对自然施以与创造性天意之法则相一致的最高统治，这种创造性天意使每个存在按其固有本性行事。自然只能与不能让渡的法则一致，而人有自由意志。

阿奎那将运动视为形而上学的一个分支，并且他追随亚里士多德，相信一切运动的东西都是被其他东西推动的。因此，上帝作为第一推动者而存在，否则，必将有一种在先的因果运动上的无穷倒退。通过使亚里士多德成为正统并且使之与基督教信念相容，关于自然的宇宙论观念就被基督教社会主流准许成为基督教思想中的一种创造性元素，从而科学思维也得到许可。

必须注意的是，在基督教与科学之间寻找随意选择的亲合力也存在真正的方法论危险。宗教与科学之间的关系是一种密切的关系，但基督教宗教的最重要方面是它在支持和养育理性思维中的作用；最重要的是早期基督教与形而上学论点交织在一起，这些论点与物理世界的本性紧密联系。而确信存在控制自然的法则，这种确信的确是基督教世界所独有的。[①]

巴伯指出：“中世纪人们对宗教的理性主义要比经验的理性主义更感兴趣。”“在西方社会中，中世纪经院哲学和神学，仅仅是这种非经验理性发展的一个引人注目的例证。”“在所有社会中，理性思维被应用于两种目的，既有经验的也有非经验的。但是，在不同的社会之间，对这两种不同目的感兴趣的程度具有广泛的差异，这是一个非常重要的事实。”然而，“科学必须既是理性的又是经验的。”[②]

当代人已经清醒地认识到，中世纪的理性主义根本上不同于近代科学革命之后的内在与外在经验并行的“实验的理性主义”或者“实证的理性主义”，虽然人们还未能给出这种特征或者特质的全面系统说明。而且，迄今为止，宗教（色彩）的理性主义或者更广义的“体验的理性主义”，在人类整个精神架构中占据着比经验的理性主义（或者科学的理性主义）还要普遍和经常的理智地位，或者说更具有经常性和普遍性；二者的智慧价值分别是为情感目的和知识目的提供某种“因果关系”之理由的“解释”或者辩护；二者追求的价值不同，辩护的方式也不同，因此在作为逻辑前提的预设上自然也不同。这里需要注意的是，宗教的“理性”

---

① Lewis Wolpert, The Unnatural Nature of Science, London: Faber and Faber Limited, 1992, 48, 49.

② 巴伯：《科学与社会秩序》，顾昕等译，北京：生活·读书·新知三联书店，1991 年第 1 版，第 8，9，35，36 页。

也在追求某种“普遍性”的理解，但是宗教经验即某种心灵体验根本上是个人的事情，很难给出可以重复再现的、具有普遍经验感受的、不受心（灵）境（况）决定的、外在于纯属于个人心灵的——作为验证的——现象表达。

在总体上，我们一直是在“求真”的意义上讨论中世纪西方世界理性精神的发展脉络。但是，在西方，还有关于“人具有理性（reason）和合理性(rationality)”的形而上学信念的另一个来源，即良知的观念。中世纪的“理性”并不仅仅是一个“真”之议题，一个追求逻辑的或者数学和谐“美”之问题，而且是一个“善”之问题，任何形形色色的乃至对立的关于世界或者宇宙的理性言说都内在地包含陈述者的道德意图。包含对于“人”自身能力和行为在“真”、“善”和“美”之多重议题上的“自我”审视。

中世纪欧洲人的良知观念可以追溯到《圣经》，尤其是《新约》的观念。在圣·保罗的作品中，“良知”这个词与这样的观念相联系：“对于能够成为舒适或者自责的来源的、一个人过去的行为和动机的内部的目击者和审判者。”基督教评论家热衷于指出，良知作为一种官能、一种习惯官能或者一种认知官能是这样一种官能，它既规定正确的行为航向又判断并且审查过去所采取的行动。因此，良知不仅仅是一种自责感的出现即良知的悲痛，而且是具有洞察能力之灵魂的一种复杂得多的动因。在根本原则上，基督教总是坚持保罗的良知学说意义上的无条件的个人道德责任。①

基督教的早期教父都曾发表过关于这种认知兼精神官能的重要评论。而中世纪圣·杰罗姆（St. Jerome）拓宽和深化了这个概念，使它成为整个中世纪期间哲学和神学思索的一个持续来源。这种情形是由杰罗姆将古希腊词“syntheresis”翻译为拉丁语“conscientia”（良知）所达成的。这个拉丁概念比其古希腊对应词要宽泛得多，不确定得多。正是良知的道德维度成为中世纪基督教良知学说的首要核心。在此之前，斯多葛派曾经详述过良知的观念，其含义是人对自然道德法则的知晓，以及人对自己的行为与法则的一致或者缺乏一致的知晓。塞内卡(Lucius Annaeus Seneca，约公元前4年—公元65年）认为，良知是人们内心的一种神圣卫士。不过，是圣·杰罗姆使得“synderesis”成为良知的第四个亦即增加的成分。圣·杰罗姆说，存在理性、精神和愿望，对应于这些的分别是人、狮子和牛，在这三种之上是鹰，因此在灵魂中，在另外三个要素之上并且超越它们的是古希腊人称为 synderesis 的第四种要素，这就是良知火花，即使当该隐被逐出乐园时，这个火花在他心中也没有熄灭。

① Toby E. Huff，The Rise of Early Modern Science：Islam，China，and the West，Cambridge：Cambridge University Press，2003，106.

中世纪基督徒将这样一种良知归之于人：它意味一种内心的认知动因的存在，这个动因使个人能够达到道德的和伦理的真，并且能够判断道德事态。他们将一种更加能够与道德和伦理困境角力的理性官能归因于人。我们可以得出结论，在欧洲，关于人的起支配作用的哲学和神学形象强调人的理性。吸收古希腊哲学思想的传教士和吸收《圣经》的与神学之来源的那些人，都将理性和合理性的复杂能力归于人。这种理性能力延伸到对自然的理解上，还有对伦理的-宗教的真理的把握上。恰恰因为人有一种良知，一种不会熄灭的道德的-理性的动因，所以他能够不通过天启帮助而到达道德真理。[①] 当西方基督教世界跨入 12 世纪之后，那种聚焦于宗教生活的道德审视之理性诉求，被世俗化、制度化的潮流卷入更加“希腊化”的多重议题之中。作为“前科学”的自然哲学也是如此。

中世纪基督教世界的自然哲学家，一方面要坚守作为基督徒的圣经世界观信念，另一方面明显地继承和发展了古希腊的哲学思想。尽管此际的自然哲学由于与古希腊哲学有着不同的目标、界限和环境，其呈现的关于“自然”和事物本性的观念极大地不同于古希腊传统，但是古希腊哲学家关于自然世界态度的一些重要的、基本的特征被保留下来了。这种耦合的根本原因在于古希腊哲学实质上的“宗教”源泉和本质及其对基督徒自然哲学家的感召力。因此，此际的自然哲学精神在宗教理性与自然理性上的混合是明显的。首先，这种理性对于事物本性的基本态度是目的论的，这与事物本性的目标指向性有关，与一种更加抽象或者更加共有的“逻各斯”的目标指向性有关，后者的目标指向性在于寻找灵魂和智慧的显现。这两种意义的“本性”中的一切都是为了善，并且有它追求的善的目标。其次，有一种对灵魂的完全的着迷。有些哲学家相信天体和动物之运动是因为有灵魂。再者，希冀发现自然世界的永恒规律。最后，多数古希腊哲学家习惯地认为宇宙之所以值得探讨，是因为无论是作为善、美、神性的一个方面，还是作为一种神圣灵魂的证据，它都是美的。这些正是吸引中世纪基督徒最为基本的东西。[②]

第三节　技艺经验的累积和实验-实证精神的凝聚

在经验知识累积或者经验科学方面，中世纪时期甚至上至希腊化时期，西方

---

① Toby E. Huff, The Rise of Early Modern Science: Islam, China, and the West, Cambridge: Cambridge University Press, 2003, 108.

② Roger French and Andrew Cunningham, Before Science: the Invention of the Friars' Natural Philosophy, Hants: Social Press, 1996, 13, 14.

基督教世界对于经验科学的贡献远远小于东方世界。甚至一直到近代科学革命之前，观察和经验知识领域的基础性工作几乎都是阿拉伯-伊斯兰世界的学者做出的。这是西方基督教世界在经验知识方面引进和发展的泉源，当然也是西方人最终走向近代科学革命的重要前提之一。这一时期西方基督教世界的学者最为重要的工作就是引进和消化吸收阿拉伯-伊斯兰世界关于自然的知识以及经验技巧，并尝试以古希腊数理理性来整合经验理念，从而成就了罗吉尔·培根式的理性与实验相结合的中世纪科学精神。

一、中世纪技艺经验的缓慢累积

由于缺乏关于工匠和其他技艺实践者经验累积的文献，我们无法以文献考证方式来考察和还原基督教西方世界在中古时期的经验意识累积。但是，生产和工艺技术的进展是显而易见的，特别是在文艺复兴之前的世纪中。也就是说，这一时期的西方人在生产技术和其他实用技艺方面并非一无是处，这从一个侧面可以证明西方人在中古时期经验知识的演进和关于经验本身的观念演进。因此，在工匠、医生和炼金术士的知识中，有许多（而且或许是他们最有价值的）知识是凭借手工样板来传授给他们的徒弟的。如萨顿所说，古代和中世纪科学史在很大程度上是流传的历史，这种流传是口头的、书面的或者手工的。要详细准确地讨论手工的流传是困难的，我们只能够一般地谈论它，而且只能由结果来推断它。①

总体而言，中世纪对于近代科学革命的前期推进是东西方人共同努力的结果。萨顿说："阿拉伯文化有着异常的意趣，因为它曾经是，并且在某种程度上现在仍然是一座桥梁，一座在东西方之间的主要桥梁。通过这座桥梁，古印度的数字、正弦和象棋，中国的丝绸、纸和瓷器传到了欧洲。拉丁文化是西方的，中国文化是东方的，而阿拉伯文化却两者兼备。"②

对于医学发展而言，中世纪医学的历史事实上是两部主要地分离的历史。一部在基督教西方世界步履蹒跚地前行。此际的基督徒被传统信仰支配着，认为疾病是对罪恶的惩罚。③ 因此，在中世纪期间，即使是有文化的阶层也认为对于治疗、苦修或者向守护神祈祷要比请医生更有意义。此时的医疗诊断也仅仅是最为粗略的身体检查，因为人们认为太多地接触病人是不合适的，而且认为诊断对于了解疾病没有多少帮助。直到 12 世纪，首批专门医学院在意大利和法兰西出现

---

① 萨顿：《科学的历史研究》，刘兵、陈恒六、仲维光译，北京：科学出版社，1990 年第 1 版，第41,42 页。

② 萨顿：《科学的历史研究》，刘兵、陈恒六、仲维光译，北京：科学出版社，1990 年第 1 版，第 46 页。

③ 今英语 pain（痛苦）一词来自于拉丁语 *poena*，意为惩罚或者处罚。

时，医学才开始逐渐回归希波克拉底和盖伦的分析方法遗产。到 14 世纪早期，只有极少数人类解剖被允许。另一部历史，由阿拉伯和犹太学者延续并凝练到 12 世纪的最早的古希腊传统，正朝着理解疾病的器质性原因缓慢进步。著名的思想家，如 9 世纪的波斯内科医生腊泽斯（Rhazes）和稍晚的阿维森纳，清楚地辨别了天花和麻疹。阿维森纳的《医学准则》被研习几个世纪，阿维森纳及其后继者延续并改进了盖伦遗产。作为一位坦诚的经验论者，阿维森纳坚持认为，一切理论必须被经验确认，他反对对任何权威的盲目接受，包括盖伦。阿拉伯炼金术士虽然主要关注将一种物质转变为另一种物质（理想地是转变为金子），但也发现了许多药物复合物；他们开发出了诸如蒸馏和升华的技术。在数个世纪之后真正的科学医学研究繁荣之时，这些技术将变得至关重要。[①]

这后一部历史的医学，是一种亚里士多德式的自然哲学路线。对于医生而言，源自希腊语的“自然”这个术语有着特殊的技术意义。他们是从“自然”的本义上来解读物质世界的。虽然 12 世纪末医学中的“自然”可以意指不同的东西，但明显地与古希腊哲学相关。它是一个复杂概念，但它在医学意义上仅仅是在本义层面上来解读物质世界的；因其在某种意义上与关于自然自主性相关而遭到基督徒的反对。特别关注自然的人，经常被别人说成未给予上帝以足够关注。[②] 这种医学路线似乎与经验医学没有直接联系，但它是一种基于自然理性的医学路线。在很大程度上，此类医学路线对于促进经验医学发展具有重要意义。

在光学领域，由于柏拉图和欧几里得的遗产，许多中世纪早期科学家相信，我们能够看到事物，是因为射线从我们的眼睛发出、到达物体然后返回。显而易见，这种古怪观点并没有实验上的支持。但是，也没有好的相反学说来与古人权威竞争，直到阿尔哈森（Alhazen，约 965/975—1038/1040）的工作。这位出生在现在伊拉克的著名物理学家、近代光学之父宣布视觉结果是由于来自光源的光被物体反射所至。经过仔细观察，他用各种形状的镜子证明了当光通过像玻璃镜这样的媒介时的反射和折射或者弯曲。他记录了入射角度与反射或折射角度之间的关系，并发现了今天仍然被教授的几何关系。光学研究在下个世纪继续，英国学者格罗斯泰斯特和他的著名学生罗吉尔·培根促进了它的发展。培根通过研究透镜的放大能力，推进了阿尔哈森的工作。不过，培根最大的影响并不在于他的光学研究，而在于他对科学家很有说服力的呼吁：在理解物理世界中要依靠实验证据和数学关系，而不是依靠从古代来源或者随心所欲之权威的虚夸言词所承接的

---

① Curt Suplee, Milestones of Science, Washington D. C.: National Geographic Society, 2000, 47.

② Roger French and Andrew Cunningham, Before Science: the Invention of the Friars' Natural Philosophy, Hants: Social Press, 1996, 88, 90, 91.

教条。他确信人类最终将控制自然的许多方面，从炼金术变化到交通的奇异形式，包括自行产生动力的飞行器、船舶和货车。①

虽然所谓的黑暗时代在物理、化学、生物或者医学领域中并没有多少理论形式上的进展，但在公元10世纪到15世纪之间，尤其是在欧洲，发现了空前精巧的手段来利用风、水和机械动力。对于中世纪晚期这些方面的发展，一些历史学家视为第一次工业革命，这种发展的原因既是世俗的也是神圣的。欧洲人口在增长，贸易也在增长，而大陆食物依赖谷物，谷物当然要求磨面机器来磨碎。同时，西多会（Cistercian）分布广泛的修道院为了保障足够的时间来祈祷和沉思，就鼓励使用节省劳动的装置。在所有革新中，没有什么东西像水车和风车那样效果显著。据记述，水车早在公元前5世纪就出现了，但是罗马帝国并没有使用它，罗马人主要依靠动物和奴隶体力。但到1086年，当征服者威廉下令在英国进行税收摸底时，发现仅在一个地区就拥有5624架水车。到12世纪时，欧洲发明者独立制作了一架风车，它能够依托其底部承接来自任何角度的风，并在一个水平轮轴上将它的能量传送。在欧洲北部的冬天，当水车因河流冰封而被闲置时，风车就会接替其运行。机械钟是中世纪技术的最高成就。在14世纪，机械钟开始将它无情的规律性强加到欧洲人的生活节奏上。欧洲人的日子从此不复相同。

在中世纪，西方世界的战争性质由于两项技术革新而极大地改变。一项是弩，它与中世纪的战事相联系，但它可能是由早在公元前400年的古希腊人设计的。随着金属工艺技术的提高，弩的构造被提升。在1370年左右，有着钢制弩弓的一种模式被引入，这是一种极其强力的武器。然而，没有其他发明像火药和大炮一样具有灾难性冲击力。在14世纪的前25年，欧洲人开始使用火炮。②

从此，技术作为力量不断地刺激着欧洲人的神经。技术或者强大或者神奇的魔力助长了西方人对于自身力量的信心，更加不断地滋长着他们对于技术的渴望。他们需要新技术的发现和发明，从而也需要对于技艺的经验积累和总结。这些方面的大爆发终于发生在不久之后的文艺复兴时代，也被扭曲地体现在弗兰西斯·培根"知识就是力量"（其实应翻译为"知识就是强力"）的格言之中。从此，西方人普遍的经验观念、实验理念、技术目的，乃至关于科学的价值认同，就与纯粹的实用目的结下不解之缘，以至弥漫到全世界。

二、中世纪的魔法理性和炼金术士的实验实践

在西方基督教世界，炼金术等魔法活动一直被教会视为异端而禁绝。魔法的

---

① Curt Suplee, Milestones of Science, Washington D. C.: National Geographic Society, 2000, 48.

② Curt Suplee, Milestones of Science, Washington D. C.: National Geographic Society, 2000, 52.

信仰和理念与基督教教义格格不入。占星术魔法哲学相信，众神以及人都隶属于宇宙秩序，众神和人之间没有固定的界限。理想形态的魔法行动被认为具有内在的自动效验，是尝试超越或者独立于众神能力范围的力和物体的仪式行为。从精神层面看，炼金术士的假设依赖深刻的信念：假设阐明一种心灵状态。炼金术士似乎用他对客观物质的实验来"象征"他整个自身，包括他的整个灵魂。

自然魔法就像宗教那样也怀着达到特定合意结果的目的来尝试影响上帝，但是，它将其希望建立在经验方法，而不是他的自由意志之上。虽然宗教远远不是引导建立经验地证实的法则，但自然魔法却必然地采取了这种定位：它因其有效验的特性而与宗教不同，其效验只由关于抽象认知内容的实验证明确保。后者使魔法更接近于科学并使它与宗教分离。①

与占星术相联系，炼金术起源于中东，并在古代阿拉伯-伊斯兰世界得到广泛实践。今天我们还在使用的"炼丹"、"蒸馏器"、"碱"、"方位"、"天穹"等概念，印证了阿拉伯-伊斯兰魔法实践活动对于近现代科学的贡献。"炼丹"、"蒸馏器"和"碱"等概念，都与想把贱金属转化为黄金的企图有关，而"方位"、"天穹"作为天文学名词，主要是被阿拉伯人用于占星术。从中世纪直到文艺复兴，阿拉伯和欧洲炼金术发展成为一门新生学科。虽然多数炼金术士聚焦于将贱金属变为金子，但是，这门学科也在这样的信念中扎根：变更化学构成的能力还有延长生命的额外益处。炼金术士分类并比较不同物质的物理性质以及它们是如何相互反应的。当他们测量并记录实验结果时，他们提升了关于物质本性的知识。在西方科学传统中，盖伦、罗吉尔·培根和开普勒等绝大多数自然科学家都相信占星术，并且利用他们的科学和数学知识为其服务。②

中世纪炼金术等魔法活动为实验精神的培育做出了独特贡献。加斯东·巴什拉指出："炼金术的实验与众不同，它是双重性的：它是客观的，又是主观的。""在19世纪，所有的化学史家都承认炼金术士做试验的那种狂热；他们对炼金术士某些具有积极意义的发现表示敬意；他们最后还指出现代化学是从炼金术士的实验室里缓慢地走出来的。"③ 理查德·弗雷（Richard Foley）说："在中世纪时期可能有许多人们可以津津乐道的东西，有炼金术的发展，有对各种形式魔法的普遍相信。这些服务于实际目的东西自有其定义非常充分的理性形式。"④ 事实上，

---

① V. Ilyin，A. Kalinkin，The Nature of Science：an Epistemological Analysis，Moscow：Progress Publishers，1988，58，59.

② M. 克莱因：《西方文化中的数学》，张祖贵译，上海：复旦大学出版社，2005年第1版，第93页。

③ 加斯东·巴什拉：《科学精神的形成》，钱培鑫译，南京：江苏教育出版社，2006年第1版，第45页。

④ Richard Foley，Some Different Conceptions of Rationality. Ernan McMullin ed.，Construction and Constraint：the Shaping of Scientific Rationality，Indiana：University of Notre Dame Press，1988，30.

在整个中世纪炼金术士和其他自然魔法家就践行实验主义。炼金术传统是实验方法的一个主要来源。炼金术并非在科学革命中突然成为实验性的，它一直就是一种实验性追求。

中世纪魔法打破古典文化传统，准备向文艺复兴时期完全不同的文化过渡。我们可在炼金术、占星术、医疗化学、自然魔法和拥有纯粹实验地位的其他知识领域的巨大进步中看到这种异化倾向。占星术、炼金术、医疗化学、自然魔法等等这些领域的知识，作为先验论、推测和最粗陋的经验论的矛盾混合体，通过它们的经验一点一滴地销蚀着沉思的思想体系，并达到向实验科学的过渡。这些学科的运行，被正确地视为手工艺与自然哲学的中间纽带，包含了未来实验科学的胚胎。这一时期作为知识分支的占星术、炼金术、医疗化学、自然魔法等的发展，却为科学的进化铺设了道路。①

萨顿指出："中世纪主要的、至少是最明显的成就也许是实验精神的创造，或更准确地说是这种精神的缓慢孕育。直到 12 世纪末，这种精神首先归功于穆斯林，然后归功于基督徒。""无论人们多么景仰古希腊科学，但必须认识到，从这个（实验的）观点来看，古希腊科学实不足以转变为现代科学的基本精神。虽然古希腊的伟大医学家本能地遵循实验方法，但是他们的哲学家或者研究自然的学者从来没有恰当地评价过这些方法。医学史以外的古希腊实验科学历史是非常短促的。在阿拉伯炼金术士和光学家的影响之下，以后在基督教的力学家和物理学家的影响下，实验精神非常缓慢地增长着。"②

三、中世纪中晚期的数理理性及其与实验精神相结合的罗吉尔·培根模式

爱德文·阿瑟·伯特（Edwin Arthur Burtt，1892—?）指出，在中世纪早期，基督教神学与古希腊哲学的综合，是在一种占支配地位的柏拉图或者新柏拉图主义的塑造中完成的。新柏拉图主义中的毕达哥拉斯要素极强，其遵循柏拉图在《巴门尼德》篇中提出的一个建议，即多样性是通过一个必然的数学过程从统一性中展现出来的。但是，这种数理理性在本质上不同于我们现在的数学作为一门理想学科的观念，尤其是几何学作为处理理想空间，而不是处理宇宙所处的实际空间的概念时。从古代和中世纪一直到伽利略之前，天文学都被看做是数学（亦即几何学）的一个分支。在阿尔法拉比（al-Farabi）和罗吉尔·培根提供的关于数

① V. Ilyin，A. Kalinkin，The Nature of Science：an Epistemological Analysis，Moscow：Progress Publishers，1988，59，58.

② 乔治·萨顿：《科学的生命》，刘珺珺译，北京：商务印书馆，1987 年第 1 版，第 137 页。

学科学的典型列举中，它们是按照这样的秩序排列的：几何学、天文学、算术和音乐。此际的人们还没有认识到几何学王国与天文学空间之间的根本差异，此时的天文学比算术更加接近纯粹数学的几何理想。①

尽管如此，在“中世纪复兴”期间，西方基督教世界的数理理性还是有所变化，甚至于与数理理性相关联的实验理念也在萌动之中。罗兰·斯特龙伯格指出：“在12世纪重新发现亚里士多德的逻辑学和科学方法论论著《后分析篇》的同时，还重新发现了古希腊和阿拉伯的数学。中世纪的数学家，如莱奥纳尔多（Leonard of Pisa，约1170—1250）和乔丹纳斯（Jordanus Nemorarius，1225—1260）都做出重大贡献。如果说科学分析的数学演绎法相当兴盛，那么观察和实验方面的经验方法也在某种程度上得以流行。诚然，中世纪的大学实际上几乎没有实验技术，但是主流哲学观念即亚里士多德主义，在某种意义上其实是很注重经验的。诸如大阿尔伯特（Albertus Magnus）、罗吉尔·培根等中世纪的大学者都怀有浓厚的科学兴趣。”②

1. 中世纪中晚期理性领域的数理理性

在“中世纪复兴”期间，一些基督教精英知识分子试图发展理解自然的数理理性。在这些人中间，首批重要人物之一是格罗斯泰斯特。虽然他不是弗兰西斯会会士，但他却是弗兰西斯会牛津修会领袖们的讲师。格罗斯泰斯特于1220年某个时候写的关于亚里士多德《后分析篇》的评论，是这个时候严肃探讨亚里士多德科学方法的最早努力之一。他非常熟悉亚里士多德的《物理学》、《形而上学》、《气象学》和生物学著作。虽然他熟悉这些文本，但格罗斯泰斯特的智力构成是由柏拉图的和新柏拉图主义的影响强烈地塑造的，当然也受到当时一些数学新著作的影响。

继续这一新事业的是罗吉尔·培根。他曾在牛津和巴黎研习，而且是首批就亚里士多德关于自然哲学的一系列著作（如《形而上学》、《物理学》、《论感觉》、《论生成和腐坏》、《论生命》和《论天空》等）进行演讲的学者之一。后来，他加入弗兰西斯修会，毕生从事研究和写作。培根对于自然科学是一位虔诚的“福音传道者”，他的著作反映了一种系统尝试：劝说教会当局肯定他定义为上帝礼物的新学术的价值。培根争论道，新学术能够证明信仰条款，天文学对于理解宗教历法是必不可少的，实验科学能够教给我们如何延长生命，甚至光学科学能够使我们创造出使异教徒皈依正统的装置。

---

① 爱德文·阿瑟·伯特：《近代物理学的形而上学基础》，徐向东译，北京：北京大学出版社，2003年第1版，第35，29，30页。

② 罗兰·斯特龙伯格：《西方现代思想史》，刘北成、赵国新译，北京：中央编译出版社，2005年第1版，第28，29页。

虽然罗吉尔·培根更多地对亚里士多德学说持肯定态度，但是他所在的弗兰西斯会的许多成员却发展出对于新亚里士多德主义的更加谨慎的态度。这些人中间最有影响的人之一是意大利的文德（Bonaventure，约1217—1274），文德后来成为弗兰西斯会的教士领袖。尽管文德对于亚里士多德怀有深深的敬意，但他更加忠于新柏拉图主义哲学传统，这使他比格罗斯代特或者罗吉尔·培根更加怀疑亚里士多德的学问。总体而言，在格罗斯泰斯特、培根和文德的后期著作中，呈现出13世纪自然哲学家的几个重要倾向：对亚里士多德文集越来越多的了解，对其内容的欣赏和怀疑的混合，以及将各种奥古斯丁式或柏拉图式观念塞进对亚里士多德文本的理解之中。①

在13世纪亚里士多德学说引起中世纪思想界广泛注意时，新柏拉图主义虽然还没有得到任何形式的传播，但它却是一股略受压抑但却仍有广泛影响的形而上学潮流。反对正统逍遥学派的那些人都习惯于诉诸这种潮流。像罗吉尔·培根、比萨的莱奥纳尔多、库萨的尼古拉等显示出来的对数学的兴趣，以及他们对其重要性的强调，在很大程度上得到这种毕达哥拉斯潮流的存在和普遍影响的支持。库萨的尼古拉在数论中发现了柏拉图哲学的本质要求：世界是一种无限和谐，在这种和谐中万物都有其数学比例。因此，“知识总是测量”，“数是事物在造物主心中的第一个模型”；换言之，一切可能的确定的知识必定是数学知识。在中世纪晚期，随着数学研究的有力复兴，同样的假定和方法被视为理所当然，人们热切地期望自然也能够得到充分的数学解释。罗吉尔·培根热情地采纳了这些假定。培根之后的两个世纪，里奥纳多·达·芬奇（Leonardo Da Vinci，1452—1519）出色地成为这种发展的领袖。数学在科学研究中的重要性被这样有力地证明：“谁不是一位按照我的原则进行思维的数学家，他就必定没有读过我。”“呵，学者们，研究数学吧！不要做无基础的建设。”达·芬奇在数学、水力学和光学中进行了大量实验，在所有这些试验中，他都将一个信条看做是理所当然的，那就是可靠的结论要在数学上表示和在几何上表达出来。在下一个世纪，以哥白尼革命为起点，一切重要的思想家都在力学和其他数理科学中采纳了几何方法。②

2. 实验精神的萌动及其与数理理性相结合的罗吉尔·培根模式

无疑，中世纪学术在大部分情况下都处于亚里士多德式经验主义的统治之下，但是，在科学方法论方面，如约翰·洛西（John Losee）指出的，一方面，诸如

---

① M. W. F. Stone，Theology，Philosophy，and ‘Science’ in the Thirteenth Century：the Case of Albert the Great. M. W. F. Stone and Jonathan Wolff ed.，The Proper Ambition of Science，London：Routledge，2000. 30，31.

② 爱德文·阿瑟·伯特：《近代物理学的形而上学基础》，徐向东译，北京：北京大学出版社，2003年第1版，第36，27，28页。

格罗斯泰斯特和罗吉尔·培根这两位13世纪最有影响的科学方法作者，肯定了亚里士多德的科学研究的归纳-演绎模式；另一方面，如罗吉尔·培根等也认为一门科学的事实知识往往可通过主动的实验而增加。罗吉尔·培根将利用实验增加现象知识列为“实验科学三个特性”之一（第二个）。

格罗斯泰斯特和罗吉尔·培根都建议应该把“检验程序”加在亚里士多德归纳-演绎程序上，通过“分解”归纳出的原理要进一步接受经验检验。罗吉尔·培根称这种检验程序是实验科学的“第一特性”。这无疑是科学方法论上有价值的远见卓识。在14世纪初，弗赖堡的狄奥多里克惊人地应用了培根的“第一特性”。狄奥多里克认为，虹是由个别雨滴所折射和反射的日光结合而成的。为了检验这个假说，他把空心的水晶球注满了水，把这些球放在太阳光线的通路上。他用这些模型水滴复制了原生虹和次生虹。狄奥多里克证明复制的次生虹有相反的颜色顺序，并且次生虹的入射线和出射线之间的夹角，比原生虹大11度。这与在自然界产生的虹中观察到的完全吻合。[①]

在中世纪，基于观察的描述性动物学还不是一个研究领域。但是到中世纪末，生物学学问开始抛弃“博物学”传统，即抛弃那种局限于诠释他人史学作品的文学方法和仅仅对自然进行分类的习惯。代替这个非科学惯例的是一种新体系，其结论的基础是由亲自观察和推演构成的。在从中世纪实践到文艺复兴期间近代科学方法使用的这种决裂中，罗吉尔·培根是一个关键人物。罗吉尔·培根与其他几个人一起，领导了生物学从中世纪古代著作恢复到文艺复兴时期批判观察的过渡。他的自由观点，以及他坚持认为科学必须基于对自然的直接观察获得亲自经验，使他有别于较早期的贤哲。[②]

在理性精神与实验精神相结合的意义上，罗吉尔·培根的方法论理念和实践，无疑是“近代的”。他关于实验方法的理论是史无前例的。萨顿指出，近代科学的实验方法是近代三个世纪的成果，“它的早期发展非常缓慢。即使那么充满天才的古希腊人也未能发现这种方法，虽然他们之中有某些人在特殊的问题上曾经使用了它。中世纪的少数几个穆斯林、基督教徒和犹太人的科学家也使用过它，但是除了罗吉尔·培根以外，没有一个人曾经系统地阐述过它，也没有人认识到它的普遍性和它惊人的潜在效力”。[③]

---

① 约翰·洛西：《科学哲学历史导论》，邱仁宗、金吾伦、林夏水译，武汉：华中工学院出版社，1982年第1版，第32，33，36页。

② Robert E. Krebs，Groundbreaking Scientific Experiments，Inventions and Discovery of the Middle Ages and the Renaissance，Westport Connecticut：Greenwood Press，2004，78，79.

③ 萨顿：《科学的历史研究》，刘兵、陈恒六、仲维光译，北京：科学出版社，1990年第1版，第51,52页。

第四节　西方传统知识分子的精神倾向：清教主义传统及其精神气质

清教主义文化传统是西方文化传统的重要组成部分，它在一定程度上促成西方近现代文明的形成。马克斯·韦伯（Max Weber，1864—1920）就认为，清教主义的伦理传统是资本主义精神的重要组成部分，清教伦理在一定程度上造就了西方近现代资本主义文明。[①] 而默顿（Robert King Merton，1910—2003）则推而广之，他认为，清教主义的伦理传统是近代科学之所以能够诞生、现代科学之所以能够形成的主要社会学原因，它在很大程度上构造了西方近现代科学的社会秩序。[②] 虽然，对于韦伯理论和默顿命题一直存有争议，但颇为一致的是，西方学术界并不否认清教主义传统对于西方近现代文明的影响，而且大都持肯定态度。而且，西方悠久的清教主义传统对于我们理解西方近代科学及科学精神之所以形成的基督教因素也是至关重要的。毕竟，与基督教社会以及长期的教会教育体制相联系，清教主义是西方传统中知识分子的一种基本精神倾向。

一、清教主义传统：严苛的宗教生活秩序和洁净的政治伦理诉求

1. *严苛的宗教生活秩序：清教主义的缘起*

众所周知，基督教是在宗教对抗、民族冲突、社会动荡、民众苦难的背景下，从犹太教分裂而来的宗教。正是在这种背景下，基督教在创立的时候就奠定了它最为基本的教义，就是将基督的福音与耶稣的受难紧密地联系在一起，从而将守贫与禁欲确立为基本的伦理信条。耶稣告诫人们：如果想得到永生，就得弃绝一切财物；十二使徒之一的保罗更是认为："情欲和圣灵相争，圣灵和情欲相争，这两个是彼此相敌的。"（《加拉太书》5：17）这是基督教作为一种信仰，最为基本、最具独特性，也是最具有归属感和向心力的宗教（伦理）观念。在宗教实践上，教会早期的一些基督徒向穷人散尽自己的财富，走向旷野。走向旷野的苦修僧作为一种信仰榜样，实际上成为重要的传教手段；对于基督徒来说，这是一种感受和感激耶稣为万千上帝子民而受难的最好的宗教体验方式。在宗教改革之前的欧

---

① 马克斯·韦伯：《新教伦理与资本主义精神》，于晓、陈维纲等译，北京：生活·读书·新知三联书店，1987年第1版，第141页。

② 罗伯特·金·默顿：《十七世纪英格兰的科学、技术与社会》，范岱年等译，北京：商务印书馆，2000年第1版，第117～154页。

洲，虔诚的基督徒往往就是甘守清贫、弃绝世俗欲望的代名词。至今，天主教、东正教和新教中的清教主义传统依然绵延不绝。

在基督教历史上最具影响力的清教主义运动是各种修会及其修道院的建立。其中，公元529年本尼迪克[①]创立的本尼迪克修会及其修道院的影响最为广泛、持久。本尼迪克制定的会规逐步成为整个欧洲西部地区各种基督教修会的蓝本，而他倡导的宗教生活方式也成为清教主义基督徒的修身养性信条。本尼迪克的“会规”中说：“懒散是对灵魂的敌视，因此，兄弟们应当在固定的时间专注于体力劳动，在明确规定的时刻专注于宗教阅读。”与此同时，本尼迪克修会还赋予修士们必要自由。本尼迪克认为，对于普通人来说，纪律绝对不要成为重轭。因而，“约束与某种程度的自由的结合”成为“本尼迪克会规”的显著特色。

当修士们按照稳定而且适于居住的会规开始宗教生活的时候，修道院事实上就开始承担起诸多有益于教会和世俗的事务：修士们在田间劳作，示范农耕；他们勤于技艺，教导百姓；他们研究医学、建设医院。十分重要的是，每座本尼迪克修道院都有自己的图书馆；修道院中供灵修的单人小居室成为书房，修士们则成为学者；而修会或修道院所设立的学校，因其研读经典的氛围、讲座与讨论的教学方式而成为之后学校乃至大学的范型。事实上，本尼迪克修会的创立，给基督教世界带来宗教信念上的微妙变化，虔诚的基督徒由等待救赎走向积极救赎之路。从公元476年到1300年，修道院是欧洲日趋重要的文化学术研习和文明训练的机构。中世纪西方的这种修道院宗教文化对于西方世界来说有两个方面的根本价值：保存了学术，形成苦心研修的处世倾向。[②]

2. 洁净的政治伦理诉求：从“异端”清教徒到托钵修会修士

无疑，在政治的意义上，中世纪完全是一个黑暗的时代。这个时代基督教最显著的特点就是大公教会的政治化，它由起初的传教组织逐步整合演变成由上层神职人员专权的政教合一的专制集团。因此，一些上层神职人员和教会的专横与腐败就是不可避免的。如果说，在罗马帝国时期，清教主义运动的原因之一在于虔诚的基督徒试图摆脱世俗政权对教会事务的干预，那么在罗马帝国衰微、覆灭之后的清教主义运动的矛头就直接指向教会内部。因此，在中世纪的大部分时期，清教主义运动无论是作为“异端”，还是作为一种修正天主教教会秩序的改革力

---

① 努尔西亚的本尼迪克（Benedick of Nursia，480—542），又译“本笃”，系天主教本尼迪克会（本笃会）的创始人。他于公元529年在距离罗马城东南85英里的卡西诺山上创立了隐修院；他因此奠定了欧洲最著名的隐修院即本尼迪克修会母会的基础。他被尊称为西方隐修制之父。

② 阿尔伯特·甘霖：《基督教与西方文化》（赵中辉译，北京：北京大学出版社，2005年第1版）第53，51页和布鲁斯·雪莱：《基督教会史》（刘平译，北京：北京大学出版社，2004年第1版）第134页。

量，其矛头都是直接指向了大公教会内部教会事务中的种种弊端。清教主义者关于宗教生活秩序的宗教伦理（规范），逐步衍生出政治伦理诉求。布鲁斯·雪莱认为，中世纪的守贫运动永远向人们昭示，政治化的基督教仅仅是偏颇的基督教；基督教信仰远非教宗的政策，而是有着更多的内涵。[①]

然而，在中世纪的大部分时间里，大公教会内部不断兴起的清教主义浪潮，并不仅仅造成对神职权威持温和反对立场的天主教新修会的涌现，也必然会导致反对大公教会、拒绝接受主教甚至拒绝接受教宗的激进的“不服从运动”，甚至导致诸如马丁·路德式的激进的公然诋毁和否定大公教与教宗及神职人员权威、拒绝教宗领导、倡导教会权利平等的新教教会的出现。中世纪早期甚至中后期，绝大多数清教主义色彩的基督徒或者修会组织被大公教会视为“异端”而遭受“绝罚”。尽管所谓正统的基督教主流教会一直试图消灭“异端”，然而，“异端”却一直困扰着主流的基督教教会。

当天主教当局无法平息不服从运动时，他们也做出妥协。因而法兰西斯及其修会是值得庆幸的。1209 年，法兰西斯及其伙伴带着一份简单的“会规”请求教宗英诺森三世的恩准，教宗批准了这个传道小团体。1223 年，教宗霍诺留三世为法兰西斯会确定了新“会规”，允许建立精密的组织，同意以行乞为该修会的一个基本特征。几乎同时，试图以像穷人一样赤足、乞食的清教徒式生活来感化异端的多米尼克，他的传教及生活风格终于赢得了天主教官方的认可，在 1220 年，教会准许他成立符合自己志趣的教会组织。教宗还将宗教裁判所从主教手中收回，将其交给这个新成立的被称为意为“乞食”的“托钵”（mendicant）修会。多米尼克会士与修士不同，因为“会士”（friar）为了传道而长年深入到民众当中。正如修道院曾为在乡村传道而兴起一样，托钵会士则是为了满足城镇民众的属灵需要而出现的。正是托钵修会一方面复兴了清教主义传统，同时也进一步促进了清教主义传统向世俗世界的扩散。

二、诉求理性的伦理观：教会治学权威的旁落

1. 徘徊于信仰与理性之间的伦理诉求：传道权上的神学分歧

中世纪主流神学在学理上坚持认为，基督教信仰的主要教义是固定不变的。自由地探求真理从来就没有成为教会中世纪学校教师（或者学者）的目标。只不过，在这种制度性的教会意识形态机构中，也有异样的声音。因为，自古以来关于上帝的全能和全知问题就一直激发信仰者不断地去思考。它构成了两个既分离

① 布鲁斯·雪莱：《基督教会史》，刘平译，北京：北京大学出版社，2004 年第 1 版，第 228 页。

又相关的问题系列：一个涉及上帝的全能，另一个涉及上帝的知识。二者都有力地影响着如何去思考上帝的主权，如何去思考上帝与世界及人类的关系。[①] 这显然涉及甚至直接指向伦理问题：上帝与世界之关系的伦理问题，上帝与人（人类或者人类个体）关系的伦理问题。

如前面所述，在基督教世界，作为最早将神启与哲学相结合，或者说最早将神学与古希腊哲学相结合，或者说最早试图将信仰与理性相联结的是诺斯替异端理论形式的基督教。由于它对教会构成严重挑战，也促使奥古斯丁这些教父们做出有力回应。

奥古斯丁的回应同样借用了世俗的古希腊哲学理性。但是他的神学遗产自身具有难以调和的两面性：一方面，他在教会伦理的神学思想上维护了教会和上层神职人员对于基督徒信仰的权威；另一方面，他在教义上又以哲学理性的方式来思考信仰问题，从而构成对教会和上层神职人员信仰权威的威胁。这种自身难以调和的神学思想和奥古斯丁本人参加的教父与多纳徒主义者及诺斯替主义者之间的两场论战有关。

在奥古斯丁 43 岁继任北非的希波教会领袖之际，北非的基督教一直被大公教会和多纳徒主义运动之间的冲突强烈地撕扯着。多纳徒主义运动坚持认为教会必须是圣洁的，他们强调教会纪律，坚定不移地抵抗卑鄙的主教们。而奥古斯丁拒绝接受多纳徒派的纯洁教会观，他坚持祭司代行上帝行为说。这种观点使得祭司成为恩典惠顾教会成员的渠道，在中世纪非常不幸地被大公教会推向极端。事实上，这种“专权”的宗教伦理的确立与普世教会的理念是格格不入的，这也就必然地为后来的清教主义运动的不断兴起和新教徒与罗马教廷的决裂埋下伏笔。

如果说，与多纳徒主义者的论争，促使奥古斯丁在思想上形成重视教士作用的教会伦理理念，那么，与帕拉纠主义（Pelagianism）者的论争则激发他强调凭借恩典获得救赎。只是，在中世纪早期，奥古斯丁的恩典教义或者说宗教伦理思想也未真正进入到清教主义世界、未成为清教徒的基本宗教观念。其原因可能是：一方面，此时还处于清教主义兴起的早期，清教主义基督徒所具有的只是基于宗教情感的信仰，他们还缺乏系统的理论论证的理性基础；另一方面，奥古斯丁式的神学思想，与其说是一种哲学式的理性建构，不如说是一种宗教情感的系统表达，正是这种在信仰建构基础上的同质性妨碍了当下替换的可能性。在奥古斯丁看来，生活与思想、哲学与神学，都是密不可分的。奥古斯丁不适合那种企图把思想家的个人生活尽量和他的思想分离开来的哲学模式。因此，从严格的意义上

---

① 科林·布朗：《基督教与西方思想》（卷一），查常平译，北京：北京大学出版社，2005 年第 1 版，第 131 页。

讲，他的著作中很少能被称得上是哲学著作。虽然他的学说说不上是一种哲学，但是他的著作，不但为后来的西方神学，而且为许多后来的哲学奠定了基础。[①] 当然，随着清教主义运动在发展中的自身衍变，情况就根本不同了，以至人们常说，天主教与新教都可以追溯到奥古斯丁。

2. 治学伦理：诉诸理性与学术自由

基督徒中出现真正具有清教徒式治学精神的大师，开始于经院哲学时代早期的独身教师们，如吉尔伯特[②]。吉尔伯特是一位才华横溢的教师，他于10世纪后半叶成为兰斯（Rheims）大教堂学校的大师。在他还是一名年轻修士的时候学业就极其突出。他的修道院院长采取非同寻常的方法将他送到西班牙学习数学。虽然在那里吉尔伯特的导师是一位基督教主教，但他也接受了占统治地位的穆斯林所具有的广阔而宽容的文化。因此，吉尔伯特深受穆斯林学术探索和求索精神的影响。当他学成归来开始在兰斯从教时，宣布引用传统的教会“权威”不再必要，他要求学生此后要用原文研究罗马经典。为了这个目的，吉尔伯特随时随地收集手稿，并且建立了一座颇具规模的图书馆。当时常常要花费一年时间去抄写一份手稿，费用至少相当于教士的年收入，毫无功利可言。显然，吉尔伯特的思想是新教思想的先驱，因为他宣布传统权威不再有效。[③]

在早期知识革命阶段，最可爱的人物要数彼得·阿伯拉尔[④]。他因为热爱知识而放弃嫡长子对财产的唯一继承权，轻装游学于法兰西。他师从大学者，但并不仅仅听他们讲演，而是不时地在课堂上与他们展开学术论争。他后来在巴黎成为知名教师，吸引了大批学生。在一篇名为“是与否”（*Sic et Non*）的论文中，他提出了从基督教教义中寻找出的158个问题，并且以选自《圣经》、教父和异教经典中相互冲突的引文来回答它们。阿伯拉尔指出，智慧的第一把钥匙是勤勉和不断地追问，因为我们通过怀疑而开始探索，我们通过探索而达及真理。这种希腊人耳熟能详的观点对于中世纪的欧洲人来说是匪夷所思的。

阿伯拉尔对怀疑的热情赢得了一些人的掌声，但同时也让许多人感到震惊。他在1121年遭到在索苏（Soissons）召开的公会议的谴责。此后，这位卓尔不群

---

① 科林·布朗：《基督教与西方思想》（卷一），查常平译，北京：北京大学出版社，2005年第1版，第70～75页。

② 奥里亚克的吉尔伯特（Gerbert of Aurillac），后来成为罗马教宗（999—1003在位），即西尔维斯特二世（Sylvester Ⅱ，约940—1003）。留世著作包括一篇逻辑学论文《关于理性和理性的应用》和相当数量的数学手稿。

③ 布鲁斯·雪莱：《基督教会史》，刘平译，北京：北京大学出版社，2004年第1版，第217，218页。

④ 阿伯拉尔（Peter Abelard，1079—1142），中世纪经院哲学家、神学家，主要著作有《是与否》、《自知》、《苦难情史》、《关于神之一体与三位的命题》等。

的学者不得不暂时退守而加入到一家修道院。但是，他的清教伦理诉求并未就此止步。不久，经修道院许可，他转而到巴黎东南部的旷野过灵修生活。闻讯而来的学生云集于他的身边，为他建造了一处避难所，并为他耕作田地，恳求他的教诲。阿伯拉尔恢复了对理性的追求，他一而再再而三地与教会中的保守派发生冲突，包括与基督教王国中最有影响的教士明谷的伯尔纳[①]的冲突。这位修道院院长像他热忱地倡导第二次十字军东征一样追击阿伯拉尔。在伯尔纳的鼓动下，1140年在桑斯（Sens）召开的大公会议把阿伯拉尔定为异端。阿伯拉尔隐退到克吕尼修道院，在这里他与世隔绝地度过其一生中最后的两年时光。

但是，没有人能够抑制住他所播撒下的叩问知识、追求学术的种子，它们在整个欧洲大陆萌发了。在阿伯拉尔去世后不到100年，作为学术机构的大学，在法兰西的巴黎、奥尔良和蒙彼利埃、意大利的博洛尼亚和帕多瓦，甚至穿过英吉利海峡在牛津和剑桥，蓬勃发展。尽管中世纪大学的教学和学术活动的制度模式有严格与宽松之分，但是，无一例外地，所有中世纪大学都形成自由学习、平等讨论的氛围。这里教师和学生都有在知识获取上平等地阅读经典、在信仰上平等地阅读《圣经》的权利，都有在理性上独立思考和追问的权利；他们都在平等地、自由地、理性地思考。在他们中间，那种毫不怀疑地接受权威的伦理观念已经不再被认可了。

三、欧洲大陆和英国新教运动的兴起

1. 陷于世俗与宗教事务冲突困境中的清教徒

世俗政权与罗马教廷之间的较量由来已久。罗马帝国的分裂造成教会与世俗政权的双重治理格局。君士坦丁堡教会越来越依赖于世俗政权，宗教事务与世俗政治越来越相互交织在一起，牧首事实上成为帝国皇帝的附庸。而罗马教会则是越来越摆脱了凌驾其上的罗马帝国世俗政权的干预，随着罗马帝国的衰落和分裂反而日益广泛地干预起世俗事务，其牧首则是逐步地成为凌驾于世俗的王国政权之上的拥有教会和世俗事务至高无上权威的神圣的教宗。

随着查理曼帝国的解体，欧洲在中世纪中后期长期陷入封建制时期。欧洲的封建制类型，其政治权力归属地方所有，由个人而非中央集权制国家的代理人所

---

① 明谷的伯尔纳（Bernard de Clairvaux，1090—1153），中世纪基督教神学家、西多会隐修修士、神秘主义者，其主要著作有《论爱神》、《论恩典与自由意志》、《致圣殿骑士团书》等。在1147年，耶路撒冷王国面临被穆斯林夺走时，他呼吁发动了第二次十字军东征，但无所收获，最终耶路撒冷王国领土于1291年被穆斯林全部夺走。

掌握，其核心在于领主与封臣之间的个人关系，封臣要宣誓效忠领主。[①] 自从教会成为中世纪生活的一部分之后，它就不可能逃避到封建体制之外，主教和修道院院长们成为封臣而接受采邑。[②] 在拥有属灵世界和世俗世界双重极权、面临权力与财富诱惑又缺乏约束的现实环境下，如果说像格列高利这样修士出身的主教还能恪守清教主义传统，那些“法政专家”主教们的腐败，以及为了权力和财富与世俗世界的争夺就是不可避免的了。

教宗与世俗君主之间的斗争之残酷有时甚至是骇人听闻的。例如，罗马教宗格列高利七世与神圣罗马帝国皇帝亨利四世之间[③]，英诺森三世与英格兰国王约翰之间[④]，英诺森三世、卜尼法斯八世[⑤]与法兰西国王腓力四世之间的权力之争[⑥]。通过这一系列斗争，进一步提高了教宗制的权力和威望。格列高利七世及早期的教宗大都为修士出身，而英诺森三世及之后 12～13 世纪的教宗则都是教会法学家、教政专家。教宗维护其权威的治理结构，对世俗的统治范围和统治手段创造性地不同于以往。到英诺森三世在位时，他将教宗职位推致世俗权力的顶峰。[⑦] 教

① 欧洲封建制由三个基本要素混合构成：A. 个人因素，个人因贵族或者封臣身份，成为一位更强大的贵族——领主或庄园主——的忠诚追随者；B. 财产因素，封臣从其领主领取采邑（通常是封地），并履行对于相应领主的义务；C. 政府因素，即领主私人管理封臣与采邑、封臣行使封地内政府职能或其他采邑所赋予的行政职能（通常是税赋收取权）。(参见布鲁斯·雪莱：《基督教会史》，刘平译，北京：北京大学出版社，2004 年第 1 版，第 197 页。)

② 布鲁斯·雪莱：《基督教会史》，刘平译，北京：北京大学出版社，2004 年第 1 版，第 197，198 页。

③ 罗马教宗格列高利七世（1073—1085 年在位）指责亨利四世在任命他自己选择的米兰大主教一事上犯有买卖圣职罪和干预圣职任职罪。格列高利召亨利到罗马解释自己的行为。亨利反而于 1076 年召开了德意志主教会议，宣布格列高利是篡位者，不再适合占据罗马主教职位。作为报复，格列高利绝罚亨利并废黜其王位，宣布免除他的臣民对他所做出的效忠誓言。后来，亨利因为一场德意志贵族挑起的叛乱而被迫向神圣的教宗求和，他于 1077 年元月在意大利山区的卡诺萨（Canosas）城堡出现在格列高利面前。这位皇帝穿着悔过者的衣服，赤脚在雪地里站了三天，祈求宽恕，格列高利宽恕了他。

④ 英格兰国王约翰因选举坎特伯雷大主教与英诺森三世意见相左，英诺森将英格兰置于停圣事之下，并绝罚约翰。约翰处在贵族们的夹攻之下，向英诺森三世屈服，成为英诺森三世的封臣，重新使英格兰作为一个采邑国被教宗接受，向其供奉数目不菲的年贡。

⑤ 卜尼法斯八世（Bonifacius Ⅷ），1294—1303 在位的罗马天主教教皇。

⑥ 英诺森三世让法兰西国王腓力·奥古斯都将他已经在法兰西主教同意之下离婚的女人重新接纳为王后，以此强迫他遵守教会道德法。而卜尼法斯八世于 1296 年 2 月下令禁止教士向各国君主缴税，引发法国国王的抗争。

⑦ 教宗使农民和君王们跪拜在自己面前的第一个武器是绝罚的威胁。他随时可以宣告将他们革出教门，使他们“脱离”神父的教诲，剥夺他们被救赎的恩典；而且被绝罚之人不能做法官、陪审员、证人和律师，不能与监护人、遗嘱执行人以及当事人订立合约；他们死后没有基督徒的葬礼，如果他们碰巧被埋在圣地，教会要掘尸并毁灭尸体。教宗武器库中的第二件武器是停圣事。绝罚是针对个人的，而停圣事则是裁判给整个国家的。作为处罚，它终止整个王国除了洗礼以及终傅之外的一切公共宗教仪式，将一切圣事从悖逆的统治者的国土上撤离出来。教宗英诺森三世 85 次成功地运用或以停圣事相威胁，反对那些对他不恭敬的王储们。受此威胁，许多王国，无论大小，都正式承认教宗为其封建主。

宗制成为地道的普世的君主制，逐渐形成完全的中央集权制；所有主教都要发誓效忠教宗，没有教宗的授权就不能建立任何宗教修会；罗马的宗教法庭接受来自整个基督教王国的上诉，教宗差遣到各地的使节监管教宗命令的执行情况。然而，物极必反，在日益兴起的世俗王权势力的强势面前，行使强权的教宗卜尼法斯八世在与法兰西国王腓力四世的争斗中反而使得教会蒙受空前绝后的耻辱，开始了让罗马教会蒙受了极大羞辱的为期 72 年的教宗制“巴比伦之囚”时期。[①]

“巴比伦之囚”并未结束教会的腐败，而是意味着教宗及教会搜刮财富手段上的花样翻新。对于教会来说，世俗王国的兴起及其在领地上的窃取势必减少税赋来源，“巴比伦之囚”则更加剧了这种势头，这就造成教会严重的财政危机。为此，阿维尼翁的教宗制集团制定了大量的赚钱计划，也发明了新的赚钱方法。[②] 在中世纪中期西欧的整个社会生活中，教宗和教会的权威无论是在广度上还是在深度上都达到“登峰造极”的地步，尽管在局部地区有来自内部激进的清教徒和外部日益强盛起来的世俗政权的反对与对抗。

大公教会对世俗世界管辖治理的过度参与，甚至越俎代庖，在教宗及大公教会上层神职人员看来，他们是在实践“天国”的（宗教抑或政治）治理结构。然而在清教主义基督徒看来，这是大公教会宗教事务治理结构的严重变质。其种种丑陋行径日益加剧了来自中下层基督徒对上层圣职人员仇恨，也出现了日益高涨的要求改革教宗制的呼声，尤其是那些被迫陷于世俗与宗教事务冲突困境中的清教主义基督徒。教会本来是他们所寻求的安顿精神的家园，然而在这里安宁的精神却失落了。对于那些恪守清教伦理的基督徒来说，这种教会秩序是无法容忍的。他们不得不重新寻找回失落的精神家园，这就势必要恢复抑或重建教会的伦理秩

---

① 1301 年，法兰西国王腓力四世囚禁了一位法兰西主教，指控其犯有叛国罪。卜尼法斯八世命令他释放被扣的主教，并废除了腓力早些时候提出的对教会土地征收税赋的特许权。此年，腓力做出回应，他召集法兰西贵族、神职人员和资产阶级的代表（这标志着他的国民会议即法国议会初次登场），鼓动他们一致支持他与教宗抗争。卜尼法斯八世则发布通谕，宣称，每个人都要服从于罗马大祭司，这是完全必要的。腓力的对抗行为颇有戏剧性，他准备以教宗选举非法为由迫使这位大祭司退位。他指派诺盖类特的威廉（William of Nogaret）律师来指控教宗及罗马教廷。威廉的指控包括了选举非法、异端、买卖圣职和不道德等罪责。他带着由法兰西神职人员和贵族共同授权的权柄，冲向意大利，决心将教宗带回法兰西进行审判，尽管因当地基督徒的强硬阻拦未能遂愿。但紧随其后的是，在腓力的授意下，枢机主教团于 1305 年选举出了一位法兰西人教宗，即克莱门特五世；从克莱门特五世开始的七位教宗及教廷被迫安置在了法国阿维尼翁飞地。

② 诸如，第一个，享有特权就得交付费用或者交付税金，例如，教宗规定，主教一旦被任命，就得将第一年的收入如数交给教宗。为了增加这方面的收入，教宗采取了频繁调换主教的手段。第二个，采取空缺圣职任命权留滞的办法来收取空缺期间的所有收入，这比频繁调换主教更加有效，因为这种方法不用给主教留出日常开支。第三个，出售赎罪券，这是最为有利可图的方法。第四个，以绝罚相威胁迫使上至王公贵胄下至平民百姓之平信徒缴纳各种各样的税赋。

序，也就必须以实际行动来诉诸自己的伦理诉求。因此，新教运动是清教主义基督徒长期积淀形成的关于教会治理结构的政治伦理观念与大公教会治理结构现实的严重对峙之使然。

终于，1517 年 10 月 31 日，马丁·路德这位奥古斯丁修会修士贴出他撰写的题为《关于赎罪券的辩论》的“九十五条论纲”。从此清教主义基督徒跨越了向新教基督徒转变的重要关口。

2. 两种新教：欧洲大陆与英国新教运动的兴起

马丁·路德曾是爱尔福特（Erfurt）的奥古斯丁修道院的一名虔诚的修士。作为修士他实行的是摧残健康的严格禁欲。这位困惑的修士通过研读《圣经》得出上帝的公义就是指上帝以恩典和纯粹的怜悯使我们因信称义的信念。基于他著名的“因信称义”的教义，他认为，如果单凭信基督就能得到救恩，那么神父的代求就是多余的；建立并护理信仰，不需要修士，不需要弥撒，也不需要向圣徒们祷告。由此罗马教会这个中介就变得毫无意义。

路德的与上帝关系的和在现世生活中的伦理理念却在现实世界中遭受到严重冲击。自十字军东征时期引进的赎罪券买卖一直是教宗收入的最佳来源。此种用商业性方法来得到上帝的恩典，令路德非常担忧。凭着他对信仰的新认识，路德开始在他的讲道中不厌其烦地批驳赎罪券神学。在 1517 年，他因对多米尼克会的约翰·台切尔（John Tetzel）兜售赎罪券强烈不满，草拟了《九十五条论纲》，按照当时大学里的流行做法，把这些命题张贴在维滕堡的城堡教堂（Castle Church）的大门上。他以“九十五条”来进行神学辩论的命题（或论纲），向教会的伦理秩序发出挑战，准备与任何前来应战的人展开论辩。这些命题认为赎罪券不能除罪，也不适用于炼狱，它是有害的，因为它在捐献者心中诱导出一种错误的安全感。他热切地希望与人分享他的心得，宗教改革的星星之火就这样被点燃了。

1519 年，路德与神学家约翰·艾克在莱比锡大学进行了 18 天的大辩论。路德不假思索地说：“大公会议有时也会出错。教会或教宗都不能设立信仰条款，这些条款必须来自《圣经》。”由此，路德从他的第一个信念——唯独因信基督而得救，转入到第二个信念——基督徒信心与行为的标准是《圣经》，而非教宗或大公会议。在 1520 年面临罗马教会的绝罚时，路德强调说，基督徒生活的本质是在各自的工作岗位上侍奉上帝，无世俗神职之分。1520 年 6 月，教宗利奥十世签署了声讨路德的通谕，命令他在 60 天内离开异端道路。路德于 1520 年 10 月 10 日收到这份文件。他带领一群群情激奋的学生来到维滕堡郊外，焚烧了数册“教会法”和中世纪某些神学家的著作，以及那份“通谕”。1520 年 12 月初燃烧的火焰成为风行于整个德国的公然违抗教宗的最佳象征。教会当局被路德此举激怒了，最后开除了他的教籍。从此，路德便投身到改教运动之中。[①]

终于，路德和他的追随者们，成为自觉走入世俗世界的基督徒，欧洲大陆激进的清教主义基督徒从此与天主教教宗和大公教会彻底决裂，成为新教教徒。如果说清教主义修会的兴起仅仅是天主教大公教会内部在组织-伦理上出现了裂痕，那么新教徒的有组织地与大公教会决裂就是这种裂痕延续的最终结果。

按照一些流传甚广的说法，欧洲大陆发生的新教运动仅仅是或者根本上是一种基督教教义——所谓"因信称义"——意义上的革命，然而，发生在英格兰的宗教改革，其意味就显而易见地不能这么看待了。起码在发生和发展的进程上，在运动发动的起因和直接动力上，二者之间的差异是十分明显的。甚至于，英格兰是否会发生大规模的新教运动，全地域的基督徒都摆脱教宗的管辖，都是值得怀疑的。

英格兰新教运动的发生或者说发动的起因，是英王亨利八世（Henry Ⅷ，统治期间 1509—1547）想要与他的妻子阿拉贡（Aragon）的凯瑟琳离婚，但教皇不准。这种纯属个人愿望驱使他从教宗手中夺取对这个事件的主导权，因此亨利宣布英格兰的天主教教会不再承认教皇权威，不再接受罗马教廷管辖，而将教会置于他自己的权威之下。在甘霖看来，英格兰天主教教会与教皇分裂的发生纯粹属于个人理由。而且，只要亨利八世还在位，英格兰的官方宗教，实际上还是没有教宗的天主教。[②]

1547 年英王亨利八世驾崩，爱德华六世即位。政府权力落在一群王室顾问手中，他们同情新教改革，因此英格兰的政策陡然之间朝新教方向转变。然而，这一向新教方向的摆动在 1553 年因爱德华去世而骤然停止。爱德华之后"血腥玛莉"登基，玛莉是一位虔诚的天主教徒，她试图将英格兰重新带回到罗马天主教。在短短的四年间，她将近 300 名新教徒（其中包括大主教克兰麦）送上了火刑柱。随着伊丽莎白一世的继位，英国国教（即"安立甘"教会，一般称"圣公会"）呈现出它独有的既非罗马天主教也非改革宗的特点。对于伊丽莎白颁布的《三十九条信纲》，英格兰教士说，这种折中方案是两个世界的最佳选择，他们称之为中庸之道（Via Media），即新教和天主教之间的中间道路。在玛莉统治期间被驱逐出英格兰的流亡者中有些人却并不这么认为。当他们从欧洲大陆回来看到伊丽莎白所设立的制度后，他们开始大声疾呼反对"锡安山上的安逸"。他们在英格兰读他们的《圣经》，形成自己的宗教改革思想。这些改教家被称为"清教徒"，他们宣

---

① 布鲁斯·雪莱：《基督教会史》，刘平译，北京：北京大学出版社，2004 年第 1 版，第 265～272 页。

② 科林·布朗：《基督教与西方思想》（卷一），查常平译，北京：北京大学出版社，2005 年第 1 版，第 121 页。

扬个人的称义与民族的称义。[①]

在英格兰接下来的“新教”行动中，宗教信条几乎被当成个人事务，而宗教实践被当成国家统治的一种手段，其后数代人称其为“国民宗教”（civil religion）。终于，英格兰——并非都是清教主义传统的——天主教大公教会各种流派的基督徒在世俗力量的干预扰动之下，以及诸如加尔文宗大陆新教徒的诱导下，扭扭捏捏地走上向新教教徒的转变之路。

总体而言，英国的国教教会只是不再服从罗马教皇的管辖，而保留了天主教的主教制、重要教义及其宗教礼仪等[②]，是“新教”与“天主教”之间的“骑墙者”，不具有“新教”革命的彻底性。一是它并不是独立教会，只不过是国王撤去罗马教廷的管辖取而代之，这与新教独立办教会的精神不符；二是它基本上保留了“天主教”的教义和教礼。在近代新教改革时期，英格兰真正信奉欧洲大陆新教的教徒大体上只是一些散兵游勇式的“异端”分子。[③] 这也许就是多罗西·斯廷森所看到的，为什么“清教徒在全英格兰的总人口中占相对少数，而在皇家学会的首批会员总数中则占62%”[④]这一奇特现象的根本原因之一。对于近代科学而言，英国国教作为一种“新教”，“很可能，温和的、开放的英国国教徒的思想，也就是所谓的‘宗教信仰上的自由主义’所起的作用要比默顿所认为的要大”。[⑤]

科林·布朗指出：“因信称义的重新发现，标志着大陆宗教改革的开始。对于路德而言，它意味着，一切都必须按照《圣经》里的上帝之圣言来全新地加以审视。这不但意味着他的个人生活与灵修的变化，而且意味着整个教会的生活、思想和崇拜的革新。”[⑥] 路德及其追随者，从对天主教教会宗教生活和教会秩序的反思，到付诸宗教生活和教会秩序上的有组织的积极实践，这种从伦理观念到伦理实践序列上的革命，对于清教主义基督徒向新教徒的蜕变，对于新教与天主教的彻底分裂，才最具根本性，也最具直接性。而且，如果说，在个人的宗教生活伦理领域的革命，仅具宗教伦理意义，那么，在教会的宗教伦理秩序领域的革命，

---

① 布鲁斯·雪莱：《基督教会史》，刘平译，北京：北京大学出版社，2004年第1版，第302～304页。

② 卓新平：《宗教理解》，北京：社会科学文献出版社，1999年第1版，第397页。

③ 只有两个重大改变显示英国国教内部出现了“新气象”。第一个是禁止开办修道院。只不过，英格兰修士既不受欢迎也不虔诚，他们缺乏对圣职的奉献精神，这一点在亨利于1536年解散小修道院时就很明显了。这位国王给这些修士两种选择：要么迁移到别的房子去住，要么还俗；整整有一半的人选择社会而不是另一所修道院。第二个是出版供教堂使用的英文版《圣经》。

④ 罗伯特·金·默顿：《十七世纪英格兰的科学、技术与社会》，范岱年等译，北京：商务印书馆，2000年第1版，第158页。

⑤ 尼尔斯·格里亚：《韦伯-默顿命题：新教与近代自然科学的飞跃》（苏强译），斯坦因·U. 拉尔森主编：《社会科学理论与方法》，任晓等译，上海：上海人民出版社，2002年第1版，第28页。

⑥ 科林·布朗：《基督教与西方思想》（卷一），查常平译，北京：北京大学出版社，2005年第1版，第120页。

其意义就并不仅仅在于宗教伦理方面，而更主要地具有政治伦理的意味。

自此，通过对基督教世界清教主义历史流变的粗略勾勒和对清教主义传统的简要梳理，我们看到：①基督教世界的清教主义者虽然与其他虔诚基督徒有着同样的矢志不渝的宗教信仰，但是他们在宗教信念上却发生了微妙的变化，由等待救赎走向积极救赎之路；②他们虽然坚守着清贫的生活观，却由弃绝世俗生活逐步走入世俗生活之中，他们所坚守的是努力克服追求奢华、奢靡的生活方式，他们所达成的是勤思勤劳的优秀品质，他们关于人之生命本质的宗教信念很自然地转换成了关于人之生活的伦理态度；③他们弃绝世俗的宗教伦理观逐步衍化成融入、促进甚至革新世俗的伦理态度，他们由自我灵修的隐士逐步发展成为西方广大民众生活态度的导师；④他们也将活动领域逐步延展到、甚至是创造了除政治领域之外的社会文化生活的诸多方面，无论是作为人类谋生手段的物质生产活动，还是作为人类图谋发展的教育和科学技术领域的文化生产活动。其属灵需要和获得救赎的宗教目的，客观上却促进了人类的文明进步和文化发展，成为西方文明、文化乃至人类文明、文化十分重要的创造者和引领者。

更为重要的是，在长达千年的中世纪西方基督教世界，教士阶层是知识分子中最有知识也最基本的群体。在那种异常保守的宗教教义、神学以及亚里士多德主义统治的时代，如果没有清教主义者知识分子中的怀疑主义、理性主义、自由主义和自主精神，如果没有那些敢于心存炼金术“异端”梦想的清教主义基督徒的实验实践，启蒙运动能否发起，近代科学革命何时发生，都是大疑问。毕竟，中世纪基督教世界理性精神和实验精神的真正拥有者都是清教主义者。

第四章　文艺复兴时期的数学与实验的维度和实验科学的兴起

文艺复兴时期既是一个思想和社会大转变时期，也是科学的实践维度或实验科学逐渐受到关注的时期。[①] 西方基督教世界 15 世纪和 16 世纪的文艺复兴运动，是一个在观念和实践上都非常庞杂而且变换剧烈的运动。文艺复兴时期的人文主义运动最根本的贡献是打破了中世纪知识分子在智力生活上理性主义的一统局面。虽然在直接意义上，文艺复兴的人文主义者对于科学和技术几乎毫无贡献，但是这种变换剧烈的运动带来了关于世界和人的观念的重大变革，也夹杂着工匠实践和工具仪器发明，夹杂着人们对博物学传统的嗜好。文艺复兴造成西方人非常积极地与自然“搏斗”。正是在这种形形色色的实用数学和应用技术的理论建构进路中，对于事物的数量化描写逐渐地取代关于事物定性描写的主导地位。而且，从那种中世纪早期类似于修道士的仅仅满足于精神上的沉思或者反省的知识分子中，逐步地分离出一批与自然积极接触的思想者和实验家。吴国盛指出：“就科学史而言，这次的复兴在于更全面地恢复了古希腊自然哲学的整体面貌，在于柏拉图主义重新支配了研究自然的学者们的思想，以对抗已占据统治地位的托马斯-亚里士多德主义。这一时期航海罗盘、钟表、枪炮、印刷术等的出现，以及美洲的发现，都为科学革命提供了合适的气氛和时代背景。人们即将从古代的知识范围里走出来，去探索无限的宇宙。”[②] 总体而言，文艺复兴运动对于近代科学诞生的贡献是双重的：一是推进了数学知识的普及和研究；二是掀起了实验主义的潮流。

第一节　数学地位的提升和自然哲学的异化：实验主义兴起的前奏

仅在理论建构的意义上，从现代科学史家的立场看，近代科学的诞生是关于自然世界理论的数学化的结果，同时也是与传统哲学（甚至自然哲学）纯粹形而

---

① 李醒民：《科学的文化意蕴——科学文化讲座》，北京：高等教育出版社，2007 年第 1 版，第 225 页。

② 吴国盛：《科学的历程》（第二版），北京：北京大学出版社，2002 年第 1 版，第 21 页。

上学范式相分离的结果。关于宇宙的数学化新观点和对于自然世界研究的自然哲学新进路，典型地出现在文艺复兴时期西方人的智力生活中。此际西方人对于数学的重视，是将数学与生活的特定实用方面联系在一起的，而且在文艺复兴时期的西方社会中变得越来越重要。

一、实用数学的复兴：实验主义兴起的先导

文艺复兴之前，数学地位较为卑微，数学被与魔法相提并论。在中世纪，数学和魔法这种非哲学进路，被认为不是自然哲学的合理部分，它们在多数时候都独立于自然哲学，由彼此独立、互不联系的人群所从事。人文主义者对于有用知识的强调，既模糊了数学与魔法的区别，也模糊了与自然哲学的区别。①

作为肇始于12～13世纪大翻译活动的延续，通过15～16世纪人文主义运动的努力，更多的古代文本变得比较容易得到了。随着远东与西欧陆地和海上贸易路线的建立，关于科学和技术的新概念由东方向西方传播。而且从东方引进了印刷术和造纸术这两个古代中国发明的最重要的技术；15世纪中叶这种技术改造，为书籍和阅读材料提供了基本物质资源。这些东西在此前一直是教士和富人的专权。这种知识范围的扩张，既激发了读写能力，更是加速了知识复兴的步伐。到16世纪时，欧洲已经印刷了上万种书籍。这些以本民族语和拉丁语印刷的书籍，在已经处于向文艺复兴过渡当口的平民中找到了善于接纳的阅读者。知识信息的交换变得既容易又迅速。

在印刷术的帮助下，从欧洲修道院图书馆发现的修道士们保存下来但没有阅读过的许多古代文本，在欧洲非常容易地传播开来。这一时期的人文主义者使得西欧拥有了关于亚里士多德和柏拉图（此际主要由于《蒂迈欧篇》而著称），以及关于来自毕达哥拉斯派、原子论、怀疑论、斯多葛、新柏拉图主义和其他传统文本的原始古希腊版本（虽然其中一些后来被发现并不是完全可信的）。同样，在纯粹数学和应用数学中，欧几里得、阿基米德、托勒密和许多其他古希腊作者的著作要么在欧洲成为著名的，要么首次以未被断章取义的样式出现。这些对于西欧科学活动的冲击力无疑是巨大的。

约翰·洛西说："对一个科学家来说，从兴味索然的立场出发去探索自然界也许是不可能的。即使他没有什么别的企图，他还是可能用一种独特的方式观察自然界。'毕达哥拉斯主义倾向'就是观察自然界的一种方式，它在科学史中有很大影响。有这种倾向的科学家认为，'实在的东西'是自然界中存在的数学和谐。忠

① John Henry，The Scientific Revolution and the Origins of Modern Science，Hampshire：Palgrave，2002，12，13.

诚的毕达哥拉斯主义者深信，这种数学和谐的知识是洞察宇宙的基本结构的知识。”[①] 毕达哥拉斯主义（或者在柏拉图主义中蕴涵的毕达哥拉斯学派的数学和谐理想）的复兴，是西方科学史上的一个重要环节，无论是从数学范型、美学价值、伦理秩序等诸多方面都具有某种理念上的独特的框定作用。这种理念或者信仰在作为一种（宇宙或者自然的）理论建构的规范方面，无疑限定了西方后来近代科学革命中理论范式在数学理想上的基本样态。

不过，文艺复兴时期复兴的数学，并不仅仅是纯粹的数学理论，更重要的是比中世纪“混合数学”更加广泛的实用数学实践。文艺复兴时期对于数学的新使用——不仅用来描述而且用来解释物质世界的运行——不是仅限于天上物质。贸易的增长、殖民的开始和相伴随的探险的动力，意味着类似于航海、测量和制图的实用数学技术逐渐重要起来，这吸引了领军知识分子的兴趣，并使一些较卑微的从业者提高了他们的社会地位和智力地位。可以被再划分为静力学、流体静力学和运动学的（地上）力学等数学科学在这个时期也经历了较大变化。诸如此类的变化，只有将技术发展与数学家的社会角色的重大变化一起考虑时才可以理解。战争中的革新，尤其是应对火炮围攻的独特设计，炮兵防御堡垒，以及各种民用工程方案，如土地开垦、运河开凿，甚至为了财政目的的勘测，这些被视为不仅是近代早期欧洲数学家地位提高的主要原因，而且是贵族阶层成员对数学兴趣提高的主要原因。[②]

对于文艺复兴时期数学的普及和发展来说，实用技术（或者实用技艺）具有导引作用，而且这种导引作用是双向的、相互激发推进的：一方面是技术（或者技艺）导引社会倾向——尤其对于特别看重经济、军事等“力量”的政治家和工商业者；另一方面是社会需求对于技术（或者技艺）活动具有导向作用。实用目的主要指向产品开发，但也间接地促进甚至引发发明者对一些理论问题的关注和思考，也带来“新的”现象，以至新的（对于理论建构的）智力旨趣或者（具有认识论-方法论意味的）理论志趣。这种旨趣反映了技术（或者技艺）从业者对数学化和基础理论的需要，从而也是赞助者的需要，因而导引从业者的研究领域和研究方向，导引赞助者来赞助基础研究，这在某种社会氛围的意义上具有双重作用。从业者的志趣和赞助者的意愿和经济支持十分重要，这种情况在后来乃至当代是显而易见的。

---

① 约翰·洛西：《科学哲学历史导论》，邱仁宗、金吾伦、林夏水译，武汉：华中工学院出版社，1982年第1版，第18页。

② John Henry，The Scientific Revolution and the Origins of Modern Science，Hampshire：Palgrave，2002，22.

接着数学家兴起的是数学的兴起：随着数学家越来越有权威，数学方法对理解自然越来越有说服力。数学家开始获得从前只留给自然哲学家的认知权威。数学家获得这种新权威的一个方法是通过声称数学知识的确定性。但是，在经院亚里士多德传统的统治下，自然哲学的权威主张是基于被认为是显而易见的、不可否定的关于经验的真理。数学家为了确立他们理解世界进路的有效性，就得确立让大家赞成的新标准、关于权威的新原则。由此，数学从业者成为实验主义新趋势的重要贡献者。

虽然数学科学在实验方法形成中角色的确切性质还未被历史研究所确立，但毋庸置疑的是，在实验方法的确立中，数学从业者起了重要作用。测量和量化在改变知识性质中起了重要作用。亚里士多德自然物理学考虑的是定性而不是定量。在这种定性事业中，不要求对物理现象的精确测量。数学家如果想表明他们外表上抽象的科学对物理世界知识的相关性，他们就得证明存在需要从定量世界学习的东西。因此，不可避免地，精确测量被认为对数学家的成功越来越重要。测量要求精密的观察，有时需要特殊测量仪器的发展。像这样的发展不仅意味着数学的实际有用性可以延伸到超越有天赋的数学家构成的社会等级，而且意味着，对物理世界的精确观察和测量的重要性逐渐被认可为对于恰当理解世界万物至关重要。

文艺复兴时期，数学学科总是考虑实际的、有用的知识。在其定位上，从业者一般是经验主义者，他们检验他们的数学技术在实际世界中的应用。关于这一点，也许在试图利用发现磁性变化作为确定海上经度的手段这一事例中，是最清楚不过的。轮船在赤道北边或者南边的位置，很容易通过参照太阳或者星星来确定，但是在确定它在一个特定参照点东边或者西边的位置时，所有努力都告之失败。当人们认识到，磁针不是指向地球的北极，而是指向离北极一定距离的一个固定点时（后来发现位置是变化的），这似乎为这个问题提供了一个可能的解决方案。在所有这些努力中，有必要以水手的观察来检验计算。在一些重要情况中，对磁体及其行为的经验性研究在学术研究中也起了重要作用。数学从业者经常对他们的工作进行这种经验检验。鉴于此，数学传统应该被视为 17 世纪科学实验方法的一个主要来源。①

文艺复兴以降，用数学方法研究科学问题的趋势不断上升，这也是科学家不断努力的结果。1543 年，当阿基米德的力学著作被翻译出版后，对科学家产生了非常大的影响。接着，伽利略开创了将力学问题几何化的研究方法，他的后继者

---

① John Henry，The Scientific Revolution and the Origins of Modern Science，Hampshire：Palgrave，2002，33.

用数学方法计算出大炮具有最大射程时应被放置的角度，不过对其计算结果的检验工作留给了以后的实验。他们开创的这一重要方法论原则极大地促进了数学在科学研究中的应用，并促使哲学家进行反思：如何培养把科学问题转变成数学问题的能力。笛卡儿显然是沿着这种路线前进的，他坚信一切事物都可以从数学上加以说明。后来开普勒的工作较伽利略又前进了一步，他关心的只是如何抽象出天空中的数学比例，而不是天球的现实乐曲。相比之下，在伽利略身上依然可以见到把天空变换成圆球和球形关系的古老企图。开普勒的工作更进一步向人们展示了数学的重要性，人们看到，第谷·布拉赫（Tycho Brache，1546—1601）的观测资料只有在开普勒用他的数学眼光去看待时才能转化为无价之宝。在许多科学家的共同努力下，到牛顿时代，在科学中应用数学已经成为科学家不可缺少的手段，以至于牛顿在没有能够对“可以把天体质量看作集中在它的中心”这一猜测进行数学证明之前，宁愿不要发现的优先权也不肯发表他的研究成果。

二、工具量值与运行规律的一致性：实用数学领域的工具——实验主义

数学本身在传统上与诸如土地测量或者建筑城堡这些实际努力相联系，这两门学科与天文学和力学一样，都属于“混合数学”之列。后两者在文艺复兴时期极富实际重要性。天文学自从中世纪就由于在航海和占星术方面的用处而在拉丁欧洲被看重；而力学被看重，是因为它涉及机器，尤其是考虑使工作更容易的简单机器设计和技艺（如杠杆和滑轮）时。① 我们必须看到，观察和实验的理念对于实验主义的确立和发展固然重要，但是对于实验主义观念的强化和扩展来说，工具的发明及其使用的扩展尤为关键。

数学诸学科的实用方面从其开始就成为文艺复兴运动的一部分。在天文学领域，对于古代传统的恢复，并不仅仅是恢复托勒密的《至大论》体系，而且是要恢复古代天文学实践，在理论和观测上恢复托勒密传统。近代天文学家似乎必须拥有并难以割舍关于工具制造的工匠技艺。15 世纪中叶德国的格奥尔格·彪尔巴赫（Georg Peurbach）和约翰尼斯·雷乔蒙塔努斯（Johannes Regiomontanus，原名约翰尼斯·缪勒）都投身于工具设计，如前者的天文学和测量学使用的几何四分仪，后者的计时用的直线刻度盘。作为一位工具制造者，雷乔蒙塔努斯建立了自己的印刷所和工具生产工场。他在纽伦堡建立的观测台拥有传统的天文学工具，他出版的著作包括关于他设计的浑仪的小册子。

雷乔蒙塔努斯的实践兴趣被 15 世纪晚期和 16 世纪的一些数学家-工匠分享。

---

① Peter Dear，Revolutionizing the Sciences：European Knowledge and Its Ambitions，1500—1700，Hampshire：Palgrave，2001，78，79.

相似的职业形式被当时纽伦堡的一些重要人物追随。伯纳德·瓦尔特（Bernard Walther）和约翰尼斯·维尔纳（Johannes Werner）坚守雷乔蒙塔努斯在纽伦堡确立的传统。二者都积极投身于测量仪器的发展中，瓦尔特以类似于雷乔蒙塔努斯的工具建立了自己的观测台。维尔纳是一位工具设计者和制造者，也是数学科学书籍的作者和出版者。约翰尼斯·斯克奈（Johannes Schoener）是一位天文学家、印刷家、地球仪制造者和绘图者。拥有成功的商业事务的最早的纽伦堡制造者之一是格奥尔格·哈特曼（Georg Hartmann），他制造星盘、四分仪、地球仪、浑仪和钟表。有天赋的和富于革新的制造者很快在其他中心有所建树，如在奥格斯堡附近有伊拉兹马斯·哈伯梅尔（Erasmus Habermel）和克里斯多弗·斯克海斯西埃尔（Christopher Schissler）。因戈尔斯塔特（Ingolstadt）的数学教授彼得·埃普嘉（Peter Apian）也很快投身于工具的设计和制造，并且像雷乔蒙塔努斯一样拥有一家印刷所，而且他将天文学兴趣与制图兴趣结合在一起。将天文学兴趣与制图兴趣结合起来，埃普嘉并不是个例。杰玛·夫里希尔斯（Gemma Frisius）在鲁汶（Louvain）建立了天文学-制图学相联系的实用数学的第二中心，他编辑了埃普嘉《宇宙志》的流行版本。

第谷·布拉赫的工作是16世纪实用天文学的一个重要方面，他在丹麦的汶岛（Hven）上建立了为人瞩目的观测台，继续进行先前在纽伦堡构想的那种观察程序。第谷在1562～1575年这段时间的研究和旅行中，刻意使自己熟悉当时使用的工具和技术。实用方面是文艺复兴天文学的一个组成部分，第谷的成就无疑可被合法地视为它的巅峰。这种实用传统的重要性不仅限于天文学。同样的许多人出现在同时代的航海和测量学历史中。

数学技术向实用航海的渗透始于15世纪早期，当时，地中海之外和远离熟悉海岸线的探险航海给欧洲海员出了难题，找到纬度对于探索非洲海岸是必要的。天文学家早就熟悉地理纬度与天象之间的关系，这些关系被体现在诸如浑仪、星盘、赤基黄道仪（torquetum）和“旧的”四分仪便携式工具之中。天文学家提供了必要的规则和星表，他们的工具为了航海使用而被简化，以便生产专供海员使用的便携式四分仪、水手星盘和直角器（cross-staff）等航海工具。

对于航海而言，确定经度是一个更加困难的问题，16世纪的天文学手段和工具手段是难以解决这一问题的。即使如此，一些天文学技术还是被采纳，航海成为一门数学学科，海员依赖天文学家和工具制造者得到他需要的星表和工具。16世纪数学家也将其影响范围延伸到测量学，他们采取了一种非常相似的进路。在航海中部分地成功的进路在测量学中也被试用了：被改造的天文学工具适合了测量学的需要。同样的工具——四分仪、星盘和直角器——经由埃普嘉、杰玛·夫里希图斯（Gemma Frisitus）和英国人伦纳德·迪格斯（Leonard Digges）这些数学家改造并推荐给测量者。尽管测量学很不情愿归于几何学，实用数学家的雄心遭到普通测量者的抵制，但是一些数学家一直热衷于使得测量进一步数学化，并试图推动非常奇异的工具。测量实践还是被改革了，测量者接受了简单的经纬仪，还有少数其他的实用工具。到16世纪晚期，数学诸学科从业者感觉到自己的工作是一种兴旺事业的一部分，这项事业已经在一些领域中证明了自己并且准备向其他领域延伸。①

在16世纪下半叶，尤其是英国数学家，已经开始为他们的学科提出强烈要求，要使数学学科围绕它的实用维度而不是聚焦于书本上的哲学辩护。1570年出现了欧几里得《几何原本》的英译本，约翰·蒂（John Dee of Mortlake）在序言中赞扬数学学科在“公共生活和贸易中的”有用性。一些英国作者采用英语写作而不是拉丁语，将自己表现为具有实用的而不是思辨的倾向。实践趋向提升的数学知识并不简单地是功利的：它被伽利略提升到具有哲学的重要性。这意味着关于数学特点的重新评价，数学被认为对于真正理解自然特别重要。② 天文学、航海、测量学和制图学这些相关数学诸学科的发展，由于与传统自然哲学的相关性而促进了自然哲学的改革。

文艺复兴时期，实用数学中的发展比自然哲学中的智力转移要早。而且，它们与社会、经济和政治变化，如贸易的增长、探险的增长和殖民化的增长一起前行。数学家逐渐看到他们学科的特点是进步，它的技术能够被有益地应用到一些相关的被称为数学诸学科的实用学科中。凭着他们在航海、制图学和测量学中的成功，他们断言它的重要性与广泛传播的相关性。随着时间的推移，这些主张冲击了自然哲学，改革了的自然哲学在其新的方法论中采纳了实用的数学技术。③ 个中缘由是因为工具的大量发明和使用，不断地强化和普及了工具呈现的数量值与物理事物或者现象运行规律之间的一致性这种理念。

三、自然哲学的异化：从定性沉思到数学实践

文艺复兴时期，尽管在发展上数学诸学科与自然哲学是极大地分离的，但是，它们之间的张力和相互作用的领域也有所发展。随着时间的推移，数学家的雄心

---

① J. A. Bennett，The Challenge of Practical Mathematics. Stephen Pumfrey，Paolo L. Rossi and Maurice Slawinski ed.，Science，Culture and Popular Belief in Renaissance Europe，Manchester and New York：Manchester University Press，1991，177～181.

② Peter Dear，Revolutionizing the Sciences：European Knowledge and Its Ambitions，1500—1700，Hampshire：Palgrave，2001，79.

③ J. A. Bennett，The Challenge of Practical Mathematics. Stephen Pumfrey，Paolo L. Rossi and Maurice Slawinski ed.，Science，Culture and Popular Belief in Renaissance Europe，Manchester and New York：Manchester University Press，1991，176，177.

在延伸，不仅延伸到服从于数学技术和测量仪器的实践活动，而且延伸到自然哲学之中。17 世纪的典型特点是自然哲学中的深刻变化，以及赋予数学、机械装置和实验以特权之理论和方法的最终统治。在实用数学诸学科的早期扩张中，实用数学是机械装置与实验相结合的象征，工具则是数学学科的唯一象征，后来数学作为工具也扩张到自然哲学领域。

在数学学科与自然哲学之间至少有两个重要的交叉领域。首个交叉是天文学数学学科与关于天空的自然哲学之间的疑难关系。数学家所给出的详细的和预言的几何学描述，与自然哲学家的定性宇宙论探讨的是同样的主题，它们往往是矛盾的。到文艺复兴时期，这个疑难已经有很长的历史，也有由职责分离所达成的解决方案。适合于物理宇宙论与适合于数学天文学之间的问题划界被很好地理解，而这些科目基于几个非常基本的共同前提而共存：如处于中心的和静止的地球。当数学天文学甚至对这些假定投下怀疑时，整个关系问题就又被提出，因为，可能需要关于天空的一种新的自然哲学以与新的数学学科相匹配。

数学学科与自然哲学的第二个交叉领域出现在天文学以及与之相关联的航海这门数学学科领域。科学实践新模型——数学建模——将与物理解释相联系。由此，当它的公设具有关于地球和行星之本性的含义时，天文学蚕食了自然哲学，这种情况已是当代人显而易见的；而航海学科也一样，当它涉及关于地球磁性的研究时，也蚕食了自然哲学。

如本章本节第一节所述的海上经度测量问题，由于此际的学者认识到磁的变化在不同位置可能不同，这导致 16 世纪早期引入一种专门化的航海工具：磁差罗盘。这样就能够测量地域差异和纬度，进而就能够确定经度。在英国，这种方式引起大量推测和研究，这些推测和研究有着自然哲学意涵，但仅在数学从业者共同体内继续进行。这种研究从技术实践获益，如数学的应用和工具的使用，而问题本身来自实用经验。从一开始，正如它们已经影响了航海图的形态那样，实用的和经验的考虑就为地磁研究确立了基础规则。

这种风格最著名的早期著作是罗伯特·诺曼（Robert Norman）1581 年的 *The Newe Attractive*（《新的吸引物》）。诺曼尤其关注"磁倾角"，这对于他这个罗盘制造者来说是个现实烦恼，因为很难使罗盘指针停留在水平位置。他的著作描述了关于磁倾角的实验研究。诺曼坚持认为，经验是理性的引导，并且他的结论建立在"确切的试验和完美的实验"之上。他进行实验的一个例子是在一台优良的金制天平上称量一块被磁化之前和磁化之后的钢，1668 年罗伯特·胡克在皇家学会重现了这个实验。

诺曼在其著作的前言中强烈地肯定，他和他的同辈虽然是"没有学问的机械师"，但在数学诸科学的项目中却会起到重要作用。实用数学家的情形和关注将使他们接受通过实验获取稳妥自然知识的观念。而且，诺曼在其实验的自然哲学中应用了数学从业者的典型工具。工具先前被限于实用数学，但是诺曼通过将星盘背面刻度与一个水平地回转的磁针结合设计并制造了一个倾角圈。自然哲学的工具恰当地吸引了17世纪实验哲学史家的注意力；它们是关于自然世界的一种新态度的强有力象征。①

一种相似的进路可在与《新的吸引物》一起出版的威廉·博鲁赫（William Borough）的补充性著作《论磁针差异》中找到。其中，磁差罗盘被用作一种研究的、自然哲学的工具，而不是为了纠正操舵罗盘的装置。这种进路扩散到其他类似书籍中。这样的著作确立了关于地磁问题实验的和工具的进路，这种进路来自实用数学诸学科的本性和方法，由于这些问题来自航海船舶，其研究也就很难说不是以经验为基础的。威廉·吉尔伯特（William Gilbert，1544—1603）在他1600年的《论磁》中正是继承了这种进路，它成为影响英国实验的自然哲学实践的范型。②

迪尔（Peter Dear）指出，作为数学实践与自然哲学混合的典型，吉尔伯特《论磁》的几个方面值得注意。首先，吉尔伯特蔑视现存的亚里士多德学问。他旗帜鲜明地反对传统，他提出通过对事物本身的第一手考察来获得关于自然的真理。其次，《论磁》的许多自然哲学内容归功于16世纪魔法或者泛灵论传统的作者，尤其是吉罗拉莫·卡尔达诺（Girolamo Cardano）。吉尔伯特不仅视地球为一个巨大磁体（这本身就是一个贡献），而且认为在某种意义上是活的和自我移动的，即使不是围绕太阳，至少也是围绕自身的轴。最后，吉尔伯特关于磁的性质和行为的论述进路，既是得益于实验的——包括对磁性的仔细检验，又更多地得益于海员的经验知识。水手在航海罗盘应用中积累的经验，为吉尔伯特提供了大量概念、工具和磁性表述，他在实验研究中使用和检验了这些东西。吉尔伯特注意到，人们对于自然事物可悲地愚昧，近代哲学家就好像在黑暗中做梦，必须被唤醒并教会他们对于实物的使用，教会他们处理事情；他们必须放弃仅仅来自书本的和仅仅基于从可能性和猜想的徒然论辩的那种学问。③

因此，航海、经度和地磁学在数学学科与自然哲学之间形成一个汇合点、一

---

① J. A. Bennett，The Challenge of Practical Mathematics. Stephen Pumfrey，Paolo L. Rossi and Maurice Slawinski ed.，Science，Culture and Popular Belief in Renaissance Europe，Manchester and New York：Manchester University Press，1991，185～187.

② J. A. Bennett，The Challenge of Practical Mathematics. Stephen Pumfrey，Paolo L. Rossi and Maurice Slawinski ed.，Science，Culture and Popular Belief in Renaissance Europe，Manchester and New York：Manchester University Press，1991，187，188.

③ Peter Dear，Revolutionizing the Sciences：European Knowledge and Its Ambitions，1500—1700，Hampshire：Palgrave，2001，55，56.

个交叉点，它被理解为与那个时期迫在眉睫的实用问题相关。这个交叉点继续吸引与17世纪英国数学诸学科中心格雷沙姆（Gresham）学院相联系的实用数学家的兴趣。随着世纪进程，与这个学院相联系的后继团体的兴趣，从实用数学起点逐渐转向自然哲学，直到“自然知识的提升”成为皇家学会的主导性关注。

当持久的改革在自然哲学中确立时，它突出的特点的确与数学学科紧密相关。它基于数学和机械因果性，它被实验地实施，并且声称不承认不基于实践的成果。关于自然新的实验和机械的进路，被先前完全与实用数学相联系的工具使用强有力地唤起。[①] 并且，从一种基于文本的自然哲学到一种基于经验的自然哲学的转换，可看做是关于将权威置于何处的更广泛争论的一部分。[②] 这为自主、自由的科学学术活动，无疑奠定了客观基础。

四、绘画艺术领域的数学实践

在文艺复兴时期，由于画家们受到复兴的古希腊哲学的影响，也由于他们在描绘现实世界时追求逼真的绘画创造，从而对数学产生了浓厚兴趣。此时的画家完全熟悉而且满脑子都充满这样的信念：数学是真实的现实世界的本质，宇宙是有秩序的，而且能按照几何方式明确地理性化。因此，文艺复兴画家的典型特征是，朝向写实主义方向前进，而且积极运用数学技术。如克莱因所言：“画家们意识到，中世纪绘画脱离了现实和生活，应该有意识地修正、克服这一倾向。”[③]

文艺复兴时期，艺术与中世纪的本质区别是，在绘画中处理空间、距离、体积、质量和视觉印象时引入第三维。这种通过光学系统表达方法得到的几何学技巧，是在14世纪初叶由杜乔和乔托发现的。用这种技巧所作的油画作品非常简单对称，景物轮廓线条成对地聚敛收缩，因而使人产生一种深度感；位于同一水平面上的景物，由于都是画在其他几层景物之上而具有层次感。这种具有自然主义画法特征的描绘景深方式就是所谓的梯形透视，这种画法在14世纪已是非常普遍。而且，杜乔“最后的晚餐”（The Last Supper）呈现了被后来广泛地运用于刻画景深的垂直透视法（或者轴向透视法），尽管他在处理整幅画面时不太系统也不太一致，在新画法的使用上还不太娴熟。

---

① J. A. Bennett，The Challenge of Practical Mathematics. Stephen Pumfrey，Paolo L. Rossi and Maurice Slawinski ed.，Science，Culture and Popular Belief in Renaissance Europe，Manchester and New York：Manchester University Press，1991，188，189.

② Stephen Pumfrey，The History of Science and the Renaissance Science of History. Stephen Pumfrey，Paolo L. Rossi and Maurice Slawinski ed.，Science，Culture and Popular Belief in Renaissance Europe，Manchester and New York：Manchester University Press，1991，48，49.

③ M. 克莱因：《西方文化中的数学》，张祖贵译，上海：复旦大学出版社，2005年第1版，第125，126页。

作为近代绘画之父的乔托，在他的创作过程中直接运用视觉印象的空间关系，因此他的作品近似于照相机。他的画中的景物具有厚度感、空间感和生命力。他的田园般风景画将各种景物均衡地分配在画面上，以眼观愉悦为原则进行构图。他是光学透视发展进程中的关键人物。不过，仅就绘画技巧和观念方面的进步，则应归功于安布罗焦·洛伦采蒂。在洛伦采蒂身上，我们已经看到了文艺复兴时期的艺术家们在引入数学透视体系以前所能够达到的最高水平。

在绘画理论方面，绘画作为一门学科是由布鲁内莱斯基（Brunelleschi）创立的，1425 年他建立了一个透视体系。阿尔贝蒂（Leone Battista Alberti）的第一本著作《论绘画》（*della Pittura*）于 1435 年出版。阿尔贝蒂在这篇关于绘画的论著中说，做一个合格的画家，首先要精通几何学，学习这门艺术要借助于推理、掌握条理秩序，并且只有通过实践才能把握它们。就绘画所关注的问题来说，阿尔贝蒂坚持认为，借助数学的帮助，自然界将变得更加迷人。为了实现这个目的，他主张利用数学透视体系。在 15 世纪绘画学科领域最重要的透视学家，同时也是 15 世纪最伟大数学家之一，是彼埃罗·德拉·弗朗西斯科（Piero della Francesca）。在《透视绘画论》（*De Prospettiva Pingendi*）中，尽管他采用的方法与阿尔贝蒂的稍微有些不同，却极大地丰富了阿尔贝蒂的学说。在这本书中，他开始利用透视法来绘画。在其后半生的 20 年时间，他写下了 3 篇论文，试图证明利用透视学和立体几何原理，可见的现实世界就能够从数学秩序中推演出来。[①]

对于透视学发展做出最大贡献的是里奥纳多·达·芬奇（Leonardo da Vinci）。通过广泛而深入地研究解剖学、透视学、几何学、物理学和化学，他为从事绘画做好了充分的准备，使他那扣人心弦的作品中的人物，具有难以置信的形体魅力和无可比拟的聪明才智。他对待透视学的态度可以在他的艺术哲学中看出来。他用一句话揭示了他的《绘画专论》（*Trattato della Pittura*）中的思想："欣赏我的作品的人，没有一个人不是数学家。"他坚持认为，绘画的目的是再现自然界，而绘画的价值就在于精确地再现。[②]

克莱因指出："15 世纪时艺术家们终于认识到，必须从数学上对透视问题进行研究，而几何就是解决这一问题的关键。这种认识通过研究古代透视方面的著作而得到了强化，古代透视学与古希腊和罗马艺术紧密相连。当然，新方法更为主要的是受到了渴望描述真实世界这一愿望的刺激。最为根本的目的，则是把握

---

① M. 克莱因：《西方文化中的数学》，张祖贵译，上海：复旦大学出版社，2005 年第 1 版，第 128～132 页。

② M. 克莱因：《西方文化中的数学》，张祖贵译，上海：复旦大学出版社，2005 年第 1 版，第 132 页。

空间结构和发现自然界的奥秘。这是文艺复兴时期哲学的一种信念，数学是探索自然界的最有效的方法，而且终极真理的表达方式就是数学的形式。这些艺术家们在他们的创作中，运用独特的技艺去展示自然界，他们具有与那些借助于数学、实验方法而建立起现代科学的研究者们十分相似的精神气质和研究态度。事实上，文艺复兴时期的艺术，被认为是一种知识和一门科学。它包括 4 种柏拉图式的'艺术'形式：算术、几何、声学（音乐）以及天文学。人们希望将几何应用于具有较高层次的知识领域。在科学的透视体系的发展过程中，一个同样吸引人的目标就是建立绘画艺术的统一性。"[①]

克莱因还指出："公正地说，15 世纪和 16 世纪早期几乎所有的绘画大师，都试图将他们绘画中的数学原理与数学和谐、实用透视学的特殊性质和主要目的结合起来。西纽雷利（Signorelli）、布拉曼特（Bramante）、米开朗琪罗（Michelangelo）和拉斐尔（Raphael），以及许多其他人对数学都有着浓厚的兴趣，而且力图将数学应用于艺术。""全然为了精确的绘画而利用数学，与数学是现实的本质这种哲学观念，仅仅是文艺复兴时期的艺术家寻求利用数学的两个原因。除此还有另外的原因。中世纪晚期和文艺复兴时期的艺术家，也是他们那个时代的建筑师和工程师，因此他们必然地爱好数学。商人、世俗王侯、教会人士把所有的修筑问题都交给艺术家。""文艺复兴时期的艺术家是最优秀的实用数学家，而且在 15 世纪，他们也是最博学、多才多艺的理论数学家，这样说一点也不夸张。"[②]

第二节　亲近自然：工匠实践的知识分子与实验主义的兴起

经验的认知类型对于喜欢沉思的古希腊人是异己的，原因是当时沉思的态度占统治地位，厌恶那些具体的东西。[③] 中世纪虽有一些实践，但主流文化是对宗教信仰的理性论证。文艺复兴学者却强调经验在知识基础中的重要性。文艺复兴学者对于杰出工匠实用知识越来越强的意识，是实验方法发展中的一个主要因素。有的历史学家试图主张，实验方法是由工匠发展的。[④] 在某种意义上，近代意义上

---

① M. 克莱因：《西方文化中的数学》，张祖贵译，上海：复旦大学出版社，2005 年第 1 版，第 131 页。

② M. 克莱因：《西方文化中的数学》，张祖贵译，上海：复旦大学出版社，2005 年第 1 版，第 126，133 页。

③ 李醒民：《科学的文化意蕴——科学文化讲座》，高等教育出版社，2007 年第 1 版，第 223 页。

④ John Henry，The Scientific Revolution and the Origins of Modern Science，Hampshire：Palgrave，2002，34，35.

的科学是于16世纪从三个社会集团的结合而出现的：提供文学传统的文学人文主义者；提供逻辑和数学传统的亚里士多德式经院学者；提供实践的经验和应用传统的经验的艺术家-工程师。[①] 从现代人的观点看，实践维度的实验技能、实验工具和实验理念，对于近代科学的诞生都是不可或缺的关键环节。这种知识社会学或者技术社会学的维度，是我们考察西方近代科学诞生时必须关注的重要方面。

一、工匠地位的提升和知识阶层的异化

在14世纪的时候，中世纪观念已经开始衰落，一些新的力量逐渐显现出来。商人阶级的崛起打破了中世纪社会的封建结构，更加先进的攻击性武器则打破了贵族城堡的防守优势，商人阶级与君主开始联合起来反对那些无法无天的贵族。到15世纪时，随着世俗王权的扩张和生产力的发展，西方社会的主要生产阶层已经不是以往的农奴阶级，而是不断增大的自由劳动者阶级和自由手工业者阶级。由于渴望从劳动中获利，劳动者与支付工资的雇主们一起积极寻求节省劳动的新办法，因而提高了人们对机械、原料和大自然的兴趣。来源于手工业者的重大实用发明，其数量之多，超出了人们的想象。艺术家则投身于为教会、王权或者贵族设计建造教堂、医院、皇宫、修道院、桥梁、堡垒、水闸、运河、城墙和战争器械。从达·芬奇的笔记中可以找到大量的诸如此类设计的图纸。他曾服务于米兰城的统治者拉多瓦·斯福尔扎（Lodovico Sforza），不仅作为一位建筑师、雕刻家、画家，而且还作为一名工程师、军事工程建造技师和战争武器专家为其服务。[②]

文艺复兴期间，人们的观念发生了巨大变化，从体力劳动被视为一种对人的蹂躏的观念，转向一种关于自然和价值来源的新观念：上帝的善在人的劳动成果中得到复写；劳动“扩大并改变”了自然的价值，羊毛变成了布匹，草地变成了房屋。而造纸术和活字印刷术则为人们的思想插上了飞出种族和宗教禁锢的翅膀。

萨顿指出：“工业的需求常常对科学提出新的问题，因此我们说工业指引了科学的进步。另一方面，科学的进步不断导致新工业的诞生或者给老工业带来新的生命。这就使得科学史与技术史经常交织在一起，把它们彼此分开是不可能的。”“技术发明恰恰更是每天由工业的需要决定。”“商业的需要也会影响科学的发展……许多天文学发现的完成和不同的重量、长度测量系统的创造，很大程度上也是由于商业的需要。”[③]

---

① Robert N. Proctor，Value-Free Science?：Purity and Power in Modern Knowledge，Cambridge：Harvard University Press，1991，23.

② M. 克莱因：《西方文化中的数学》，张祖贵译，上海：复旦大学出版社，2005年第1版，第100，126页。

③ 乔治·萨顿：《科学的生命》，刘珺珺译，北京：商务印书馆，1987年第1版，第32，33页。

在这种新的社会变革浪潮中，工匠和艺人的地位得到提升，动手操作不再被视为卑微下贱的行径。工艺技能向学问领域的合并，不仅仅呈现为一种新职业的创造，也呈现为近代人的本体论转变。如果说，对于古人，哲学的中心问题是存在，那么对于近代人，中心问题则是制造。以至于乔治·桑塔亚纳（George Santayana）争论说：菲利波·布鲁内莱斯基（Filippo Brunelleschi）的佛罗伦斯大教堂穹顶的设计和建造，标志了近代科学的开始，因为正是在15世纪80年代，人类第一次证明大块石头将准确地按照数学家所说的它们将是的样子表现自己。[①]

这种技术决定论不无道理。对于社会等级森严、社会群体隔绝的社会来说，脑力劳动与体力劳动的割裂是再明显不过的，因此，无论是作为奴隶还是作为自由民的工匠-艺人与知识分子之间的区隔是再普遍不过的。我们可以设想，对于作为自然科学的实验科学性质的近代科学来说，仅凭远离自然的玄思，哪怕是基于数学理想的玄思，缺乏对于自然现象的细微观察和确切了解，它就能够得以诞生，这是难以想象的。这种知识社会学考量，也许是破解类似于李约瑟（Joseph Needham）难题的一个重要维度。萨顿说，文艺复兴运动的技术基础常被忽略，因为我们的历史学家都是文人，他们对于工艺技巧丝毫没有兴趣。即使是艺术，吸引他们注意力的也是思想和最终成果，而不是制作过程和技术。他们中有许多人轻视工艺，认为是雕虫小技。这种狭隘的观点当然不能使他们掌握思想与技术及科学与艺术的根本性的结合。[②] 对于工匠式的动手劳作，文艺复兴时期意大利的“哲人-工程师”通过将工程和力学工作与阿基米德的名字相联系来颂扬它。[③]

早期的科学史家细致地在艺术和工艺，即在盛行的工匠技术中，寻找科学合理性的来源。他们坚持认为“实验方法”是从文艺复兴时期的艺术中显现的，文艺复兴时期“实验的”伟大艺术是两种元素独特混合的孩子：西方艺术家基于工匠技艺的经验技能，和他们历史地社会地决定的理性主义者雄心。他们通过将艺术提升到“科学”层次来为他们的艺术寻求永恒的意义，为他们自己寻求社会声望。相似地，李约瑟及直到现在的许多科学史家继续将各种形态的实验主义归于工艺甚至艺术。[④] 对于理解自然的实验进路还有解剖学和生理学等其他来源。[⑤]

---

① Robert N. Proctor, Value-free Science? Purity and Power in Modern Knowledge, Cambridge: Harvard University Press, 1991, 23, 24.

② 乔治·萨顿：《科学的生命》，刘珺珺译，北京：商务印书馆，1987年第1版，第69页。

③ Peter Dear, Revolutionizing the Sciences: European Knowledge and Its Ambitions, 1500—1700, Hampshire: Palgrave, 2001, 52.

④ Toby E. Huff, The Rise of Early Modern Science: Islam, China, and the West, Cambridge: Cambridge University Press, 2003, 90, 91.

⑤ John Henry, The Scientific Revolution and the Origins of Modern Science, Hampshire: Palgrave, 2002, 37.

在文艺复兴之前的西方世界，看重实践和观察的外科医生显然不同于“内科医生”。在古罗马、中世纪伊斯兰世界和中世纪西方世界，“内科医生”或者“内科医师”是真正的“医生”概念，而外科医生更像工匠，并且与工匠——理发师和屠夫——紧密联系在一起。然而，关于人体生理知识和对人体器官病变的医治，紧紧依靠形而上学推测，无论是在医学知识累积和进步的意义上，还是在医疗实践上其局限性是显而易见的。医学的真正进步，必须拥有对人体生理知识的全面系统的真实把握，因此实实在在的观察（解剖以及其他手段）和实验（特别是在医疗的意义上）是必不可少的。

尽管科学史往往充满讽刺意味，但很少像这个事实这么古怪：将近1400年，一部关于人类解剖的著作统治着医学研究，它是被一个显然从未解剖过人体的人写的。直到16世纪，古希腊医生盖伦仍然是关于解剖问题的杰出权威。当古代盖伦和其他人的错误仍然是医学教条时，比利时的安德里亚斯·维萨留斯（Andreas Vesalius，1514—1564）发展出对于解剖学的极大兴趣。他很早就开始质疑盖伦。维萨留斯很幸运，市政当局给了他被处决的罪犯尸体，他开始自己进行解剖。随着他把这个地区的歹徒尸体切成碎片，维萨留斯反驳了盖伦的许多猜测，包括他猜想的血液从右心室流到左心室。对盖伦的进一步打击发生在50年后。哈维证明了血液在体内循环，它由心脏抽吸。[①]

哈维的进路将生物学从仅仅基于观察和推测的理论转向了基于实验材料的理论。这样，他就将定量推理过程引入生物科学领域。17世纪显微镜的细微改良，增长了人们对生物系统微观自然研究的兴趣。大约在1668年，卢文豪克（Anton van Leeuwenhoek，1632—1723）使用放大潜力高得多的显微镜，观察到毛细血管中血液细胞的移动。这些实验将最终确认哈维关于血液循环系统的结构理论，并且意味着统治千年之久的盖伦概念的结束。在哈维开拓性探索的基础上，后来的发现将促进医学和生命科学研究中新方法的发展。[②]

甚至晚到17世纪以降，持久的四种体液古代观念仍然统治着西方世界的医学理论。但是，革新家们在逐渐地削去传统。16世纪最成功的人之一，也是最有特色的是帕拉切尔苏斯（Theophrastus Paracelsus，1493—1541），他是一位瑞士内科医生和炼金术士。作为一名矿区内科医生，他观察了多例肺病，逐渐拒斥一切疾病都是由体液失衡引起的观念。他相信，疾病是外力的结果，这些力量进入人体并由“archeus”（原型）或者种子生长出来。对于他，人体是一个化学系统。

---

① Curt Suplee，Milestones of Science，Washington D. C.：National Geographic Society，2000，74.

② Michael Windelspecht，Groundbreaking Scientific Experiments，Inventions and Discoveries of the 17th Century，Westport，Connecticut：Greenwood Press，2002，25，26.

他认为，每种疾病都有一种具体的化学原因和一种相应的化学治疗。他开拓了许多实践领域，比如人工制备药用复合物，这种路向吸引了人们的注意力并促进了进一步的实验。另一个有影响的医学开拓者是意大利的桑克托留斯（Sanctorius）。他以他的朋友伽利略的方式仔细收集实验纪录，在很大程度上帮助形成了关于生理学的近代观念。他设计巧妙的方法来跟踪温度和脉搏速率。他的经验方法论在几百年之后仍然被使用。①

简略地说，文艺复兴对于近代科学的根本贡献就在于，知识分子伏下身去亲近自然。萨顿说："一个人真要有所创造，最好不过的办法就是回到大自然去，揭开她的某个奥秘。文艺复兴如果只是简单地回到古代，就不是一场真正的革命；远不止于此，文艺复兴是回到自然。世界原来一直像女修道院中的花园那样玲珑美丽，幽锁禁锢。突然间，它开放而成为无限的了。这一切逐渐向人们——最初人数很少——表明：世界并不是封闭的、有限的，而是无限的，充满活力的，处于永恒变化之中。无所不包的知识被推翻了，所有的道德和社会价值也都发生了变化，这是一种自然的结局。人文主义者已经为此铺平了道路，因为古代典籍的发现加强了人类的批判观念，但革命本身却只能由实验哲学家完成。"②

二、艺术家-工程师：近代实验技术的先行者

在一些科学史家看来，近代科学起源的转折点是实践工艺和贸易技能与哲学和数学抽象原则，以及文艺复兴时期人文主义者文学技能的结合。中世纪行会的工匠几乎完全不识字，通过口口相传或者示范，技能从师傅传给徒弟。作为知识分子的首批艺术家-工程师（artist-engineer）工场，是由专门化的工艺工场而来的，这些工艺工场是为了建造哥特式大教堂而创建的。与在行会中革新不被赞许不同，在艺术家-工程师的工场中，革新随着这些独立企业竞相建造愈加美丽和复杂的大教堂而受到鼓励。在14世纪，随着技术革新越来越成为工艺师（craftsman）名气的一部分，建筑师和画家开始将他们的方法写下来以便在他们的同行中传播。③

第一部为人所知的一位艺术家-工程师的作品是法国建筑师维拉尔·德·奥内库尔（Villard de Honnecourt）大约从1235年开始写作的短文集，它是按当时技能和技术百科全书的形式写成的。正是在这些识字的工匠中间，人们发现了近代

① Curt Suplee, Milestones of Science, Washington, D. C.: National Geographic Society, 2000, 77.

② 乔治·萨顿：《科学的生命》，刘珺珺译，北京：商务印书馆，1987年第1版，第68，69页。

③ Robert N. Proctor, Value-free Science? Purity and Power in Modern Knowledge, Cambridge: Harvard University Press, 1991, 23.

关于科学进步的理想。知识或者技能的可完善性观念，是从技术改进的工艺理想概括出来的，并且首先是在军事工程师、建筑师、画家和实践数学家的著作中发展起来。进步的理想从先前截然不同的两种传统的联姻中浮现：人文主义的尽善尽美理想和通过试错法逐步提高的技术理想。人文主义者的理想，通过与工匠的方法和理想的结合而变成现实的；通过与人文主义文学传统的结合，工匠的观念变得系统了。[①]

罗素指出，在意大利人文主义思想中，更重要的是他们再次强调了毕达哥拉斯和柏拉图的数学传统。世界的数字结构又一次受到重视，并取代了亚里士多德传统。这些人文主义思想家往往是多才多艺的匠人，可能同时也是哲学家、诗人、画家和音乐家。[②]

16～17 世纪近代科学的兴起，是自然与艺术、理论与实践、数学诸学科与手工工艺之间关系发生根本变化的一部分。自然对于亚里士多德来说是创造自身的东西——它是本质的，与偶然的东西或者人类技巧的产物相对。随着 17 世纪科学的兴起，在更早的德国和意大利艺术家-工程师的著作中，这种本质主义的对自然恭恭敬敬的观点开始衰落。自然越来越被视为原材料，被视为等待人的技巧去改变的质料。人类的内在需求现在成为一种生产性需求。关于知识的新视界出现了，以统治自然的近代号令代替了超越或者逃避自然的古代号令。[③]

从此，基督教西方人关于宇宙的观念逐渐改变了，人在世界（或者宇宙）中的地位也改变了。随着机械自然观念的兴起，自然作为技巧产物的观念置换了古希腊人的理论理想。出自欧洲 15～16 世纪艺术家-工程师、文学人文主义者和学院学者的学问之合并的新理想，抛弃了古希腊传统的沉思理想，将实践的维度结合到对理论知识的追求中。机械观的科学思想隐含着，人们能够控制他们周围的世界；知识变得无法摆脱地与人的实践目的实现交织在一起。知识的这种实践视野在弗兰西斯·培根的哲学中得到最充分的表达。[④] 对工匠从业者工作价值的认识被认为是刺激培根这位最伟大的实验方法提倡者之灵感的一个主要源泉。[⑤] 只不

---

① Robert N. Proctor, Value-free Science? Purity and Power in Modern Knowledge, Cambridge: Harvard University Press, 1991, 23.

② 伯兰特·罗素：《西方的智慧》，崔权醴译，北京：文化艺术出版社，2005 年第 1 版，第 198，199 页。

③ Robert N. Proctor, Value-free Science? Purity and Power in Modern Knowledge, Cambridge: Harvard University Press, 1991, 21.

④ Robert N. Proctor, Value-free Science? Purity and Power in Modern Knowledge, Cambridge: Harvard University Press, 1991, 24.

⑤ John Henry, The Scientific Revolution and the Origins of Modern Science, Hampshire: Palgrave, 2002, 36.

过，培根并未意识到，“‘经验资料’本身却蕴涵着一种新的对理性的信仰。最终，‘数学理性主义’取代了形而上学思辨的理性主义。而在本质上，科学从那以后已成为理性主义的了”。而且，“科学的精神并不存在于孤立的观察、实验或规律之中。这种精神倒是可以在科学家所采取的一般观点中以及他们所应用的研究方法中看到。”[①]

三、以工具为中枢：文艺复兴工艺大师-哲学家-科学家的实验哲学

对于近代的科学革命来说，毋庸置疑，艺术家-工程师是实验主义理念的重要奠基者，也是实验主义物质基础——工具和仪器——的奠基人。但是，总体而言，艺术家-工程师创造性活动的旨趣和重心是新产品和新技术，他们关心的重点是应用技术发明和新产品的开发，一种新的知识体系的创造性发现或者发明，并不在他们考虑之中。因此，对于实验主义（哲学）的兴起，对于近代科学的兴起，艺术家-工程师的贡献存在很大的局限性。甚至，他们的贡献远不如自然魔法师、博物学家和探险家。个中缘由根本在于他们缺乏必要的关于自然的在总体上的理性架构——无论是科学的、哲学的还是魔法的。

因为，如巴伯所言，虽然“我们一直关注着把科学的起源置于经验理性之中”，但“在社会中，经验理性的形式有许多种，就是说，这些形式是通过历史的进程逐渐形成的。一些相对不发达的形式（我们可以考虑相对不发达的科学），受制于特殊的经验环境和相当特别的经验目的。这样一种科学‘并不与手工业相脱离’，它是粗浅常识的理性；它不是概括的或系统的。”[②]“经验理性如果达不到在概念框架上高水平的概括性和系统性，就会相当多地保持着专业化，囿于技术和手工艺之中。”[③]加斯东·巴什拉也指出：“实验是由问题的立场决定的，如果不把理性形式赋予实验，如果不经常求助于非常明确的理性建构，就会形成一种需要缓慢而艰巨的精神分析才能驱除的科学精神的无意识。”[④]

工具对于不同的使用者具有不同的价值，工具的发明或者制造对于不同的发明者或者制造者也意味着不同的价值意图。一位普通工匠或者普通艺人，对于光学仪器的发明或者制造显然不同于罗吉尔·培根和伽利略，甚至第谷与开普勒在天文观测和观测数据应用上的分野也具有同样的本质差异。对于实验活动来说也

---

① W. H. 沃克麦斯特：《科学的哲学》，李德容、王梅、刘绪平译，北京：商务印书馆，1996年第1版，第15，16，10页。

② 巴伯：《科学与社会秩序》，顾昕等译，北京：生活·读书·新知三联书店，1991年第1版，第11，12页。

③ 巴伯：《科学与社会秩序》，顾昕等译，北京：生活·读书·新知三联书店，1991年第1版，第41页。

④ 加斯东·巴什拉：《科学精神的形成》，钱培鑫译，南京：江苏教育出版社，2006年第1版，第39页。

是如此。因此，在实验哲学或者实验哲学架构的意义上，必须将近代科学革命的先驱从工匠、艺术家-工程师当中区隔出来，对于那些伟大的多才多艺的思想家，我们不妨给予他们以“工艺大师-哲学家-科学家”这样的复合名号。

在文艺复兴时期，通过磨制玻璃来制作光学镜片并不是一件新鲜事，早在希腊化时期就有这种应用技术。从1300年到1600年，有一些人推测并探索使用透镜来改进暗箱的可能性，在佩戴的眼镜中使用透镜来提高视力的可能性，使用凸透镜来制作显微镜和望远镜来放大物体的可能性。13世纪的罗吉尔·培根就已经发明了放大镜，并提出了带有透镜组合的一个工具设计方案，这些透镜可用来进行天空观察。而显微镜和望远镜的发明，都是在打磨镜片制造眼镜的技术完善之后的偶然发现。显微镜和望远镜都是在文艺复兴末期发明的。文艺复兴期间，几位哲学家-科学家构思了类似于望远镜的仪器。第一架望远镜的发明通常归于荷兰眼镜制造者汉斯·利伯希（Hans Lippershey）或者扎卡赖亚斯·詹森（Zacharias Janssen），后者和他的父亲于1590年或者1595年用打磨的透镜建造了第一台显微镜。达·芬奇也考虑了透镜的军事应用，以用在战争期间的小望远镜来发现远处的军队。①

可比较的是那些工艺大师-哲学家-科学家。1609年，仅仅根据某种设计的报道，伽利略就开始建造他自己的优越得多的工具。仅仅在几年内，他就发现了大量令人惊奇的现象，它们终结了托勒密宇宙，并支撑起哥白尼宇宙。② 作为一位出色的透镜制造者，伽利略改进了透镜的曲度来降低光学像差。他用自己制造的望远镜观察到围绕木星运动的两个微型物体。后来，他又发现了木星16颗卫星中的另外2颗。在跟踪并记录它们的位置变化之后，他认识到它们是那个大行星的卫星，认为这个证据证明太阳系如哥白尼所推理的那样，是一个以太阳为中心的体系。在用他的望远镜观察银河之后，伽利略得出结论：天空的这个区域存在比宇宙其他任何部分更多的星星。③

对微观研究的最早报告之一来自1558年。最早的显微镜仅仅使用一个透镜。在1590年，荷兰光学家汉斯·詹森（Hans Jansen）发现，使用两个透镜的“复合”显微镜将会更大地放大事物。在整个17世纪及其后，各种显微镜将对医学和生理学产生深刻效果，正如望远镜对天文学和宇宙论的效果一样。许多热情的人很快使用这种装置，包括伽利略。最著名的早期显微镜实验者是卢文豪克，他达

---

① Robert E. Krebs，Groundbreaking Scientific Experiments，Inventions and Discovery of the Middle Ages and the Renaissance，Westport Connecticut：Greenwood Press，2004，174，232，233，217.

② Curt Suplee，Milestones of Science，Washington D. C.：National Geographic Society，2000，64.

③ Robert E. Krebs，Groundbreaking Scientific Experiments，Inventions and Discovery of the Middle Ages and the Renaissance，Westport Connecticut：Greenwood Press，2004，233.

到了 250 多倍的放大效果，并通过揭示许多从前看不见的物体结构而使欧洲人吃惊。由此，他成为西方世界最著名的研究者之一。[①] 卢文豪克已然跨入工艺大师-哲学家-科学家行列。

文艺复兴时期作为工艺大师-哲学家-科学家的较早典型是威廉·吉尔伯特。通过对磁的严密测量和研究，吉尔伯特证明，他能够通过将铁条与天然磁石摩擦来磁化它们，他还描述了用锤子打击铁有时能够磁化它。他还发现，加热磁会破坏它的磁性，这个过程一直到 19 世纪晚期才被做出满意解释。吉尔伯特也详细描述了这个观察：磁化物体既有吸引效果又有排斥效果，并且他发现，在这些效果中，距离起着重要作用。另外，他实验了由在琥珀或者其他材料上摩擦毛皮引起的静电吸引，并将它与磁的吸引进行对比。对于磁与电的相互联系，科学家也是花了近 300 年的时间才做出满意解释。[②]

在近代科学革命之前，天文学领域使用的工具仅有浑仪、星盘、四分仪以及其他一两种天文学仪器。然而，在 16 和 17 世纪，更大范围的数学工具被用来简化和解决所有数学学科分支中的问题。上述这一切见证了第一批自然哲学工具，即旨在发现关于世界的自然的新真理的工具的发展。其中，主要是望远镜和显微镜、气压计和气泵、温度计和稍后的各种电器。[③]

按照多马斯（Daumas）的观点，科学革命在科学工具的构造史上引发了一个大突破。直到 16 世纪末，已有种类的科学设备，是对少数专业化作坊中累积的传统知识的经验利用。工匠以其灵巧和技巧投身于对工具的完善，然而，这些工具的根本原理已被知晓 1000 年了。逐渐改进的缓慢节奏被文艺复兴新科学突然打破，这导致不再基于进化而是基于发明的一种扩张。工具制造中的突破与科学上的突破在一定程度上互相规定：一方面，在 16 世纪末，技术进步达到这样的水平：它允许通过新近的发现来解决新的制造问题；另一方面，新科学创造了必然刺激制造者来解决这些问题的需求。在整个 17 世纪，不少伟大的科学家——诸如伽利略、惠更斯（Christian Huygens，1629—1695）、牛顿和其他许多人——就像常规行业中所发现的任何人一样，是有天赋的艺人，至少他们认为自己是。[④]

完全可以说，尽管文艺复兴以来，自然科学的发展是以工具和仪器为中枢的，

---

① Curt Suplee，Milestones of Science，Washington D. C.：National Geographic Society，2000，66.

② Curt Suplee，Milestones of Science，Washington D. C.：National Geographic Society，2000，72，73.

③ John Henry，The Scientific Revolution and the Origins of Modern Science，Hampshire：Palgrave，2002，32.

④ H. Floris Cohen，The Scientific Revolution：a Historiographical Inquiry，Chicago & London：The University of Chicago Press，1994，190.

但是运用于自然科学研究的工具和仪器的发展，却是由关于自然知识的哲学理性或者科学理性及其发展所导引、所规定、所促成的。对于实验精神的发展，虽然我们可以将达·芬奇看做是它的第一个自觉拥护者，而且其后的发展也越来越迅速，但是实验哲学的系统化建构到伽利略时才真正地有了明确的有意识的实质性作为。[①] 在他那里，实验主义的真正含义才得以系统阐发，那是伟大科学家真实思想历程的总结，而不是史学家和哲学家的主观臆断。

第三节　自然魔法的盛行和对实验精神的培育

提到魔法，今天的人往往把它与超自然的东西联系在一起，认为如此非理性的东西不会对崇尚理性的科学追求带来正面影响。然而，文艺复兴前后的魔法与从前和今天人们观念中的魔法，在其根本方面是不同的。而且，对于“实验主义”或者实验方法的贡献而言，与世俗工匠、艺术家-工程师和工艺大师-哲学家-科学家的贡献相比，文艺复兴以来自然魔法家群体的贡献毫不逊色。[②]

一、自然魔法：文艺复兴时期魔法的基本性质

文艺复兴前后兴起的魔法，与新柏拉图主义和亚里士多德自然哲学都有千丝万缕的联系，新柏拉图主义在魔法的神秘主义哲学中起着主干作用。文艺复兴时期的神秘主义凭借新柏拉图主义形而上学和认识论体系的调和能力，统合了来自神秘论（Hermetic）、俄尔普斯（Orphic）、索罗亚斯德教教徒（Zoroastrian）、毕达格拉斯派、犹太教神秘哲学（Cabalistic），以及其他来源的诸多观念。

文艺复兴时期对古代文本的重新获得刺激了许多领域的智力生活，明显地导致魔法传统的重新发展。随着马西洛·费希诺（Marsilio Ficino），魔法从一种晦涩的中世纪的魔术事物提升到崇高的哲学层面。文艺复兴时期的魔法，是一种被改革的、有学问的魔法，它总是否认与旧的、愚昧的、邪恶的或者黑暗的魔法的任何联系，它经常是一位受尊敬的文艺复兴哲学家的兼业，是文艺复兴自然哲学家永远的热情之一。[③]

---

① 乔治·萨顿：《科学的生命》，刘珺珺译，北京：商务印书馆，1987年第1版，第137页。

② 中世纪中晚期一直到牛顿时代，基于经验和实验从事自然科学研究的几乎都是自然魔法师，如罗吉尔·培根。

③ Stuart Clark, The Rational Witchfinder: Conscience, Demonological Naturalism and Popular Superstitions. Stephen Pumfrey, Paolo L. Rossi and Maurice Slawinski ed. , Science, Culture and Popular Belief in Renaissance Europe, Manchester and New York: Manchester University Press, 1991, 226.

文艺复兴前后的魔法，虽带有神秘性质却在很大程度上是“自然的”。一些亚里士多德派哲学家，尤其是一些魔法家提炼了魔法传统中更加自然主义的方面。在这种自然主义倾向的传统中，魔法效果通过利用事物自然的但神秘的性质来实现，这种魔法往往被称为“自然魔法”①。在最根本的层次上，“自然魔法”这个术语意指一种尤其旨在引起奇迹的操纵艺术，一种从事极不平常事情的艺术、技术。自然魔法是利用从自然中发现的隐匿的（“神秘的”）力量，而不是以精神中介的能力来产生作用。如磁对铁的作用，就显示了这样一种相当普遍的力量。正因为自然魔法是利用事物的自然力来达到所希望的特定效果的一种实用艺术，因此它代表了与亚里士多德式沉思理想相当不同的一种知识。

就文艺复兴时期自然魔法活动的特点而言，16 世纪那不勒斯哲学家和魔法师戴勒·波尔塔（Giambattista Della Porta）的活动是最为典型的。他将其一生致力于将自然魔法确立为一门合法的经验科学。他被许多同时代人认为是那个时代对自然秘密最勤奋的详细观察者，他著有十多部关于自然魔法好多方面的著作，他阐明了研究秘密的教授们研究纲领的理论基础，因而成为文艺复兴时期欧洲关于自然魔法主题的最高权威。

文艺复兴时期的魔法体现一种向自然归化的旨趣。在波尔塔看来，自然魔法是关于异乎寻常之物的科学。与亚里士多德的自然哲学不同——他的目标是解释自然的常规的日常方面。自然魔法解释非凡的、不同寻常的和“超自然的”（miraculous）东西。波尔塔最重要最著名的著作《自然魔法》（*Magia Naturalis*）（1558 年和 1589 年）的最大目标，是为在中世纪关于秘密的伟大百科全书中所记录的据认为是“超自然的”现象发展出自然主义的解释，如他所说，是“将所有那些秘密还原到它们合适的位置”。

在向自然归化的魔法实践中，在自然魔法师身上体现出多重职业人格。总体而言，自然魔法师是工匠，但他们显然又不同于普通工匠，他们还是自然哲学家甚至是今天意义上的自然科学家。作为自然魔法师的典型，波尔塔的魔法师生涯和其他魔法师一样是始于藏书室，但是他对自然秘密的研究并没有在那里止步。他将自然魔法构思为一门经验的甚至是实验的科学。对于波尔塔来说，自然是“取之不尽的关于秘密的财宝”。不管他走到哪里，他都收集植物、宝石、地质材料和“古董”标本，并积累形成一定规模的私人博物学博物馆。他在自己的维科·昆塞（Vico Equense）别墅拥有一个花园，花园中栽培了他在旅行期间收集的植物标本。他积极与其他博物学家沟通，和他们交换标本和材料。

---

① 历史地看，西方世界的魔法主要分为两种，即精神魔法和自然魔法。精神魔法通过援引精灵——或者天使或者魔鬼（后者因与巫术相联系，后来即以“魔鬼”魔法而著称）——的帮助来产生作用。

这些活动都引向一个目标，这就是自然魔法的最终目标：揭示自然隐匿的秘密，并将它们置于实际使用。波尔塔认为，自然魔法师的任务就是“教会找出秘密应用秘密的方式和方法”，因此自然魔法既是“自然哲学的完善”，又是自然哲学的“实践部分”；自然魔法师就像拥有关于物质及作用于物质的力的私密知识的高超工匠一样，他用哲学代替工匠的灵巧，他能够用自然做自然本身不能做的事情。①

波尔塔明确摒弃传统魔法中的糟粕。他在《自然魔法》中以整整一章来论述炼金术。他认为，传统的炼金术是被某些滥用它的从业者弄得“丧失了信誉、丢尽了脸面”的出色技艺，“今天它之所以总是遭到世人的轻蔑和责骂，是由于那些白痴带给它的耻辱和轻视。”他警告读者要防止那些试图生产哲人石或者生命之丹药的人，这仅仅是梦想，炼金术并不保障这些奇迹的发生。对于波尔塔，金属“转变”的秘诀设计主要是为了改善金属的品质，使它们“更加优秀”或者“更加有价值”，或者将它们准备好为特定过程使用。他劝导说，一些技术只是“诡计”和“伪造”(如将金属表面染色以使它们与贵金属相似的方法)：“让它们受到的尊敬不要大于它们应受的尊敬。”但是，学习这些技术是有用的，因为它们训练了炼金术士必要的技巧，并转而导致新的发现。对于波尔塔，虽然因为炼金术表明了“找出大自然秘密”的路线而高贵一些，但它并非不同于其他工艺程序。他的实验室是工匠的工场，在那里，他观察第一手技术操作，吸收工艺的经验知识，并试图区别民间传说和经验地检验的技术。

波尔塔就像学习其他工艺一样，通过观察工匠的工作和通过自己的实验，学会冶金技术。通过将传统技术付诸实验的检验，他希望找到提高现存技术并做出新发明的路线，结果往往是成功的。波尔塔的实验方法不是旨在检验一般假说，相反，它试图模仿自然以产生有用的知识，并纠正和丰富成文传统。波尔塔被广泛地认为是意大利最杰出的自然哲学家和“自然秘密的详细观察者”。在伽利略教给新一代一种全然不同的研究自然的路线之前，波尔塔统治着意大利的科学图景。不过，波尔塔虽然热衷于实验方法，但是在科学社会学的意义上，他的私密的实验方法显然不同于近代科学家的公共的实验方法。波尔塔固守科学中秘传主义传统。作为宫廷魔法师，他认为，“伟大的事物只适合伟大的王子”。②

---

① William Eamon, Science and the Secrets of Nature: Books of Secrets in Medieval and Early Modern Culture, Princeton: Princeton University Press, 1994, 196～217.

② William Eamon, Science and the Secrets of Nature: Books of Secrets in Medieval and Early Modern Culture, Princeton: Princeton University Press, 1994, 219～232.

总体而言，文艺复兴思想中的这种新柏拉图魔法——显然与大学中的通常教学不同——并不是严格地能够算作非亚里士多德自然哲学。这是由于它在思想意图方面多于非亚里士多德自然哲学。由于它的自然观是指向达到对自然的操作控制，因此它主要是一种为了实用目的之技术的魔法形态，而不是致力于为理解而理解的哲学研究。不过，由于它的确含有关于宇宙运行的非亚里士多德哲学观念，因而它也是非亚里士多德自然哲学在与正统竞争中得以确立的路线之一。① 自然魔法师继承了一种连贯的关于自然世界的观点，并且在他们的多数读者共享的智力架构中进行研究：这种观点的哲学陈述是自然魔法，即试图对自然的神秘力量给出合理性的、自然主义解释的这门学科。它的基本假定是：自然充满隐匿的力量和动力，它们可被模仿、改进，为了人类的利益而被利用。② 由于自然魔法师认为，特定事物具有隐匿的或神秘的力量来影响其他事物，并因此而达成无法解释的现象，③ 所以自然魔法被定义为对自然秘密的追求。④ 文艺复兴时期，自然魔法师如此频繁地坚持自己的魔法形态仅仅依赖于关于自然的知识，以至于有的历史学家建议将这种思维称为"文艺复兴自然主义"，以此来与人们观念中神秘的超自然的魔法形态相区别。事实上，如约翰·亨利指出的，"自然主义元素从魔法的其他方面的分离正是科学革命期间所成就的东西。""对于近代早期的思想家，魔法的效果依赖对于自然物体和过程的操纵，只有上帝才能够带来超自然的事件"。而魔法师只不过是"利用物体隐匿的自然的力量带来所希望的事件"。"自然魔法从我们关于魔法的观念中消失的原因恰恰是因为这个传统的根本方面已经被吸收到科学世界观中。换言之，科学世界观至少部分地发展自自然哲学与自然魔法的实用的经验传统的联姻。"⑤

二、文艺复兴时期自然魔法的兴起和广泛的观察-实验技术实践

在16世纪的西方基督教世界，在新的文学环境中可寻求的智力选择的种类仍然相对有限。当时在智力选择上最有影响的是所谓的费希诺的新柏拉图主义。这种学说的总体主旨是关于宇宙作为一种精神统一性的图景，在其中，各个部分由

---

① Peter Dear, Revolutionizing the Sciences: European Knowledge and Its Ambitions, 1500—1700, Hampshire: Palgrave, 2001, 25.

② William Eamon, Science and the Secrets of Nature: Books of Secrets in Medieval and Early Modern Culture, Princeton: Princeton University Press, 1994, 194.

③⑤ John Henry, The Scientific Revolution and the Origins of Modern Science, Hampshire: Palgrave, 2002, 55.

④ Stuart Clark, The Rational Witchfinder: Conscience, Demonological Naturalism and Popular Superstitions. Stephen Pumfrey, Paolo L. Rossi and Maurice Slawinski ed., Science, Culture and Popular Belief in Renaissance Europe, Manchester and New York: Manchester University Press, 1991, 226.

精神的同情和憎恶相联系。占星术是这些观点的一个典型方面，一个被广泛分享的观点。当然，占星术也是前面几个世纪的学术信仰的一个标准部分。然而，它在由费希诺拥护的新柏拉图主义或者神秘论形态中的新颖方面，牵涉这个野心：为人类目的而利用星星的占星术影响，而不只是被动地预言和证明它们的影响。换言之，这是那种坚持对自然进行魔法统治之梦想的占星术。

在中世纪晚期和文艺复兴时期，存在不同于大学学术路线的多种路向，其中影响广泛的是掌握神秘东西和工匠知识的炼金术，以及其他自然魔法实践。在整个中世纪和文艺复兴时期，技术无法摆脱地与魔法联系在一起，魔法在改变关于理解世界的正确方法的观念中极具相关性。[①]

在16世纪上半叶，帕拉切尔苏斯极力主张一种工匠认识论。帕拉切尔苏斯在宣称知识改革时，认为工匠的方法是获取一切知识的理想模式，因为工匠直接与自然对象打交道。他认为这种无中介的在自然中的劳动和对自然的经验，既在精神上又在智力上，将工匠提升到学者之上。在他看来，由于工匠在用源自自然的材料创造艺术品时模仿自然过程，他对自然有更好的理解；也因为与上帝的创造相接触，工匠对上帝的启示也有更好的了解。帕拉切尔苏斯经常询问工匠和农民的治疗情况，经常讨论在治疗病人和培训医生中对关于自然的直接经验的需要。理发匠-外科医生被允许进入他的研究进程。他坚信知识必须通过积极投身于自然对象才能获得，他声称“愿意探索自然的人必须用他的脚在他的书上行走”。大自然之书中的“经验”成为16世纪新哲学活跃的认识论的中心成分。帕拉切尔苏斯将 experientia（经验）和 scientia（知识）做了对比：“知识在上帝给予的事物（即自然对象）中，经验是对于那些知识被在其中尝试的事物的知识。”在他看来，经验给出自然知识，它不是通过推理过程获得的，而是通过心智和身体的整个神圣力量与事件中神圣精神的结合获得的：知识是自然事物中医生必须“窥视”的神圣美德，为了获得药物知识，他必须达成与这种美德的联合。另一方面，经验是这种联合的最终结果。这种不寻常的将理论（知识）与实践（经验）倒置，出自帕拉切尔苏斯与神秘观念的接触，也出自他想阐明工匠为了由自然材料创造物品而模仿自然所借助的过程的愿望。在帕拉切尔苏斯的观念中，与一切手工劳作一样，为了人类需要而精炼自然的劳动，带来了对于世界和人类的改造和最终救赎。16世纪的其他炼金术士都使用了与帕拉切尔苏斯十分相似的语言和概念。对于帕拉切尔苏斯，一切救赎知识的模型是炼金术和化学。炼金术观念是他医学-化

① John Henry，The Scientific Revolution and the Origins of Modern Science，Hampshire：Palgrave，2002，56.

学理论的基础，炼金术操作是对自然中生成精神的寻找和通过艺术模仿自然的手段。[①]

帕拉切尔苏斯极力提倡，医学治疗应该基于之上的关于自然世界的真正知识，只有通过密切熟悉事物的性质才能够获得。事实上，帕拉切尔苏斯宣布与过去的决裂：新的疾病需要新的药物。帕拉切尔苏斯主义是16世纪科学见识成长的一种显示：要理解自然，就要掌握自然，真正了解自然的人，一定是掌握它的人。[②]

到17世纪，既倡导工匠式劳作，也追求某种新哲学，这在形形色色的自然魔法家中已经是一个比较普遍的事情。这一时期的典型代表是德国化学家约翰·鲁道夫·格劳伯（Johann Rudolph Glauber)。格劳伯年轻时曾见过在富含矿物质的泉水中保存尸体和有形物体的矿化。这些泉水治愈了他持续已久的发烧，这个泉眼也成了他的观察研究对象。在经过多年的阅读和实验以后，格劳伯声称发现了给予这眼泉力量的盐的构成。他称它为产生奇迹的盐。作为一个商业从业者，格劳伯主张自己作为一位“有经验的艺术家”的权威性。他的产生奇迹的盐——同时是炼金术的一部分、救赎的工具和一种宝贵的商品——代表了新哲学发展中的一个独特时刻。他要求作为一个独立的和出色的自然哲学家而被接受。正是此际的商业环境，使他作为独立从业者的生计成为可能。也正是新哲学的出现，使格劳伯在自然问题中的权威成为可能，也使得欧洲人的好奇心给予他以注意力成为可能。同时，像格劳伯这样的从业者帮助形成了自然哲学惯例。

格劳伯接受了帕拉切尔苏斯的化学理论，但更重要的是他接受了帕拉切尔苏斯的信念，认为实验室中的工作，尤其是化学，是救赎已沉沦的自然的一种工作。格劳伯的整个化学哲学给人留下这种对艺术和炼金术的救赎性理解，他以之工作和描述的化学和冶炼过程在救赎安排中有重要意义。他多次说，关于自然的知识导致关于上帝的知识。他后期的化学理论也反映了对自然知识的救赎性理解。虽然格劳伯接受了帕拉切尔苏斯将自然知识理解为救赎的和将工匠劳动理解为崇拜的一种形式，但是，他的世界不是帕拉切尔苏斯的世界。格劳伯生活在一个商业社会，这给了他机会把自己塑造成一种新的自然哲学家。作为一位介于工匠与学者之间的人物，由于没有在文化界确立的资质和清晰的社会地位，格劳伯总是处于滑向纯粹机械从业者或者商人层面的危险。他总是急切地表明他的活动不仅仅是为了追求财富而进行的。他尤其敏感于被称为一个制造金子的炼金术士。他争

---

① Pamela H. Smith, Vital Spirits: Redemption, Artisanship, and the New Philosophy in Early Modern Europe. Margaret J. Osler ed., Rethinking the Scientific Revolution, Cambridge: Cambridge University Press, 2000, 127～129.

② Peter Dear, Revolutionizing the Sciences: European Knowledge and Its Ambitions, 1500—1700, Hampshire: Palgrave, 2001, 49～52.

辩道，制造金子的炼金术与他所做的事情完全不同；一位寻找金子的炼金术士要么是不懂得重要事情的简单的实验室工人，要么是从读书中学到变形的人，两种活动都与真正的炼金术知识没有关系；炼金术要求懂得金属的结构方式和特点的人。格劳伯将自己与他可能被与之等同的工匠和学者划分开，认为他们的工作也被污染了。他认为，正是像他这样一位独立的人，才能够不犯通过商业实践从别人获利的罪恶。

对物质世界和物质事物态度的一种深刻的重新定位发生在16～17世纪的欧洲。这种变化的重要标志之一是对自然世界的新理解，它出自对物质实在的学者的和工匠的思维方式的统一。然而，这种关于自然的新理解，只是欧洲更大的经济和社会转型的一部分，这种转型是由交换经济的成长带来的。格劳伯工作于商业市场中，持有一种将劳动和艺术视为救赎的观点，这些有助于带来关于自然世界的新态度，有助于重塑救赎作为物质进步的观念。格劳伯主张，只有实验室中的工作才能够教导人们关于自然的东西："只有通过炉火而不是亚里士多德，学习和研究才能够发生。炉火是一切自然艺术的正确校长。"[①]

炼金术等自然魔法活动随着时间的推移赢得了更多的坚持者，直到我们发现17世纪末牛顿成为炼金术的主要倡导者。但是，文艺复兴时期的炼金术与中世纪魔法师所实践的那种神秘炼金术，那种与占星术紧密相关的炼金术不同。[②] 显然，诸如化学领域对于自然魔法的"适当使用"，是剔除了传统魔法更加思辨和神秘方面的使用。虽然如此，直到牛顿时代，炼金术仍然与精神的和神秘的维度密切同一。[③]

三、自然魔法对实验主义发展的主要贡献

直到今天，许多历史学家还对文艺复兴以来西方世界的魔法活动持以偏狭的甚至完全否定的态度。史学家对于自然魔法的肯定往往仅限于它对现代化学学科的贡献。然而，自然魔法家的贡献并不仅仅限于促成抑或造就了化学学科的诞生。自然魔法活动具有的自然主义信念、经验主义理念、实验主义倾向，在文艺复兴时期一直到19世纪都具有非常广泛的影响力。历史事实是，在文艺复兴之后的年

---

① Pamela H. Smith，Vital Spirits：Redemption，Artisanship，and the New Philosophy in Early Modern Europe. Margaret J. Osler ed.，Rethinking the Scientific Revolution，Cambridge：Cambridge University Press，2000，119～133.

② 就"占星术士"与"炼金术士"而言，二者往往是合二而一的，但是具体到"实践者"可大致分为"占星家"和"炼金术士"。前者作为"天文学的"常常与"天定""命运"之迷信相关联，而后者作为"工匠的"常常与新产品试验相关联；前者对于科学的主要贡献在于天文观测以及观察工具的发明制作，而后者对于科学的主要贡献在于观察、实验之工具和程序的发明、实验路线的发现。

③ Peter Dear，Revolutionizing the Sciences：European Knowledge and Its Ambitions，1500—1700，Hampshire：Palgrave，2001，27.

代，即 17 世纪及之后，多数人并不把由炼金术和占星术支持的魔法与迷信联系起来。相反，魔法、炼金术和占星术是利用想象来获得关于生命和宇宙的一些理解的逻辑体系。即使是一些著名的后文艺复兴科学家，如罗伯特·波义耳（Boyle Robert，1627—1691）和牛顿也相信炼金术和占星术的某些方面。[①] 在 17 世纪的大部分时期，对于很多自然科学家来说，占星术、炼金术和自然界的魔力与自然科学是并驾齐驱的。[②] 当我们整合史实和史学家的研究结论的时候，就会看到文艺复兴时期自然魔法师对于实验主义的发展乃至近代科学的诞生做出的诸多贡献。

第一，文艺复兴自然魔法促成了整个文艺复兴学术由沉思定位向实践定位的转换，促进了实验主义的兴起。魔法传统在从经院自然哲学向科学革命的新的、更加实际有用的、更加经验的重要变换中起了重要作用。[③] 关于文艺复兴魔法师对于近代世界的真正贡献，杰特（Frances A. Yates）断言，他们改变了人的意志，向人们传达了这个激励："现在对于人来说，操作是有尊严的，是重要的"，"人，这个上帝的伟大奇迹，应该施展他的能力。"这种心理上的重新定位在精神上既非古希腊式的，也非中世纪的，而完全是文艺复兴的。[④] 就是在近代科学革命期间，许多思想家仍然认为魔法是一种高贵的值得追求的东西。而实验方法，尤其是强调培根式事实收集和反对思辨性推理的英国版实验方法，在很大程度上来源于自然魔法传统。实验主义在整个中世纪就被炼金术士和其他自然魔法家使用。炼金术并非在科学革命中突然成为实验性的，它一直就是一种实验性追求。科学革命中确实发生的是炼金术的实验主义开始在自然哲学家、医生和其他知识分子当中被感觉到，由于数学诸学科、自然历史、解剖学和医学的发展，他们已经准备好接受经验的教诲。[⑤]

第二，文艺复兴自然魔法为近代科学的诞生奠定了必要的实验工具和实验程序基础。作为实验科学的兴起时代，在 17 世纪，有一件事情变得很重要，这就是科学工具的创造，尤其是测量工具。[⑥] 科学工具的早期发展与魔法传统有很大关系。作为科学革命期间发展出的实验哲学基础的多数"哲学"工具，已经以更早

---

① Robert E. Krebs，Groundbreaking Scientific Experiments，Inventions and Discovery of the Middle Ages and the Renaissance，Westport Connecticut：Greenwood Press，2004，180.

② 尼尔斯·格里亚：《韦伯-默顿命题：新教与近代自然科学的飞跃》，斯坦因·U. 拉尔森主编：《社会科学理论与方法》，任晓等译，上海：上海人民出版社，2002 年第版，第 30 页。

③ John Henry，The Scientific Revolution and the Origins of Modern Science，Hampshire：Palgrave，2002，58.

④ Stanley Jeyaraja Tambiah，Magic，Science，Religion，and the Scope of Rationality，Cambridge：Cambridge University Press，1990，29.

⑤ John Henry，The Scientific Revolution and the Origins of Modern Science，Hampshire：Palgrave，2002，56，67，36，44.

⑥ H. Butterfield，M. A. The Origins of Modern Science 1300—1800，London：G. Bell and Sons LTD，1957，94.

的样式存在于自然魔法之中。自然魔法传统中的工具，直到19世纪还在被继续发明，尽管它们不再被称为魔法的。自然魔法从未真正消失，它只是被划归在新的范畴之下，如文艺表演、技术和自然科学。自然魔法继续存在的一个主要原因是它的实用性。[①] 对于实验程序的发展，自然魔法师也功不可没，特别是对于现代化学的发展。多少个世纪以来，炼金术士所发展的蒸馏、凝结和凝固等一系列实验程序一直被化学家使用。[②]

第三，文艺复兴自然魔法促成了西方世界对于经验的理性主义综合。自然魔法师通过假定的非可感的但却是物理的手段来适应自然哲学中神秘品质的各种方法，影响到机械哲学新体系的发展。[③] 加斯东·巴什拉说："炼金术的实验与众不同，它是双重性的：它是客观的，又是主观的。"[④] 魔法信念激励了对矿物、植物和动物的仔细观察记录。[⑤] 在其精心建构和上升时期，神秘哲学和魔法体系在其抱负和结果上是雄心勃勃的、创造的并且是解决问题的。那个时代的神秘主义与富于想象的普遍和谐的宇宙论以及感应（correspondence）体系联系在一起。它们的目标是成为理性主义的综合。即使这些综合是不成熟的，但它们却是激发兴趣的，吸引了哥白尼、开普勒和牛顿的好奇心，点燃了他们的想象力。[⑥]

第四，文艺复兴自然魔法促成了对于理论假说间接检验之理念的形成。这种理念对于实证主义至关重要。自然魔法的重要前提之一，是一些（如果不是所有的）物体具有神秘的力量，能够作用于另一些或者所有其他物体。被所有的人承认的典型的神秘品质是行星、磁的不同影响，还有特定矿物、植物甚至动物治愈各种疾病的能力。这些神秘力量被如此称呼，是因为它们是不可感知的；我们无法通过感觉来感知磁的力量，我们只是通过它的效果来间接知道它的存在。[⑦]

综合上述四个方面，可以得到一个综合性结论：在某种程度和多重意义

---

① Thomas L. Hankins and Robert J. Silverman, Instruments and the Imagination, Princeton: Princeton University Press, 1995, 4.

② Robert E. Krebs, Groundbreaking Scientific Experiments, Inventions and Discovery of the Middle Ages and the Renaissance, Westport Connecticut: Greenwood Press, 2004, 114.

③ John Henry, The Scientific Revolution and the Origins of Modern Science, Hampshire: Palgrave, 2002, 67.

④ 加斯东·巴什拉：《科学精神的形成》，钱培鑫译，南京：江苏教育出版社，2006年第1版，第45页。

⑤ John Henry, The Scientific Revolution and the Origins of Modern Science, Hampshire: Palgrave, 2002, 58.

⑥ Stanley Jeyaraja Tambiah, Magic, Science, Religion, and the Scope of Rationality, Cambridge: Cambridge University Press, 1990, 30.

⑦ John Henry, The Scientific Revolution and the Origins of Modern Science, Hampshire: Palgrave, 2002, 64.

上，正是自然魔法师促成了自然科学研究领域的经验主义旨趣向实验主义的嬗变。

第五，文艺复兴自然魔法促进了西方世界自然概念的革新。在文艺复兴时期，魔法的影响并不仅仅限于一般的方法论事务。在许多情况中，实际的概念革新被证明在很大程度上归功于魔法的思维方式。而这些也不仅仅是边缘性的革新。无疑，吉尔伯特对磁学的实验研究是奠基性的。但是，除了历史学家认为的罗盘的社会经济重要性和航海家、水手实用性研究对吉尔伯特的激励外，他对自然世界泛灵论和魔法的进路也是促使他进行实验的一个重要因素。对于吉尔伯特来说，地球是一个有生命的物体，它能够以与总是被视为魔法物体的最高例子的磁体移动自身相同的方式来移动自己。开普勒在他物理主义的《新天文学》（1609 年）中采纳了吉尔伯特的观念，借助像磁力一样的东西来解释行星围绕太阳的运动，但在他的其他作品中，魔法传统的思维更加盛行。毕达哥拉斯或者新柏拉图哲学的宇宙和谐传统，在牛顿的作品中同样起作用。牛顿也是一位炼金术士，学术界的较新研究认为，他的炼金术是他关于物质本性思考的一个重要元素。虽然不能说炼金术是牛顿对神秘力量信仰背后的主要激励，但人们却能够看到它深刻地影响了他的科学思想的其他方面。比牛顿年长的同时代人波义耳显然是他那个时代最受尊敬的英国自然哲学家，他也是一位实践的炼金术士，他的炼金术理论可被视为形成了其自然哲学的一些细节，他的粒子哲学在许多方面更加接近于炼金术传统。①

第六，文艺复兴自然魔法活动凝练了对于科学研究的献身精神。关于这方面，加斯东·巴什拉给出了系统总结。从精神层面看，在前科学时期，“假设依赖着深刻的信念：假设阐明一种心灵状态。”“炼金术士似乎用他对客观物质的实验来‘象征’他整个自身，包括他的整个灵魂。”“为了实验成功，炼金术士必须经常作长期的苦修。”“无私、正直、耐心、小心谨慎的方法、发奋的工作，这些品质从不曾像在炼金术时代那样，如此紧密地同所从事的行业结为一体。”炼金术作为一种文化具有“出色的心理凝聚力”，“炼金术的道德启蒙超过智性启蒙。”“在 19 世纪，所有的化学史家都承认炼金术士做试验的那种狂热；他们对炼金术士某些具有积极意义的发现表示敬意；他们最后还指出现代化学是从炼金术士的实验室里缓慢地走出来的。”②

---

① John Henry, The Scientific Revolution and the Origins of Modern Science, Hampshire: Palgrave, 2002, 60～64.

② 加斯东·巴什拉：《科学精神的形成》，钱培鑫译，南京：江苏教育出版社，2006 年第 1 版，第 45～50 页。

第七，文艺复兴自然魔法活动对于近现代自然科学新学科的诞生和制度化具有奠基性贡献。在中世纪期间直到文艺复兴，阿拉伯和欧洲炼金术发展成为一门新生学科，在其中炼金术士的努力对于17～18世纪的化学这门新的自然科学做出了实际贡献。他们发现了几种新的化学元素、物质的本性和如何控制化学反应的过程。炼金术士分类并比较了不同物质的物理性质以及它们是如何相互反应的。当他们测量并记录下他们的实验结果时，他们推进了关于物质本性的知识，[①] 亨利认为，"关注自然知识的最早的皇家学术机构可被看作是为了促进自然魔法而成立的"。[②]

总之，在文艺复兴时期的魔法思想与近代早期科学出现之间，的确存在重要联系。可以肯定，自然魔法对于近代科学精神的培育曾经起过重要作用，它有其时代合理性，不能将其视为完全非理性的、迷信的、无用的。诚如杰特的断言：只有通过文艺复兴时期的魔法思想和实践的特定特征，17世纪科学革命的重要方面才能得到解释。[③]

第四节　博物学传统和地理大发现：视界拓展和信心增长

在文艺复兴时期，由于商人们一心想扩大贸易范围，而世俗王权为了增进和显示国力也乐观其成，教会为了发展教徒扩大影响也积极参与，因此西方基督教世界在15～16世纪掀起地理大探险热潮。美洲的发现，以及绕非洲直达中国航线的开辟，扩大了西方人的眼界，而且为欧洲带回了大量知识，使他们了解了陌生的大陆，以及有关这些异地的信仰、宗教和生活方式。这些知识激发了人们的想象力，从而对中世纪的各种教条提出严重挑战。[④]

一、文艺复兴时期博物学领域的经验主义倾向

文艺复兴时代的西方人怀有漫无边际的好奇心。类似"自然史"中动人的变故、有趣的细情、珍闻、怪事，从来也不能够满足这些人的欲望。起初他们并不

---

① Robert E. Krebs，Groundbreaking Scientific Experiments，Inventions and Discovery of the Middle Ages and the Renaissance，Westport Connecticut：Greenwood Press，2004，180，187，188.

② John Henry，The Scientific Revolution and the Origins of Modern Science，Hampshire：Palgrave，2002，58.

③ H. Floris Cohen，The Scientific Revolution：a Historiographical Inquiry，Chicago & London：The University of Chicago Press，1994，286.

④ M. 克莱因：《西方文化中的数学》，张祖贵译，上海：复旦大学出版社，2005年第1版，第100页。

是在现实世界里找寻这些奇闻轶事，而是在故纸堆中寻求这类东西。不过，不久人们的好奇心便逐渐从书本转移到了现实世界，大家不再注意古典作家笔下的野人奇兽，而是对实际发现的野人和奇兽发生了兴趣。这样，文艺复兴时代西方人的好奇心就从向来文学性猎奇逐渐转变成了科学性探求。①

在文艺复兴期间，作为博物学传统中的“自然史”领域首先有了革命性发展。文艺复兴人文主义者的学术活动，逐渐将古代由亚里士多德、特奥弗拉斯图斯和普林尼提供的植物和动物世界的百科全书式总览，拓展为把来自北欧或者美洲的不为古人所知的物种纳入考察范围。起初，辨认古代描述的困难使精确识别成为一个主要关注点，随着印刷术的广泛使用，分类编目逐渐占据优势。熟练工匠现实主义的插图与较早作品中形式化的装饰性插图不同，它要求与真实标本比较。这就强化了文本的这个显在的信息：个人经验是比权威更加可靠的指导；也强化了这个隐含的信息：熟练的工匠可为理解真实世界提供点什么。

如果说在插图中有现实主义的增长，那么相应地，文本中的自然主义也有所增长。文艺复兴时期关于自然史的伟大的百科全书（尤其是康拉德·格斯纳的四卷本《自然史》和尤利斯·阿尔德罗万德（Ulisse Aldrovandi）关于不同动物的十三卷本著作），关注的不仅仅是关于动物的习惯和天性的世俗事实，而且关注这些动物对于古人或者不同当代人具有的象征意义。对于这些博物学家，所有的被造物都有许许多多隐匿的意义和与其他事物的无数联系。但是，这种自然史（它似乎与认为一切事物都连接在一个伟大的存在链条上，并且都与这个链条的其他联结物有感应的传统魔法世界观有着明确联系）在17世纪让位于一种完全自然主义的历史。面对与旧世界文化没有联系或者相似性，没有任何象征意义的新世界的动物和植物，自然史学家产生了用更加事实性语词来表达一切被造物的百科全书。

自然史中这种变化的社会动机之一是，信奉诸如伦理学、法学、政治学和修辞学这些对国家有用的学科的文艺复兴人文主义者，对于积极生活胜过沉思生活的道德优越性的关注延伸到关于自然的一种实用的知识之中。这些作品表明，关于自然史的知识在商业、农业、烹饪、医药学和其他一些领域中是有用的。

自然史的潜在有用性事实上就像魔法和数学一样，吸引了富有的资助者的注意力和支持。这样，对自然奇迹的兴趣就产生了一个重要结果——古董柜的发展：从矿物、植物和动物三个自然王国中收集珍品和古董。最初，这些收集只不过是间接地证明收集者的能力和财富的壮观展示，但它们很快就被视为对

① 罗素：《西方哲学史》（下卷），马元德译，北京：商务印书馆，1976年第1版，第32，33页。

自然知识做出贡献，提供关于上帝创造的种类和奇迹的例证。较大、较成功的收集很快吸引了早期旅游者。这些收集及其明显的教育应用，将激励更加对公众开放的植物花园、动物园和博物馆的形成，一些较大规模的收集构成首批公众博物馆的核心。①

文艺复兴时期，植物学研究开始成为基于批判性观察的一门学科。学院教授以更大的深度对植物进行实际研究。文艺复兴时期的草药医生也认可一种更加实用的形态植物学，即既为了药用目的又为了农业应用而探索对植物的使用。几所欧洲早期大学确立了植物学研究，不仅作为一门科学，而且基于它对医学的有用性。16 世纪中叶期间，意大利北部的大学发展出首批植物学花园。这个时期的草药医生是批判性的观察者和记录者，虽然他们还不是通常意义上的科学家。他们在花园里培育本地和外来的植物，经常素描和描绘各种物种，尤其是花卉，并详细描述植物的结构和生理学特征。印刷术完善后，他们的著作得到广泛传播，其中许多仍然存在于现代图书馆中。②

16 世纪早期延续了古代以来的植物分类，但此时还不是按照形态学特点，而是按照它们的药用价值。对于植物的研究源于早期的医学形态。然而，对植物结构和生理学的科学研究，却是植物学家在相对近期发展起来的。从特奥弗拉斯图斯（Theophrastus，约公元前 371—前 286）时代到 17 世纪期间，植物学中的主要进步涉及对具有药用性质的植物的确认和使用。虽然 18 世纪经常被认为是对植物形态学和生理学真正研究的开始，但 17 世纪为此做出了几项基础性的重要发现。17 世纪显微镜的发明使生物学领域的研究发生了革命性变化。17 世纪晚期意大利生物学家马赛洛·马尔皮基（Marcello Malpighi，1628—1694）和英国植物学家尼希米记·格鲁（Nehemiah Grew，又译为尼赫迈亚·格鲁）是这一时期两位主要的植物形态学研究者。两个人都是拥有杰出观察技巧的优秀植物学家。马尔皮基的《植物解剖学》（1675 年）和格鲁的《植物解剖》（1682 年）都被认为是植物形态学领域的标志性出版物。马尔皮基是他那个时代一个熟练的显微镜学者。作为新颖的显微镜学者之一，他对生物学的一些领域做出了重要贡献，包括解剖学、血液循环和对昆虫解剖的初步研究。格鲁成功地将其作为内科医师所受的训练和对动物解剖学的知识应用到对科学的研究。这两个人对植物学做出的最重要的改进是确立了一种新的确认形态功能的方法。与文艺复兴之后发生的许多科学

---

① John Henry，The Scientific Revolution and the Origins of Modern Science，Hampshire：Palgrave，2002，40～42.

② Robert E. Krebs，Groundbreaking Scientific Experiments，Inventions and Discovery of the Middle Ages and the Renaissance，Westport Connecticut：Greenwood Press，2004，74.

发现一样，17 世纪植物学领域发生的进步是向基于实验和逻辑的一种新的科学形态的过渡。[①] 这个时期英国植物学的发展也提供了关于从美学和实用的关注到更加科学的关注的转移的例证。从草药书到植物学的转移反映了从叙述性自然史到归纳性自然史的转移。美学和实用的兴趣不再统治探究的世界，而是被一种更加真正的科学好奇心所代替。[②]

文艺复兴时期的动学家和内科医生对于动物与人类之间的形态学、胚胎学和解剖学差异更加感兴趣。马尔皮基在解剖特征的精致结构研究中很好地使用了显微镜，他发现动脉和静脉之间的毛细血管联系，因而确立了血液循环理论。[③]

在整个有记录的历史中，人类对于生殖过程总是持有兴趣。但是，对于古代自然生成的观念，直到 17 世纪中期才遭到实验程序的挑战。在 1668 年，意大利人弗朗西斯科·雷蒂（Francisco Redi，1626—1698）设计了一系列实验来检验自然生成的有效性。在雷蒂的实验之前，人们广泛认为，蛆是从正在腐烂的肉中生成的。然而，在经过严密的实验之后，雷蒂确信，是光顾腐烂物质的苍蝇促成蛆的形成。雷蒂的实验非常重要，它是生物科学中首次有文献记录的使用控制的实验例子之一。控制在实验方法中是一个重要部分，因为它使科学家能够确保实验被成功地设计和实施。今天，以精确控制来设计实验程序，是科学研究的一个重要组成部分。[④]

二、地理大发现：旧世界的瓦解和创造新世界信心的滋长

在文艺复兴前后出现了一系列新的发现，如 1492 年哥伦布（Christopher Columbus，1451—1506）发现美洲大陆；1498 年达·伽马（Vasco da Gama，约 1460—1524）发现经非洲好望角到达古印度的航线；1519～1522 年麦哲伦（Ferdinand Magellan，1480—1521）环球航行成功。这一系列新发现极大地开拓了西方人的视野，激起了人们的探索热情。地理大发现创造了一种心智氛围，关于其他地域的新视野，以及非传统的新发现，突然成为可能。

到 16 世纪中期，西方人知道了世界上足够多的地方，这就强烈需要准确和有用的地图。人们尝试各种几何体系，以努力在一个扁平面上描绘或者“投影”一

---

① Michael Windelspecht，Groundbreaking Scientific Experiments，Inventions and Discoveries of the 17th Century，Westport，Connecticut：Greenwood Press，2002，27，193，194，197.

② Ian Box，The Social Thought of Francis Bacon，Lewiston/Lampeter/Queenston：The Edwin Mellen Press，1989，64，65，68.

③ John Henry，The Scientific Revolution and the Origins of Modern Science，Hampshire：Palgrave，2002，43，44.

④ Michael Windelspecht，Groundbreaking Scientific Experiments，Inventions and Discoveries of the 17th Century，Westport，Connecticut：Greenwood Press，2002，7～9.

个球形表面。佛兰芒制图员格哈德·克雷默（Gerhard Kremer）在其标志性工作中引入“墨卡托投影”（Mercator projection）技术，这种技术在今天仍然被广泛使用。他是第一个将新近发现的新世界表达为两个不同部分的制图者：北美洲和南美洲。墨卡托的革新极大地提高了水手绘制航程的能力，加快了对地球的探索。①

文艺复兴时期也是欧洲的扩张阶段，这是随着对新世界和欧洲之外的其他地方的发现和探索而来的。这种扩张根本上改变了西方人的世界观念，也在一定程度上促进了实证精神的普及。经济和贸易成为探险和发现的推动力，以及复苏对遥远地方好奇心的推动力。人们提出在东方和西方之间开拓新路线的建议。建立新的海上路线的雄心，导致对新土地的发现。

陆地和海上贸易路线在远东和西欧的商人之间建立。更为重要的是，关于科学和技术的新概念从东方向西方传播。从东方引进的两个最重要的技术是印刷术和造纸术这两个古代中国的发明。15 世纪中叶这项技术的改造为书籍和阅读材料提供了来源，知识方面的这种增长刺激了读写能力。文艺复兴的到来，削弱了罗马天主教会对学术来源和哲学体系的影响和控制。随着新的思维方式的发展，迷信和经院哲学慢慢地让位于理解世界本性的更加理性的进路。②

地理发现使西欧人以一种相对性而不是欧洲中心主义来看待自己的文化。西欧人逐渐熟悉从未听说过古希腊或者基督教的民族的广泛存在。欧洲人的观点逐渐不再被视为普遍的，甚至未必是中心的；将它视为仅仅是这个地球的相对较小的一个部分的地方性传统成为可能。因此，人们能够开始以极大程度的相对性来看待自己的文化。他们达到的那种相对性在一定程度上归于一种特定的科学观点，它现在正清楚地成为一种更加一般的心智习惯。③

航海的艺术在围绕全球的欧洲贸易扩张的这些世纪值得特别关注，到 16 世纪末，实践的航海家已经发展了关于如何操纵远距离船只避免迷航的许多知识。他们的实用数学技艺，以及在陆上勘测这些“有用知识”，以其强大感召力，成为众多技艺价值推动者的范型。④

罗素指出：“对于中世纪的人来说，世界就是一个静态的、有限的和井然有序

---

① Curt Suplee, Milestones of Science, Washington D. C.: National Geographic Society, 2000, 55, 78.

② Robert E. Krebs, Groundbreaking Scientific Experiments, Inventions and Discovery of the Middle Ages and the Renaissance, Westport Connecticut: Greenwood Press, 2004, 37, 289.

③ H. Butterfield, M. A. The Origins of Modern Science 1300—1800, London: G. Bell and Sons LTD, 1957, 183, 184.

④ Peter Dear, Revolutionizing the Sciences: European Knowledge and Its Ambitions, 1500—1700, Hampshire: Palgrave, 2001, 53.

的地方。世界上的一切都有其特定功能。星辰围绕着各自的轨道运行，人们生活在命定的地位之中。这一幅自以为是的画面被文艺复兴猛烈地撕碎了。两种对立的倾向产生了一种新观点。一方面，人现在占据着舞台的中心，并且对自己的力量和独创性抱有极大的信心。不过同时，人在宇宙中的地位却变得不那么居高临下了，因为空间的无穷无尽开始依赖于哲学家的想象力。”“同样，另一种观点则回归了毕达哥拉斯和柏拉图，认为世界建立在数学模式上。这一切思辨不仅推翻了事物的现有秩序，而且在教会和世俗两方面都动摇了根深蒂固的古老权威。”[①]所谓发现新大陆，构成对中世纪长久的眼界、惯性思维、世界模式知识和物种（包括人种）的类型知识的巨大冲击，一切似乎恒定而既定的关于世界秩序的观念破灭了，必须重构。

① 伯兰特·罗素：《西方的智慧》，崔权醴译，北京：文化艺术出版社，2005年第1版，第186，187页。

第五章　近代科学的诞生及其精神要素

近代科学的诞生首先是一场观念变革。哥白尼革命将人类放逐到宇宙的边缘。伽利略革命则彻底打破自然知识领域传统的自然哲学模式，创造并示范了新的科学实验传统、以追究事物之量的数学关系为目标的研究纲领，以及将实验与数学相结合的科学方法。随着弗兰西斯·培根式经验主义的兴起和笛卡儿式近代理性主义变革，近代科学方法论逐渐成型。在自然科学家和科学活动家的努力下，科学共同体不断发展壮大，从而将自然科学打造成现实的文化存在类型。

第一节　哥白尼革命的发生和伽利略式的科学研究纲领

在文艺复兴的自然哲学向近代科学革命的进军途中，布鲁诺（Giordano Bruno，1548—1600）无疑是一位“革命先行者”。在他那里，“新旧之间的冲突、中世纪信仰和新的世界观的冲突、精神权威和理智反叛的冲突达到了顶峰；在这一冲突的回响之中，近代科学初露端倪。”不过，虽然布鲁诺拒绝上帝的“不动的原动者”地位，将上帝排除在自然运行之外，但他的宇宙观并不是科学的世界观，尽管它标志着对基督教中世纪的信仰和亚里士多德经院哲学家教导的最激烈的背离。[①] 哥白尼是西方基督教世界世界观革命的发动者。这一世界观革命带来的是“人”彻底成为宇宙世界的“旁观者”，从而“人”也成为这一世界的观察者和刻画者。

一、哥白尼：近代天文学革命的开启

古希腊乃至中世纪人仍然寻求的不是事物的空间联系，而是它们的逻辑联系；人们不是去追溯时间历程，而是去思考可能性变成现实性的永恒途径。[②] 在15～

---

① W. H. 沃克麦斯特：《科学的哲学》，李德容、王梅、刘绪平译，北京：商务印书馆，1996年第1版，第8～10页。

② 爱德文·阿瑟·伯特：《近代物理学的形而上学基础》，徐向东译，北京：北京大学出版社，2003年第1版，第13页。

16 世纪，由于航海事业的发展，需要精确测定船只的坐标，从而大大地推动了天象观测。随着天象资料的积累，人们提出托勒密体系无法回答的一系列新课题。实践的发展要求天文学必须进行一次重大改革。哥白尼正是在这样的时期诞生的。1496 年，哥白尼在意大利留学期间结识了著名天文学家诺瓦拉。他们经常在一起观察天体，讨论天文学问题。诺瓦拉曾批评托勒密体系太繁琐，不符合数学的和谐。他们讨论了托勒密《至大论》的错误以及改进托勒密体系的可能性，从而激励哥白尼立志投身于改革天文学的研究。①

作为一个忠实的毕达哥拉斯主义者，哥白尼追求各种现象中数学上的和谐和完美，因为他相信这些和谐是“确实在那里的”。他在基督教西方世界宇宙模型的核心观念方面，实现了由长期占据统治地位的托勒密“地心说”体系向“日心说”体系的根本变革。不过，哥白尼自己的工作依然属于古希腊数学天文学传统，它带有杜撰的本轮和均轮，还有“拯救现象”的理想，并不理会天空中的真实情况如何。罗素评论说：“哥白尼著作的气氛并不是近代气氛，也许倒不如说它是一种毕达哥拉斯哲学的气氛。一切天体运动必是等速圆周运动，这在他看来是公理；而且他也像古希腊人一样，听任自己为审美上的动机所左右。”②

对于自己以 34 个本轮取代了托勒密的 80 个本轮这种简约化，哥白尼辩称，所观测到的行星运动从他的体系或者从托勒密的体系中都能够以差不多同样的精确度推论出来。因此他认为，从这些对立的模型中做出选择并不是根据成功的配合这种考虑。哥白尼诉诸“概念的整合”作为可接受性标准来论证他自己体系的优越性。他拿自己的太阳系模型与托勒密的各个模型（每一个行星有一个模型）的集合作了对照。此外，他指出，太阳中心体系能说明行星运动逆行的长短和频率。例如，太阳中心体系含有木星的逆行比土星的逆行更明显的意思，而土星逆行的频率比木星更大。对比之下，托勒密的地球中心体系不能解释这些事实。③ 在面对人们基于日常经验的反驳时，哥白尼只能声明他的宇宙图景只是一种数学上的秩序描述而已，并不是宇宙的实际图景。他只能声明，他的观念把天文学事实抛入一个比较简单和比较和谐的数学秩序之中。④

然而，哥白尼继续坚持古代观念：行星只能在天球中做完美的圆周运动。最后，观察记录迫使他用同样笨拙的大量本轮和其他运动来使得自己的模型复杂化。

---

① 李思孟、宋子良主编：《科学技术史》，武汉：华中科技大学出版社，2000 年第 1 版，第 143 页。

② 罗素：《西方哲学史》（下卷），马元德译，北京：商务印书馆，1976 年第 1 版，第 45 页。

③ 约翰·洛西：《科学哲学历史导论》，邱仁宗、金吾伦、林夏水译，武汉：华中工学院出版社，1982 年第 1 版，第 46 页。

④ 爱德文·阿瑟·伯特：《近代物理学的形而上学基础》，徐向东译，北京：北京大学出版社，2003 年第 1 版，第 24 页。

哥白尼模型在半个世纪之后才被有效地整理，是时，约翰尼斯·开普勒引入了椭圆行星轨道的观念，这一观念摒弃了一切辅助运动构想。因此，天文学史上的真正变革基本上是由阿基米德信徒伽利略、柏拉图主义者和毕达哥拉斯信徒开普勒这两位真正使自然数学化的科学家引起的。[①] 尽管如此，哥白尼对于自己模型的不断调适还是显示出他的科学家本色：对于科学家，并不在于他所信的事，而在乎他抱什么态度信它、为什么理由信它。科学家的信念不是武断的信念，而是尝试性的信念；它不是依据权威，不是依据直观，而是建立在证据基础之上。[②]

尽管哥白尼的天文学模型与近代天文学革命的最终结果相比存在明显缺陷，但也正是这种模型导致近代天文学的革命性变革，从而也促成物理科学的诞生。可以说，哥白尼是近代天文学革命的开启者。他关于地球运动的思想，在科学史和思想文化史上都有巨大的革命性作用。首先，哥白尼迈出近代宇宙研究中最困难也是最重要的一步。它使托勒密模型开始失效，开启了新的宇宙模型的塑造。其次，“相对运动观”作为哥白尼理论体系构筑的基本出发点，具有重要的认识论和方法论上的转折意义。它的出现使天文学和物理学领域的关于运动的日常经验主义幻觉开始消散，从此统一地上运动和天上运动成为可能。尽管他本人及开普勒由于受有限宇宙观念的束缚而未能接近这一目标。最后，这种思想事实上成为中世纪关于“人”的观念的终结者，从而也开启了人们对于“人”的地位的重新思考。哥白尼理论使人类从以自我为中心的沉湎状态中摆脱出来，同托勒密体系一起废除的还有那种作为自然界主宰的盲目自信。[③]

更为根本地，哥白尼革命实质上是（数理）理性上的革命，似乎也可以视为（几何学的数学）方法论上的革命，它也可被视为美学意义上的“简单性”理念、知识论意义上“简单性”诉求的胜利，当然也可以看做是“统一性”信仰在内容上的一种调整或者变革。对于哥白尼的科学精神，罗素评论说，“创立近代科学的那些人有两种不一定并存的长处：作观察时万分耐心，设假说时有大无畏精神。其中第二种长处最早期的古希腊哲学家先前曾有过，第一种长处在古代晚期的天文学家身上也有相当程度的表现。但是在古代人中间，也许除亚里士达克外，没有人同时具备这两种长处，而中世纪的时候，更无人具备任何一种。哥白尼像他的一些伟大的后继者，两种兼有。”“新天文学除了对人们关于宇宙的想象产生革

---

① H. Floris Cohen, The Scientific Revolution: a Historiographical Inquiry, Chicago & London: The University of Chicago Press, 1994, 68, 69.

② 罗素：《西方哲学史》（下卷），马元德译，北京：商务印书馆，1976 年第 1 版，第 46 页。

③ 李思孟、宋子良主编：《科学技术史》，武汉：华中科技大学出版社，2000 年第 1 版，第 151，152 页。

命性影响以外，有两点伟大价值：第一，承认自古以来便相信的东西也可能是错的；第二，承认考查科学真理就是耐心搜集事实，再结合大胆猜度支配这些事实的法则。”①

科恩（H. Floris Cohen）说，哥白尼阐述的学说不是作为革命的开幕礼炮，而是唤起近代早期科学出现的一个主要力量。②

二、第谷的观测与开普勒的数学化模型：向近代天文学的顽强推进

哥白尼自己很少从事天文测量，喜欢找几何上更加雅致的手段来解释已经存在的托勒密体系的大量记录。哥白尼之后，天文学领域的下一位重要人物是望远镜到来之前最细致的观察者丹麦天文学家第谷·布拉赫。第谷只接受哥白尼的部分推理，他仍然坚持地球是宇宙的中心。第谷发现了恒星的爆炸（现在称为超新星）并且仔细研究了 1577 年出现的一颗彗星。第谷的“彗星”击碎了托勒密和哥白尼的基本宇宙框架，无疑这是对于近代天文学的一个重大贡献。第谷雇用了约翰尼斯·开普勒作为其助手。这位数学天才将以科学史上最为辉煌的洞察力来利用其雇主的观测成果。③

开普勒是继哥白尼之后采用太阳中心说的第一个重要的天文学家。开普勒受毕达哥拉斯哲学的影响，他虽然是个虔诚的新教徒，却有点异想天开地倾心于太阳崇拜。这些动机当然让他对太阳中心说有所偏爱。他的毕达哥拉斯哲学又引起他追随柏拉图的《蒂迈欧篇》，设想宇宙的意义必定寄托在五种正多面体上。④ 他认为五种正多面体同五个行星水星、金星、火星、木星和土星之间肯定存在某种关系。⑤“开普勒相信，在世界上必定存在着更多的可以发现的数学和谐，它们充分地确认了哥白尼体系的真实性。”⑥

开普勒试图理解为什么行星会在不同时间似乎以不同速度行进。他花了六年时间辛苦地计算分析，设法调和第谷的观察与哥白尼理论的完美圆周之间的矛盾。然而，根据第谷的观测资料，哥白尼确立的太阳中心说形式并不是十分正确的。⑦他有了一个划时代的洞见：行星不会是以圆周运动，它们一定遵循椭圆运动。这

---

① 罗素：《西方哲学史》（下卷），马元德译，北京：商务印书馆，1976 年第 1 版，第 46，47 页。

② H. Floris Cohen，The Scientific Revolution：a Historiographical Inquiry，Chicago & London：The University of Chicago Press，1994，268.

③ Curt Suplee，Milestones of Science，Washington D. C.：National Geographic Society，2000，62.

④ 罗素：《西方哲学史》（下卷），马元德译，北京：商务印书馆，1976 年第 1 版，第 48 页。

⑤ 罗素：《宗教与科学》，徐奕春、林国夫译，北京：商务印书馆，1982 年第 1 版，第 12 页。

⑥ 爱德文·阿瑟·伯特：《近代物理学的形而上学基础》，徐向东译，北京：北京大学出版社，2003 年第 1 版，第 44，45 页。

⑦ 罗素：《西方哲学史》（下卷），马元德译，北京：商务印书馆，1976 年第 1 版，第 48 页。

个观念虽然非常迟缓地被人们接受，但它却根本上改变了天文学进程。① 巴伯说，开普勒“以行星的椭圆轨道代替了正圆轨道的假设，从而证明这种经过修正的哥白尼体系与他从第谷那里继承下来的精确观测数据是一致的。开普勒把‘几何上的完美’这一观念本身视为行星沿着精确数学轨道运行的原因。在他的‘数的神秘性’和‘天体呈现的音乐性’等信念中，如同在他的‘上帝永远按几何学原理工作’的信念一样，既有科学的动机，也有美学的和宗教的动机。然而，在致力于精确观测的过程与对数学关系的揭示中，一个重要的变化正在发生：宇宙日益被视为一个数学的结构。那些有意义的关系是定量的，而不像以前所认为的那样是定性的。没有数学上的这些成就，17 世纪的科学革命和 20 世纪的物理学革命都是不可能的。”②

伯特认为，开普勒的这种突破根本上源于他在信念上的新的因果性概念。伯特说：“对于开普勒来说，真实特性就是在构成感觉世界之基础的数学和谐中捕捉到的特性，因此它们与感觉世界有一种因果关系。真实世界只是量的特征的世界，它的差异只是数的差异。”这就是说，他把可以在观察到的事实中发现的那种根本的数学和谐看做是那些事实的原因，即这些事实何以如此的理由。在现象中借以对因果和谐进行证实的严密性或严格性，是开普勒哲学新的、重要的特点。开普勒深信：“真正的原因必定总是在根本的数学和谐中。……因果性变成要按照数学简单性和数学和谐来重新加以解释。”③

无疑，开普勒建构的行星运动三定律是天文学史上具有划时代意义的伟大成就，它们为牛顿的万有引力定律提供了证据。而且，开普勒是第一个冒险对天文学问题进行严密数学处理，第一个在新科学特有意义上确立起自然律的科学家。他在提升数学方面比他的多数同行走得更远：对于开普勒，构成天文学理论的数学正是成为宇宙结构本身基础的数学。因此，在他作为一个数学天文学家的工作中，开普勒同时努力创造了一种数学物理学。在他最后出版物之一《哥白尼天文学梗概》中，开普勒将他自己的特殊领域描述为物理学的一部分。不过，开普勒对于近代科学的真正贡献在于：作为一位科学哲学家，他做出坚实进步的成就体现在他的这个强调中：有效的数学假说必须是在观察到的世界中能够严格地加以证实的假说。

对于开普勒的科学精神，罗素有个虽显偏颇但也中肯的评论。他说，开普勒

---

① Curt Suplee, Milestones of Science, Washington D. C.: National Geographic Society, 2000, 62.

② 伊安·G. 巴伯：《科学与宗教》，阮炜、曾传辉、陈红炬、陈昆路译，成都：四川人民出版社，1993 年第 1 版，第 28，29 页。

③ 爱德文·阿瑟·伯特：《近代物理学的形而上学基础》，徐向东译，北京：北京大学出版社，2003 年第 1 版，第 45，47 页。

以一种假设为指导，他在辛勤的工作中却发现了行星运动的三个定律，“这是科学史上经常出现的事情的一个极端的例子，即最终证明是正确的和重要的理论，最初是由于它们的发现者有一些完全不切实际的、荒谬的考虑而想出来的。事实上，要提出正确的假设是很不容易的，并不存在任何技巧可以促进科学发展中这一最根本的步骤。因此，用来提出新假设的任何有条理的方案总是倾向于是有益的；如果坚信计划，就能使研究者耐下心来，继续不断地对新的可能性进行试验，不管已经不得不抛弃了多少可能性。”①

三、近代科学精神的伽利略式缔造

伽利略无疑是近代科学革命的关键人物。伽利略对于近代科学革命的贡献在于：一是奠定了经典力学的基础；二是捍卫和发展了哥白尼的日心说；三是创立了实验和数学相结合的科学研究方法。巴伯指出，数学方法与对实验的注重相结合，是从伽利略的工作开始的，而且只有在伽利略那精细的研究中，这种结合才变得明确起来。伽利略的主要功绩就在于，将实验的和力学的技能与用数学公式来表示自己结论的能力结合起来。②

1. 伽利略的数学的理性主义和方法论

伯特指出，在伽利略眼中的自然是一个比在开普勒眼中的自然还要简单有序的系统，这个自然每一个进程都是完全有规律的、必然的。在伽利略看来，自然只是靠少数东西运行，即通过规律而运行；自然科学的结论是绝对真的和必然的，根本不依赖于人的判断。他认为，在自然界存在的这种严格的必然性来自于它那根本的数学特征——自然是数学的领域：哲学被写在那本曾经展现于我们眼前的宇宙这本伟大之书上；这本书是以数学语言来写的，它的符号就是三角形、圆和其他几何图形，没有这些符号的帮助，我们简直无法理解它的片言只语。③ 伽利略以及开普勒关于世界的统一性观念即数学上的统一性，根本就是一种信仰，我们不妨称之为“数学信仰”。与其说他们的这种信仰是对上帝信仰的延伸，还不如说是对于上帝信仰的一种转换：他们关于自然世界的观念几乎就是无神论的。

伽利略的数学理性主义导致他对于自然现象解释的根本变革。一方面，他从古希腊原子论中异化出数学实在论。当他把数学思想扩展到地球上的位置运动时，他

---

① 罗素：《宗教与科学》，徐奕春、林国夫译，北京：商务印书馆，1982年第1版，第12页。

② 伊安·G. 巴伯：《科学与宗教》，阮炜、曾传辉、陈红炬、陈昆路译，成都：四川人民出版社，1993年第1版，第29页。

③ 爱德文·阿瑟·伯特：《近代物理学的形而上学基础》，徐向东译，北京：北京大学出版社，2003年第1版，第56页。

发现，假设物质可分解为“无限小的不可分的原子”，那就很方便了。这些原子只具有数学特性，正是它们作用于感官的不断变化的运动，引起了经验。[①] 另一方面，他对于自然现象的解释由亚里士多德式的目的论解释，异化为描述性解释。在伽利略那里，数学的作用超越了单纯的几何描述范畴。数学主义不再是描写性的，而是具有建构性。[②] 对于怎样运动的数学研究必然要把时间和空间的概念推到一个显著地位。就天文学而论，古代人已经初步认识到需要通过数学方法在天体几何学中追溯行星运动，但是古代人还没有抓住把运动在数量上分析为时间和空间这一可能性的重大含义。由亚里士多德物理学滋生出来的思想习惯，只能由伽利略创造的新的数理科学慢慢地克服。新柏拉图主义的复兴，以及那个时代在哥白尼天文学中达到顶峰的数学进步，促进了这一思想的发展。物理空间被假设等同于几何王国，物理运动正在获得一种纯数学概念的特征。因此在伽利略的形而上学中，空间（或者距离）和时间成为根本范畴。真实世界是处于可以在数学上化简的运动之中的物体的世界，这意味着真实世界是在空间和时间中运动的物体的世界。[③]

伯特指出，由于伽利略致力研究的是运动中的物体，尤其是在日常经验中处理的地面上的物体，这就使他产生另外一些哲学见解，他明确抛弃作为一个说明原理的亚里士多德式的终极因果性概念，就研究运动本身而言，怎样运动才是分析的目标，而且这种分析是用严格的数学方法来进行的。但是，伽利略是以什么实证的因果性概念取代那个受到拒斥的经院哲学的目的论的呢？这儿我们又遇到了一个对近代思想具有深远意义的学说。在开普勒那里，经院哲学的形式因被翻译成数学术语，我们观察到的后果的原因是可以在那些后果中发现数学的美与和谐。但是，开普勒一直是在处理相当简单的均匀运动，在那些情形中很容易不去寻找比形式更多的东西。然而，伽利略的运动是按照动力学术语而不是形式术语的运动，他主要关心的是加速运动。而且这种运动总是预设某个力或者某些力作为原因。因此每个不是简单的均匀运动的原因必定是按照力来表示的。[④]

这种进路非常有利于利用数学工具在逆向建构的意义上进行理论发明，并因此而演绎出具体运动的某种推论。按照伽利略的理论，正是通过“理性”，证明才得以发生；论证和证明依赖于“思想的对象”而不是“经验的对象”。简言之，科

---

① 爱德文·阿瑟·伯特：《近代物理学的形而上学基础》，徐向东译，北京：北京大学出版社，2003 年第 1 版，第 65 页。

② 加斯东·巴什拉：《科学精神的形成》，钱培鑫译，南京：江苏教育出版社，2006 年第 1 版，第 2 页。

③ 爱德文·阿瑟·伯特：《近代物理学的形而上学基础》，徐向东译，北京：北京大学出版社，2003 年第 1 版，第 70，71 页。

④ 爱德文·阿瑟·伯特：《近代物理学的形而上学基础》，徐向东译，北京：北京大学出版社，2003 年第 1 版，第 69，75 页。

学中的论证遵循与数学中论证方法相似的方法。地面物体动力学的诞生，就是伽利略把严格的数学方法自然而简单地应用于一个比较困难的力学关系领域的结果。伽利略在《论运动》中提倡的是回到这种方法：从几个有事实依据的第一原理开始，从这里建立类似于欧几里得的严格的演绎系统。真正的科学主要探讨以演绎方式逻辑地相互联系的原因和结果，就像几何定理与公理、公设和定义相互联系一样。[①] 在他之前，其他人已追问过为什么重物体下落。现在，地球与其他天体的同质性表明，地球上的位置运动是适合于严格的数学研究的题材。对于伽利略，逻辑是批评的工具，数学是发现的工具。[②]

2. 前期伽利略的经验主义路线和实验思想

胡塞尔说："作为真正的客观知识王国的数学和在它指导下的技术，成为激发伽利略时代的和甚至在他之前的'现代'人探索哲学的认识世界的和进行理性实践的兴趣。"[③] 伽利略对于近代科学革命的贡献并不仅限于他的数学理性主义和方法论。他还有对于科学发现的真正的经验主义方法的开拓性应用。他的方法极大地依赖于无偏见的观察，依赖于从自然展示在我们面前的事实中分辨出最重要的因素，依赖于实验验证。[④]

伽利略对于近代经验主义的革命性贡献，并不是对亚里士多德物理学之经验主义的全盘抛弃。伽利略深信，自然界这本书是用数学语言写的。由于这个理由，他试图把物理学的范围限于断言"第一性的质"。第一性的质是那些相对某个标度经历系统定量变化的质。伽利略认为，如形状、大小、数目、位置和"运动"量等第一性的质是物体的客观性质，而如颜色、味道、气味和声音的第二性的质只存在于感知主体的心中。伽利略的物理学分界的一个结果是，物体的运动要参照空间坐标系统来描述。伽利略用量的方面有区别的几何学空间代替了亚里士多德的质的方面有区别的空间。伽利略接受了亚里士多德把科学研究看做从观察上升到一般原理再回到观察的两阶段观点。此外，伽利略赞同亚里士多德这样的观点，

---

① Charles B. Schmitt, Studies in Renaissance Philosophy and Science, London: Variorum Reprints, Ⅷ, Experience and Experiment: a Comparison of Zabarella's View with Galileo's in De motu, 1981, 112～114.

② 爱德文·阿瑟·伯特：《近代物理学的形而上学基础》，徐向东译，北京：北京大学出版社，2003年第1版，第55，57页。

③ 埃德蒙德·胡塞尔：《欧洲科学危机和超验现象学》，张庆熊译，上海：上海译文出版社，2005年第1版，第51页。胡塞尔还说，"每一种特殊科学的建立现在本身也受到与此相应的理性理论的或理性领域的理念的指导。""人们不应被通常所说的那种经验主义和理性主义的对立弄糊涂。"（《欧洲科学危机和超验现象学》第81页）

④ H. Floris Cohen, The Scientific Revolution: a Historiographical Inquiry, Chicago & London: The University of Chicago Press, 1994, 44.

即解释性原理必须从感觉经验资料中归纳出来。[①]

在伽利略科学生涯的早期，特别是在《论运动》中，他对于“经验”的几种不同使用主要是日常语言意义上的，诸如“经验告诉”、“经验向我们表明”等。伽利略经常援引经验来支持他自己的论述，以质疑他不同意的那些人的意见。作为一种证据使用，伽利略经常发现召唤“经验”是很方便的，但有时他也使用诸如“比率”等其他证据。然而，有时他也会清楚地声明经验的局限，强调自然哲学家也有必要利用其他智力技艺的事实。[②]

在这里，伽利略的“经验”隐含了这个假定：观察者仅仅起一种被动的作用：他不产生经验，但是他拥有经验；观察者仅仅是能够以各种方式作用于他的世界中的观察者，是物理世界对于这位接受性观察者的这些作用导致了经验。虽然伽利略在《论运动》中，在几种不同的意义上，为了几种不同目的而使用“经验”概念，但它们都有一个基本意义：“观察”或者“从世界学习世界自然地呈现给我们的东西”，肯定不是“实验”或者“有目的地检验物理实在的某个方面”。[③]

不过在《论运动》中，的确能够发现伽利略似乎有一个十分清晰地整理出来的在“检验自然”意义上的关于实验的观念。

在《论运动》中，对于伽利略来说，虽然“实验”或者“检验”具有十分重要的作用，但它对于特定力学假说仅仅起着判定其是错误的作用——它不能“拯救现象”。在伽利略看来，虽然理论会使我们得出结论铅比木头降落得快，经验却不会确证它。他在讨论著名的斜面实验时说：我们的证明必须是关于免于一切外界阻力的物体的理解；但是，因为在物质领域中可能无法找到这样的物体，因此，即使实验失败，就这个主题做 periculum（检验）的人也不必惊奇。如这些表达，伽利略似乎在说，他的假说可以在有意产生的检验或者实验基础上被修正，periculum 起到了对于理论预言进行检验的作用。因此，可以说，在《论运动》中，伽利略起码在观念上已经达到实验主义巅峰。[④]

伽利略在《论运动》中的这段话阐明了两个非常重要的实验哲学观点。其一，“检验”与“经验”之间存在截然的区分。对于伽利略来说，“检验”是人们以筹划和理性有意识地有目的地做的事（或者在“思想实验”的情况中，概念地

---

① 约翰·洛西：《科学哲学历史导论》，邱仁宗、金吾伦、林夏水译，武汉：华中工学院出版社，1982 年第 1 版，第 54～56 页。

② Charles B. Schmitt，Studies in Renaissance Philosophy and Science，London：Variorum Reprints，Ⅷ，Experience and Experiment：a Comparison of Zabarella's View with Galileo's in De motu，1981，109，110.

③ Charles B. Schmitt，Studies in Renaissance Philosophy and Science，London：Variorum Reprints，Ⅷ，Experience and Experiment：a Comparison of Zabarella's View with Galileo's in De motu，1981，114.

④ Charles B. Schmitt，Studies in Renaissance Philosophy and Science，London：Variorum Reprints，Ⅷ，Experience and Experiment：a Comparison of Zabarella's View with Galileo's in De motu，1981，118，119.

"做"),而"经验"是作用于一个被动观察者的东西。在这种语境下,"经验"指可观察的结果,它是在某人主动地做实验之后以被动的方式被接受的。其二,这部著作明确地表明,实在的某些极其重要的方面不是能够通过实验来接近的。也许这对于总体理解伽利略在《论运动》中的实验态度尤为重要。虽然我们能够设计一个检验或者实验来解决所涉及的问题,但得出的"经验"未必向我们揭示我们想知道的东西。其原因是,在素材中,我们无法找到一种没有外部阻力的理想物体。① 如现代人认识到的,"在科学对理论的需要与理论对观察的依赖之间,存在显然的张力"。②

伽利略的《论运动》已经呈现出他后来的"实验主义者"形象的一些基本方面,尽管有些是消极的。首先,伽利略已经有了关于实验的一些观念。他有意识地试图以"实验"这种方式来"检验"自然世界;就他以获得一种特定结果为目标而加给自然特定结构来说,实验者扮演着积极的角色。其次,这种实验可以清晰地区别于这样一种经验:在其中人们仅仅扮演着对他周围事物的被动观察者的角色。最后,虽然实验在《论运动》中是一个被清楚表达的观念,但是,就伽利略来说,它绝不代表一种"新哲学"或者一个新时代的开始。事实上,如他告诉我们的,实验和经验经常起着否定的而不是肯定的作用。

总体而言,伽利略早期的科学研究定位根本上是数学的:1584 年他首次接触数学和 1592 年他去帕多瓦另谋新职之间他所写的一切东西证明了这一点。但是,他的实验主义倾向已现端倪。那种数学理性主义与实验主义相结合的旨趣已经显现出来。起码,在伽利略到达帕多瓦之前,他的著作中就已经有了许多永恒的意义:①认识到自然必须用数学语言来解读,数学方法显然适用于自然哲学问题;②认识到"经验"与"实验"之间的明显差别。③

3. 后期伽利略理性主义与实验主义的结合路线和基本模式

在《论运动》中,虽然伽利略明确区分了 experientia(一般和被动意义上的经验)与 periculum(研究者在其中扮演积极角色意义上的实验或者检验),但是,对于伽利略,经验和实验(或者检验)的价值是有限的,因为它们经常不能给出所期望的信息,因此,一种能够利用实验达不到的理想化条件的理论的、数学的

---

① Charles B. Schmitt, Studies in Renaissance Philosophy and Science, London: Variorum Reprints, Ⅷ, Experience and Experiment: a Comparison of Zabarella's View with Galileo's in De motu, 1981, 120, 121.

② 亚历克斯·罗森堡:《科学哲学——当代进阶教程》,刘华杰译,上海:上海科技教育出版社,2004 年第 1 版,第 175 页。

③ Charles B. Schmitt, Studies in Renaissance Philosophy and Science, London: Variorum Reprints, Ⅷ, Experience and Experiment: a Comparison of Zabarella's View with Galileo's in De motu, 1981, 123, 132, 137, 138.

进路是必要的。然而，在帕多瓦的 18 年中，伽利略的学术定位似乎极大地改变了。同时，他对于哥白尼理论越来越感兴趣。在此期间，对于经验（esperienza）作为科学研究的工具他具有更多的信心，他的住所也呈现出工匠作坊的特点。也就是在帕多瓦期间，他似乎满足于不仅表明阿基米德的立场由于理性而是真的，而且这种立场也与经验相一致；此时，经验对于伽利略也很少再有在《论运动》中的可疑的本性，它在发展科学真理中以正面的帮助而起作用。他在《论运动》中发展的数学-阿基米德式进路，与一种对于实验和实施实验所需的体能的更加肯定的态度相耦合。①

1609 年，伽利略仅仅根据关于望远镜设计的一个报道，就开始着手建造自己的优越得多的观察工具。仅仅在几年内，他就发现了大量令人惊奇的现象，它们将使托勒密的宇宙终结，并支撑起哥白尼宇宙。伽利略用望远镜发现了太阳表面的一些斑点。通过观察这些形式中的变化，伽利略确定，被认为不变的太阳，不仅有斑点，而且每隔大约 27 天围绕自己的轴旋转一周。他揭示了月球表面疑似地球表面的高低不平的山脉和深谷。他还发现，被研究最多的天体之一金星尤其不稳定。虽然裸眼所看到的金星总是一个球体，但是，像月亮一样，它也经历不同阶段，从月牙形变化到完全的亮度。甚至更加令人惊奇的是，他结论性地证明了木星有自己的卫星。虽然伽利略时代的折射望远镜远不完善，限于大约 30 倍率，而且它们有色差的瑕疵，但是 17 世纪第一个 10 年之后，盛行的关于宇宙的观点永远地改变了，从此人类再也不以以往的方式来看待天空了。②

托勒密式的宇宙观念之所以难以消亡，部分地是由于哥白尼的观点违反了经验常识。在伽利略从事科学研究的时候，力学科学仍然主要是由正统的亚里士多德物理学概念统治着。此时的人们在智力体系上并不能给予哥白尼学说以合理性辩护。③ 然而，伽利略没有把日心说假说看做仅仅是拯救现象的计算手段，他提出许多支持哥白尼体系是物理学真理的论据。伽利略确信适当挑选的实验能确证宇宙中数学上和谐的存在，以此补充他对毕达哥拉斯主义的信奉，这对后来科学的发展极为重要。④ 纯粹经验理性受到严重挑战，实验作为科学理论的辩护手段出场了。

伽利略的整个成就和兴趣，充分昭示了他从来不愿意认真考虑数学先验论的

---

① Charles B. Schmitt，Studies in Renaissance Philosophy and Science，London：Variorum Reprints，Ⅷ，Experience and Experiment：a Comparison of Zabarella's View with Galileo's in De motu，1981，132～134.

② Curt Suplee，Milestones of Science，Washington D. C. ：National Geographic Society，2000，64.

③ Curt Suplee，Milestones of Science，Washington D. C. ：National Geographic Society，2000，69.

④ 约翰·洛西：《科学哲学历史导论》，邱仁宗、金吾伦、林夏水译，武汉：华中工学院出版社，1982 年第 1 版，第 47，48 页。

极端形式。在他看来，我们的争论是关于感觉世界的争论，而不是纸上之争；仅在什么东西在自然中是合适的、什么东西是不合适的这样一般的原理上争来争去是无用的，我们必须"回到特定的论证、观察和实验"上来。伽利略发现，诉诸感觉证实往往是很方便的。事实上，他的经验主义是相当深的。如果不是因为伽利略的一些可以普遍地得到证实的发现向人们的感官清楚地表明亚里士多德的一些陈述是假的，在他同时代人的眼中，他很难成为推翻亚里士多德主义运动中的一位勇猛人物。当人们在经验上被迫承认，一切物体都以一致的加速度下落，金星表现出像月球一样的位相，太阳表面有黑子等时，亚里士多德的权威便被严重动摇了。[①]

约翰·洛西指出："伽利略坚持抽象和理想化对物理学的重要性，从而扩展归纳技术的范围。在他自己的工作中，他利用诸如'真空中的自由落体'和'理想摆'这样一些理想化方法。这些理想化在现象中没有直接的例子可说明。它们是通过一系列有序的现象外推而表述的。""伽利略在力学方面的工作证明这些概念是富有成效的。他能够从规定理想化运动性质的解释性原理中推演出落体和实在的摆的近似的运动。"[②] 伽利略的这类概念工具有效地实现了与实验理念的对接，这种"理想化"更为明显地体现在所谓的"思想实验"之中。

伽利略描述过一些所谓"思想实验"，但显然他从未真正付诸实践；在他看来，只有当为了说服那些对他的数学结论持反对态度的人，实验才是必要的。[③] 在伽利略这里，科学的理性主义成分趋向于支配其实验成分，这种情况持续到17世纪后期才结束。但在此之前，伽利略广泛运用了实验方法。他对匀加速运动的发现，就是通过让小球从斜面上滚下这一实验而实现的；这是将归纳和演绎相结合，从理论和实验两方面反复进行推导的典型范例。他运用诸如长度、时间、速度之类的概念；这些都是可以测量的，可以用数学符号表达的。他记录了他如何思考在速度和距离之间可能存在着某种数学关系，并且推演出这种关系预期将产生的定律——一种被证明与实验结果一致的结论。此外还做了其他一些理论性假设，计算了可从这些假设中推导出来的等式，并给这些等式以相应的实验验证。这正

---

① 爱德文·阿瑟·伯特：《近代物理学的形而上学基础》，徐向东译，北京：北京大学出版社，2003年第1版，第58页。

② 约翰·洛西：《科学哲学历史导论》，邱仁宗、金吾伦、林夏水译，武汉：华中工学院出版社，1982年第1版，第56页。

③ 马赫在《认识与谬误》中列专章（第十一章）论述了思想实验问题。他认为，"我们的观念比物理事实更容易在手头：思想实验可以说花费较少。正是这样的小小的奇迹，使得思想实验往往在有形实验之先，并为其做好准备。"（p. 188）"思想实验无疑导致我们思维的巨大变化，并开辟了探究的最重要的新路线。"（p. 190）"思想实验不仅在物理学中是重要的，而且在每一个领域里都是重要的"（p. 197）。（参见恩斯特·马赫：《认识与谬误》，李醒民译，北京：华夏出版社，1999年第1版，第185～200页）

是新兴科学的全部特征所在：有区别的概念类型，理论与实验的结合，以及把自然规律作为可测量的变量中的数学关系来表达的这样一种目标。[①]

在帕多瓦 18 年之后，伽利略赋予实验以越来越重要和越来越肯定的作用，《论运动》中数学定位的进路与控制的、仔细设计的实验结合，结果产生了在伽利略成熟期著名著作中如此明显的著名的“科学方法”。[②] 伯特指出，“作为一个整体来看，伽利略的方法可以分析成三个步骤：直观或解析，论证和实验，在每个情形中他都使用了他所偏爱的术语。面对感觉经验的世界，我们要尽可能完整地析出并考察某些典型现象，其目的首要地是为了使得那些简单的、绝对的要素变得直观；根据那些要素我们可以最容易、最完备地把此现象翻译成为数学形式；那等于把感觉事实分解成为处于量的组合之中的要素。如果我们已经合适地完成了这一步，我们就不再需要感觉事实；由此得到的要素就是它们的真实的构成要素；通过纯数学从它们那儿得到的数学论证（第二步），必定总是对这个现象的类似实例为真，即使有时不可能在经验上证实它们。这说明了他的那些先验论色彩更浓的段落的大胆基调。可是，为了得到更确定的结果，尤其是为了通过感觉实例让那些并不绝对相信数学的普遍的可应用性的人们信服，就有必要在那里发展出其结论可以通过实验来确认的可能论证。借助于这样获得的原理和真理，我们便可以着手研究更复杂的相关现象，并发现其中蕴涵着什么另外的数学定律。”[③]

李醒民先生说：“在此我们要特意指出，伽利略的新的方法论就是近代科学的新的科学精神，伽利略本人也是当之无愧的近代科学精神之父。”[④]

第二节　近代经验主义的培根式方法论和洛克式自然理性观

伯特指出：“在 17 世纪的头 25 年里，世俗的学问在一个人的支持和倡导下强有力地发展起来，在对这门学问的政治忠告上没有谁比此人具有更高的地位了，

---

① 伊安・G. 巴伯：《科学与宗教》，阮炜、曾传辉、陈红炬、陈昆路译，成都：四川人民出版社，1993 年第 1 版，第 30 页。

② Charles B. Schmitt, Studies in Renaissance Philosophy and Science, London: Variorum Reprints, Ⅷ, Experience and Experiment: a Comparison of Zabarella's View with Galileo's in De motu, 1981, 135.

③ 爱德文・阿瑟・伯特：《近代物理学的形而上学基础》，徐向东译，北京：北京大学出版社，2003 年第 1 版，第 61 页。

④ 李醒民：《科学的文化意蕴——科学文化讲座》，北京：高等教育出版社，2007 年第 1 版，第 228 页。

这个人就是钱塞勒·培根勋爵。”[①] 可以说，正是弗兰西斯·培根在近代科学革命期间有力地抬升了实验主义的智力地位，其技术和经济的功利主义诉求也在一定程度上提高了英国人对于自然科学研究的兴趣，从而在某种程度上也促进了近代科学实验活动的广泛展开。与关于实验方法的宣扬一道，培根对于归纳法的倡导也在一定程度上刺激了西方人对科学方法论研究的关注。

一、弗兰西斯·培根的日常经验主义实验观

弗兰西斯·培根是近代以来批评传统研究方法最激烈的一位，也是“新方法”的积极倡导者和建构者。他在《新工具》中说：“历来处理科学的人，不是实验家，就是教条者。实验家像蚂蚁，只会采集和使用；推论家像蜘蛛，只凭自己的材料来织成丝纲。”“要把这两种机能，即实验的和理性的这两种机能，更紧密地和更精纯地结合起来（这是迄今还未做到的），我们就可以有很多的希望。”[②] 仅从这段话看，培根似乎是一位科学实验主义者、科学理性主义者，甚至是将二者有机结合的倡导者。

而且，对于实验观，培根说，“最后还剩下单纯经验这一条道路。这种经验，如果是自行出现的，就叫做偶遇；如果是着意去寻求的，就叫做实验。”他还说，“感官本身就是一种虚弱而多误的东西；那些放大或加锐感官的工具也不能多所施为；一种比较真正的对自然的解释只有靠恰当而适用的事例和实验才能做到，因为在那里，感官的裁断只触及实验，而实验则是触及自然中的要点和事物本身的。”这里，培根似乎也明确地区分了“积极的”和“消极的”实验。在更为积极、更为系统的实验的意义上，他还强调，“我们不仅要谋求并占有更大数量的实验，还要谋求并占有一种与迄今所行的实验不同种类的实验；还必须倡导一种完全不同的、足以促进和提高实验的方法、程序和过程。”[③]

无疑，对于科学研究来说，“我们势必要辨认‘积极的’和‘消极的’两种实验。”“我们势必要承认有两种观察：其一是‘消极的’，而另一是‘积极的’。”[④] 而且，培根也确实在倡导一种“积极的”实验。但是，他的积极的实验只是一种盲动，是事实上的漫无边际的事实收集。而且，虽然有时他也强调实验的目的性，但那也仅是对于领域性的，而非假说所导引的。如他在批评博物学家广泛的好奇

---

① 爱德文·阿瑟·伯特：《近代物理学的形而上学基础》，徐向东译，北京：北京大学出版社，2003年第1版，第101页。

② 培根：《新工具》，许宝骙译，北京：商务印书馆，1984年第1版，第75页。

③ 培根：《新工具》，许宝骙译，北京：商务印书馆，1984年第1版，第60，26，79页。

④ 克洛德·贝尔纳：《实验医学研究导论》，夏康农、管光东译，北京：商务印书馆，1991年第1版，第9页。

心时说，“为作自然史（指博物学的自然史）而作的自然史与那种为对理解力提供消息以期建立哲学而集成的自然史是迥不相类的。二者之间有许多不同之处，而特别是这一点：即前者仅仅包含着各式各样的自然属性，而不包括着机械性方术的各种实验。”“只有到了自然史当中已经接受进并集合起多种多样的本身无用而专能帮助发现原因和原理的实验的时候，我们才有良好的根据去希望知识的进一步发展。”① 在他看来，仅凭借实验就能获得关于自然的知识。这在比较具体的或者技术性的知识领域是完全可能的，但对于宏大的理论建构来说，无异于痴人说梦。他依靠当时自然科学的有限进展，在空想和思辨中对“诡辩的、经验的和迷信的”哲学给予了无情的批判，也让人们看到了它们的弊端。但是，如何建构一种全新的“哲学”，特别是如何建构一种确实“科学的”的建构知识的办法，他并没有考量可行性，也许根本上也没有考察自然科学领域的实际研究。他想仅凭工匠式的技术进步范式，以无限制地聚集经验来归纳出科学理论，他并没有想到聚集或者整合前人以及别人的理性成果（包括他们的理性理路和方法），更没有想到科学的重大进步需要不断地提出理论上的假设或者假说，并进而付诸实验检验。他的“积极的经验”在根本上是消极的。伊安·G. 巴伯评论说，“他认为，科学发现可以是一个例行的自动的过程，这个过程‘像是由机器’执行的，这只需要耐心，而不需要作任何复杂抽象的思考。培根的这些想法忽略了整个科学的理论性方面，最重要的是，它们否定了创造性想象在形成新概念时的决定性作用。”②

而且，如克洛德·贝尔纳（Claude Bernard，1813—1878）指出的：“实验方法的目的在于把建立在对事物的预感或模糊感觉基础上的这种‘先验’概念转变为根据对现象的实验研究所作的‘后验的’解释。所以实验的方法又称为后验的方法。”③ 然而，弗兰西斯·培根的实验观仅仅是日常经验主义的实验观，既非发现目的的由假说导引的科学实验主义，也非为检验假说而对推论实施实验的科学实验主义。他的理性主义也仅仅是他的（操作事实的）归纳法逻辑的理性主义，既非作为假说建构的理性主义，更非数理范式的理性主义。

就培根的理性观而言，如他所说：“最好的论证当然就是经验，只要它不逾越实际的实验。”“真正的经验的方法……它首先从适当地整列过和类编过的经验出发，而不是从随心硬凑的经验或者漫无定向的经验出发，由此抽获原理，然后再

---

① 培根：《新工具》，许宝骙译，北京：商务印书馆，1984年第1版，第78，79页。

② 伊安·G. 巴伯：《科学与宗教》，阮炜、曾传辉、陈红炬、陈昆路译，成都：四川人民出版社，1993年第1版，第31页。

③ 克洛德·贝尔纳：《实验医学研究导论》，夏康农、管光东译，北京：商务印书馆，1991年第1版，第29页。

由业经确立的原理进至新的实验。”[①] 显然，在理性意义上，培根一直仅仅强调实验程序本身和对经验事实的处理。然而，“数学家与自然科学家在探索原理的时候并没有什么分别：两者都从事归纳，提出假设，再加以实验，也就是说，试图证明他们的观念是否正确。”贝尔纳批评说：“对于事实盲目的‘相信’，有了事实就不让理智说话，这种态度在实验科学上是和‘相信’感情和信仰，不许理智说话一样有危险性。”“某一事实的本身是什么也说不上的，它的价值只有通过和它有联系的观念或者它提供的证明才体现出来。”事实的价值更体现在“事实在现象与其原因之间建立的理性关系”的因果关系性的实验之中。[②]

培根认为：“人们之所以在科学方面停顿不前，还由于他们像中了蛊术一样被崇古的观念，被哲学中所谓伟大人物的权威，和被普遍同意这三点所禁制住了。”[③] 但是，他在冲击传统权威的同时却被经验禁锢了。因为，培根虽然具有有条理的经验理念，但却缺乏有条理的怀疑和理性意识。

克洛德·贝尔纳指出，“培根教人放弃理论与假设”，但是“伟大的实验者出现于实验方法的理论之前，正像大演说家出现于演说修辞学的论著之前一样。因此在谈到培根时，我似乎不敢说，是他发现了实验方法，这方法伽利略和托里拆利早已应用得非常巧妙，培根本人反而从来不曾运用过。”[④] 罗兰·斯特龙伯格更加严厉地指出：“在英国，培根主义不分青红皂白地讽刺纯粹的理论家，却往往导致无方向的经验主义混乱；霍布斯后来写道：‘药剂师、园艺师、狂热者和补锅匠’都在皇家学会里漫无目的地进行实验。与笛卡儿相比，培根的思想不那么系统，因此笛卡儿的名声总是比他大；与这位法国人相比，他也算不上是科学家。最重要的是，由于他对数学比较忽视，他就错过了时代的主题。虽然他意识到粗鄙的经验主义的某些危险，但是他还是应该受到批评，因为他没有注意到，我们仅仅积累事实，用表格把它们排列起来，那是不可能得出多少东西的；我们必须首先提出问题，构想出一个假设，然后用事实来检验它。”[⑤] 他还指出，“培根属于伊丽莎白时代的权贵之列，可谓阅历丰富、见识过人。他大胆抨击传统的思想流派，号召在知识领域实行变革，主张建立新术语、新方法、新机构和新教育。……这个刚愎自用的英国人有时显得过于‘务实’，对于文人的任何空话都不

---

① 培根：《新工具》，许宝骙译，北京：商务印书馆，1984 年第 1 版，第 45，60 页。

② 克洛德·贝尔纳：《实验医学研究导论》，夏康农、管光东译，北京：商务印书馆，1991 年第 1 版，第 48，56 页。

③ 培根：《新工具》，许宝骙译，北京：商务印书馆，1984 年第 1 版，第 61 页。

④ 克洛德·贝尔纳：《实验医学研究导论》，夏康农、管光东译，北京：商务印书馆，1991 年第 1 版，第 54 页。

⑤ 罗兰·斯特龙伯格：《西方现代思想史》，刘北成、赵国新译，北京：中央编译出版社，2005 年第 1 版，第 46 页。

能容忍。但他也错误地嘲笑伽利略：他在判断科学问题时十分容易出错。虽然他自己不是伟大的科学家，但是他对观察知识的热情是真诚的。在热烈倡导实验时，他不能理解数学分析的重要性。”[①]

与培根庸俗实用主义的实验主义紧密联系的是他的归纳法。总体而言：“培根相信，科学就是观测结果的大量积累和分类。他坚持说，归纳是获取知识的方便途径：进行观测，总结观测结果，然后得出一般性结论。”[②] 同样，培根的归纳法由于对假说不够重视，以致带有缺点。[③] 培根的《新工具》倡导的方法，作为一种实用方法，它并没有被科学家接受；作为一种方法论，它也是错误的。[④]

作为逻辑学家的罗素评论说：“培根完全错误地以为能够找到一种发现工具，通过对它的机械应用，人们就能揭示新的惊人的自然秘密。但假设的建立根本不是以这种方式来进行的。另外，培根对三段论法的拒绝导致他低估了演绎论证在科学探索中的作用。尤其是他很不欣赏当时正蒸蒸日上的数学方法。归纳法在假设验证中的作用只是所需方法的一个小小方面，如果没有数学的演绎法从假设中导出某种可验证的具体情况，我们就无从知道该验证什么。”[⑤] 罗素还指出：“演绎在科学中起的作用，比培根想的要大。当一个假说必须验证时，从这假说到某个能由观察来验证的结论，往往有一段漫长的演绎程序。这种演绎通常是数理推演，所以在这点上培根低估了数学在科学研究中的重要性。”[⑥]

柯林伍德（Robin George Collingwood，1889—1943）也明确指出：“归纳法并不真的取代演绎法；它同时既是演绎法的朋友，也是演绎法的敌人。观察和实验并不取代先验的演绎法，更恰当地，它们被说成是演绎法的基础和先决条件，每个演绎推理过程都依赖于此前的一个归纳法。于是由穆勒作为其伟大代表的理论崛起了，即科学的发生与继续是具有交互节奏的一种过程，在这个过程中，先是归纳法，然后是演绎法。这种理论成功地发现归纳法本身依赖一种原理，这个原理被分别描述为本质的一致性、关于普遍因果关系的法则等，而正是由于依赖于这个原理，所以归纳法无力对它予以确定。”[⑦] 对于培根，自己没有科学研究的经验，这是致命的缺陷；当然与他的庸俗的实用主义态度也不无关系。

---

① 罗兰·斯特龙伯格：《西方现代思想史》，刘北成、赵国新译，北京：中央编译出版社，2005年第1版，第46，45页。

② 伊安·G. 巴伯：《科学与宗教》，阮炜、曾传辉、陈红炬、陈昆路译，成都：四川人民出版社，1993年第1版，第31页。

③ 罗素：《西方哲学史》（下卷），马元德译，北京：商务印书馆，1976年第1版，第65页。

④⑤ 伯兰特·罗素：《西方的智慧》，崔权醴译，北京：文化艺术出版社，2005年第1版，第207页。

⑥ 罗素：《西方哲学史》（下卷），马元德译，北京：商务印书馆，1976年第1版，第65页。

⑦ R. G. 柯林伍德：《精神镜像或知识地图》，赵志义、朱宁嘉译，桂林：广西师范大学出版社，2006年第1版，第169页。

可悲的是，“培根不仅瞧不起演绎推理，也轻视数学，大概以为数学的实验性差。”“尽管培根感兴趣的正是科学，尽管他的一般见解也是科学的，他却忽略了当时科学中大部分正进行的事情。他否定哥白尼学说，只就哥白尼本人讲，这还情有可原，因为哥白尼并没提出多么牢靠的议论。但是开普勒的《新天文学》（*New Astronomy*）发表在1609年，开普勒总该让培根信服才对。”“他似乎根本不知道近代解剖学的先驱维萨留斯的成绩。出人意料的是，哈维是他的私人医生，而他对哈维的工作好像也茫然不知。固然哈维在培根死后才公布他的血液循环发现，但是人们总以为培根会知道他的研究活动的。哈维不很高看培根，说‘他像个大法官似的写哲学’。假使培根原来对功名利禄不那么关切，他当然会写得好一些。”[①]

总之，从认识论的角度看，培根主义在知识来源的意义上，局限在基于观察的经验知识；在知识形态的意义上它停留在经验直观知识阶段，缺乏理性推理的知识建构诉求；从科学方法论的角度看，培根主义在探索道路上停滞在对直观经验知识的归纳阶段，而且也缺乏明确的对“先验的”理性知识建构的“事后”实验方法检验的方法论原则。培根的实验观，在实验主义进路上是一种日常的（盲目的）经验主义实验观，在科学方法论进路上是一种片面的（极端的）实验主义方法观。对于前者，如贝尔纳指出的：“学者们似乎混淆了观察与实验的意义。如培根就把这两件事混为一谈，他说：‘观察与实验是为了收集材料，归纳与演绎是为了对材料进行加工：这就是唯一的最好的智慧的法宝。’”“这是由于人们混淆了两种不同的研究技巧，即搜求事实的技巧和推理的技巧的结果，后者在于安排事实于一种逻辑的范畴内，以寻求真理。然而，无论是观察或者是实验，研究中都需要同时有精神的和感官的活动。”[②]

在培根看来，“科学的真正的、合法的目标说来不外是这样：把新的发现和新的力量惠赠给人类生活。”[③] 培根特别重视实际的工匠知识，他通过主张它对国家的重要性，也通过道德和宗教论述来为有用性进行更高的评价。[④] 罗素指出：“培根哲学的全部基础是实用性的，就是借助科学发现与发明使人类能制驭自然力量。”[⑤] 培根拒绝接受传统思想和倾向的阻碍，同时猜想旧的方式在实际生活中将

---

① 罗素：《西方哲学史》（下卷），马元德译，北京：商务印书馆，1976年第1版，第64，65页。

② 克洛德·贝尔纳：《实验医学研究导论》，夏康农、管光东译，北京：商务印书馆，1991年第1版，第8页。

③ 培根：《新工具》，许宝骙译，北京：商务印书馆，1984年第1版，第58页。

④ Peter Dear, Revolutionizing the Sciences: European Knowledge and Its Ambitions, 1500—1700, Hampshire: Palgrave, 2001, 73.

⑤ 罗素：《西方哲学史》（下卷），马元德译，北京：商务印书馆，1976年第1版，第62页。

继续适用。他在理论与实践之间锻造了一种新的联系，这种联系将哲学和科学转变为一种技术，它不是被打算诠释世界，而是改造世界。

不过，培根有他独特的历史重要性。在17世纪的英国，人们引用他的著作超过其他所有哲学家的著作。英国皇家学会的建立以及英国出现的科学复兴产生了波义耳和牛顿，这在很大程度上应该归功于培根的开创性启示。英国人后来也倾向于把他们在科学和工业方面的领先地位归功于培根勋爵这位“归纳科学之父”。文德尔班也明确指出，尽管“培根并不是一个要想在方法上和实质上促进对自然之研究那样的人；但这无损于他在哲学上的重要性，此重要性在于他要求对一原则的普遍应用，对此原则说来，他还不能为其最直接的对象（物质世界）提出有用的或有成效的形式。”①

但是，毕竟如贝尔纳指出的：“当笛卡儿从普通的怀疑精神出发而排斥权威的时候，对实验者来说他给予人的思想信条远比培根的归纳法所给予的要实用得多。”“只有怀疑的精神才引起实验的要求，也只有怀疑的精神才决定实验推理的形态。”②

二、洛克的经验主义哲学和自然理性观

柯林伍德说，文艺复兴以来“反对‘亚里士多德’的战斗是让有关事实的经验主义研究变得明示化的一种努力”，“其结果从理论的方面说，是归纳逻辑对演绎逻辑的代替；从实践方面说，是科学思想的巨大扩张与巩固，这种思想由于解除了在纯粹演绎逻辑的虚假理想那里所受到的束缚，所以第一次可以在经验主义事实研究基础之上认识到它的真实本质。”③

英国是西方近代经验主义哲学的大本营。除了经验方法的倡导者弗兰西斯·培根这位业余哲学家，在这一时期的英国更具重要意义的人物是托马斯·霍布斯。虽然霍布斯有他曾经的雇主培根对实际探究的热情和对传统哲学的反对，但是，他在关键的一点上与培根决裂。他反对培根对基于自然史的一种自然哲学的信奉，理由是，自然史提供的证据仅仅是或然的，它不能支持任何可靠的科学知识。这种对可靠性和确定性的关注，鼓励霍布斯将几何学当作他的科学活动的模型。虽然科学活动的这种建构性模型保障了科学的结论总是能够被证明或者证伪，但是，霍布斯对自然史的拒绝却有这样的效果：将科学活动的范围局限于在某种建构意

---

① 文德尔班：《哲学史教程》（下卷），罗达仁译，北京：商务印书馆，1993年第1版，第528页。

② 克洛德·贝尔纳：《实验医学研究导论》，夏康农、管光东译，北京：商务印书馆，1991年第1版，第54页。

③ R.G.柯林伍德：《精神镜像或知识地图》，赵志义、朱宁嘉译，桂林：广西师范大学出版社，2006年第1版，第169页。

义上是“可生成的”现象。从这种生成观点而来的一种实用科学的模型因此本质上是无生命的建构和制造。霍布斯的科学只是在工匠和建筑者的世界里才是令人舒适的。[①] 虽然霍布斯在某些方面属于经验主义传统，但他也欣赏数学方法，该方法把他和伽利略、笛卡儿联系在了一起。由于如此深谙演绎法在科学探索中的作用，他对科学方法更为彻底正确的把握是培根所不能企及的。[②]

做出对近代科学诞生前后经验科学哲学总结的是约翰·洛克。虽然洛克的经验主义是“近代的”，但是，在辩证地看待经验与理性的关系，或者辩证地看待实验-实证与理性的关系方面，也许洛克的看法最具有“现代性”。在他的观点中，经验方法蕴涵理性方法，而理性也必须有经验依据。虽然他对于经验和理性的看法并不是完全正确的，甚至“白板说”也仅是一个很有局限性的假说。

在《人类理解论》中，洛克首次直截了当地阐述了心灵的局限性，以及我们所能进行的探索的局限性。洛克的认识论探索是某种批判性哲学的基础，这种哲学在两层意义上是属于经验主义的。其一，洛克的认识论并不像理性主义哲学那样，预先断定了人类知识的范围；其二，它强调感知（或者经验）因素。这种观点不仅标志了经验主义传统的开启（由贝克莱、休谟和J.S. 穆勒所推动），而且标志了康德批判哲学的起步。洛克的《人类理解论》旨在扫除旧的偏见和先入之见。他谦逊地认为这项任务不及那些大师级营建者（如“无与伦比的牛顿先生”）的工作。[③]

洛克认为，必须将知识严格地置于经验基础之上，因为人在理性和知识方面所有的一切材料都是从“经验”来的。他说：“我们的一切知识都是建立在经验上的，而且最后是导源于经验的。我们因为能观察所知觉到的外面的可感物，能观察所知觉、所反省到的内面的心理活动，所以我们的理解才能得到思想的一切材料。这便是知识的两个来源；我们所已有的，或自然要有的各种观念，都是发源于此的。”他还认为，观念有两个来源，即“感觉”和“反省”。后者包括知觉、思想、怀疑、信仰、推论、认识、意欲，以及人的心理的一切作用。

作为一位经验主义者，洛克对英语中的“理性”一词作了语义学考察并限定了自己的使用。他说：“‘理性’一词的歧义——在英文中reason这一个字有几种意义；有时它指正确而明白的原则而言，有时它指由这些原则所推出的明白清楚的演绎而言；有时它指原因而言，尤其是指最后的原因而言。不过我这里所将考察的它的那

---

① Ian Box，The Social Thought of Francis Bacon，Lewiston/Lampeter/Queenston：The Edwin Mellen Press，1989，30～31.

② 伯兰特·罗素：《西方的智慧》，崔权醴译，北京：文化艺术出版社，2005年第1版，第208页。

③ 伯兰特·罗素：《西方的智慧》，崔权醴译，北京：文化艺术出版社，2005年第1版，第233页。

个意义，完全与这些不相干。在这里，它是指人的一种能力而言的；这种能力正是人和畜类差异之所在，而且在这方面，人是显然大大超过了畜类的。”在洛克看来，理性“可以扩大我们的知识并且调节我们的同意”，“而且它对我们的别的一切理智官能，都是必需的，有助力的”，“它实际就含着机敏和推论两种官能。”我们可以将洛克的看法看做是对于“经验”的一种理性定位或者理性判断。

出于发现新知识的目的，也由于对于理性能力的独特理解，洛克与近代绝大多数哲学家一样，对亚里士多德式的三段论演绎推理方法持否定态度。他说，“三段论法并不是理性的最大工具”，它“并不是唯一的、最好的推论方法，而且人们如果意在找寻真理，愿意尽力应用自己的理性来求得知识，正不必需要这些方法。”“它不能增加我们的知识，只能用知识进行诡辩——我们纵然承认三段论式可以帮助我们使人相信他们自己的错误，可是在最重要的一部分，它却不能帮助我们的理性。我所谓最重要的一部分，就是指找寻证明，寻求新发现而言的。”“这种推论方法并不能发现新的证明，它只是整理排列已有证明的一种艺术。”[①]

洛克特别强调理性的自然性。他认为，“凡由我们的自然理性和观念所能发现出的那些真理，启示亦可以发现出来，传达出来。”“理性乃是自然的启示：永恒的光的天父，和一切知识的泉源，就借理性把人类的自然官能所能达到的一部分真理传达给他们。启示乃是自然的理性，理性在这里，只是为上帝所直接传来的一套新发现所扩大，不过那些新发现仍待理性来证实其为真实，就是理性要借各种证据来证明它们是由上帝来的。因此，人如果取消了理性，而为启示让路，他就把两者的光亮都熄灭了。”[②]

第三节　笛卡儿式理性主义和近代哲学的奠基

随着文艺复兴对古代哲学思想的恢复，16 世纪的西方世界也复兴了古代的怀疑主义。学院怀疑主义继承了古希腊哲学怀疑主义传统，认为没有可能获得确定的知识。这种态度导致了关于神学知识基础的争论，也造成西方知识分子中 17 世纪早期的“怀疑主义危机”。不过，此时的怀疑主义已今非昔比，学者的知识理想发生了根本性转变。例如，伽桑迪作为一位博学的自由思想家，他从纯粹怀疑的立场转向了这种观点：如果我们放弃证明的知识理想，将它变成假设的知识，我

---

① 洛克：《人类理解论》，关文运译，北京：商务印书馆，1959 年第 1 版，第 666，667，669，677，678 页。

② 洛克：《人类理解论》，关文运译，北京：商务印书馆，1959 年第 1 版，第 690，698 页。

们就能够达到一种科学。笛卡儿更加明显地从怀疑主义出发走向了确定性的知识发现。笛卡儿虽然不像伽利略，并没有认为自己是一位柏拉图主义者，但是两个人分享同样的思想，认为科学是物理学还原为数学。但是，这种新柏拉图主义远远与原初的不同，因为笛卡儿的空间驱除了柏拉图式的宇宙价值。①

一、笛卡儿的怀疑主义和理性主义目标

笛卡儿的初级教育是在当时欧洲最著名的拉·弗来施公学完成的；他非常好学，攻读了古典语文、历史、文学、修辞、神学、哲学、法学、医学等学校课程，仍不满足。如他所说："我把这所学校里别人所学的功课全部学完，甚至不以学校讲授的学问为满足，凡是大家认为十分稀奇、十分古怪的学问（指炼金术、占星术、手相术、土占术、通灵术、巫术之类），只要捞得到讲它们的书，我统统读了。"但他并没有沉溺于先人的书本知识。如他所说："我下定决心，除了那种可以在自己心里或者在世界这本大书里找到的学问以外，不再研究别的学问。于是趁年纪还轻的时候就去游历……搜集各种经验，在碰到的各种局面里考验自己，随时随地用心思考面前的事物，以便从中取得教益。"② 在追逐经验方面，笛卡儿是一位近乎狂热的经验主义者。

而且，在笛卡儿看来，"关于经验，我还注意到一件事，就是认识越进步越需要经验。""我一般地考察世界上所有的一切，以及能够有的一切"；"可是我也必须承认，自然界的势力是非常之大、非常之广的，那些本原是非常简单、非常一般的。"并且，"单凭人的思想实在分不清哪里是现存的，哪里是可能存在过的，所以只有通过结果往上追溯原因，只有进行许多特殊的实验。""只有安排一套实验，根据实验结果不同来决定该用哪一种方式来解释。到了这一步，我觉得我已经很清楚地看到，我们应当从什么角度进行大部分实验，才能达到这个目的"。③由此可以看出，笛卡儿的实验主义倾向是非常明显的。

他还说："假如世界上有那么一个人，大家确实知道他能够做出最伟大的发现，给公众带来莫大的利益，由于这个缘故，别人都千方百计地帮助他完成计划，依我看来，能帮得上他的也只限于提供经费，资助他进行必要的实验，再就是谁也不要打扰他、浪费他的时间。"④ 笛卡儿也认为，科学能给人类带来幸福。在这

---

① H. Floris Cohen，The Scientific Revolution：a Historiographical Inquiry，Chicago & London：The University of Chicago Press，1994，296～299，78.

② 笛卡儿：《谈谈方法》，王太庆译，北京：商务印书馆，2000年第1版，第6，9页。

③ 笛卡儿：《谈谈方法》，王太庆译，北京：商务印书馆，2000年第1版，第50，51页。

④ 笛卡儿：《谈谈方法》，王太庆译，北京：商务印书馆，2000年第1版，第56，57页。

一点上，他和弗兰西斯·培根是一致的。笛卡儿明白科学的发明可以帮助各种技艺，减轻人类的辛劳，但是他绝不止于为生产技术而研究科学，而要追究科学的原则，认识科学的底蕴。因此他不限于追求经验，利用经验，还要追问人是怎样研究科学的，这就是要提高到世界观的水平，建立新的科学的哲学。他认为只有这样才能真正造福人类。[①]

不过，他并不仅仅收集资料，而是把更多的精力用在分析、综合的理解活动上。正是他的那种广泛的阅历开阔了他的眼界，照亮了他的心扉，他不再像传统所要求的那样把圣经贤传当作绝对的权威崇拜，开始采取批判的眼光看待一切了。笛卡儿说："自由地对所有的人做出我自己的判断，认为世界上根本没有一种学说真正可靠，像从前人们让我希望的那样。""遍读好书，有如走访著述的前代高贤，同他们促膝谈心，而且是一种精湛的交谈，古人向我们谈出的只是他们最精粹的思想。""而且我还明白：博学旁通，连最迷信、最虚妄的东西也不放过，是有好处的，可以知道老底，不上它们的当。"[②]

笛卡儿生活在 16 世纪末年到 17 世纪中叶期间。这是一个欧洲统一的基督教世界走向世俗的民族国家分治的关键时期；文艺复兴运动和新教运动的激荡，使得基督教意识形态的统治地位明显地松弛了，民族国家意识和各种世界观念、自由主义思潮弥漫开来。而古代怀疑主义复兴的冲击所造成的怀疑主义危机也促使笛卡儿和其他人试图解决关于知识的一些基本问题。怀疑主义者，无论是现实的还是想象的，都使非怀疑主义者一次又一次地挣扎着找到一种连贯一致的方式，将其智力置于一种可接受的秩序之中。[③] 对于笛卡儿，如他所说："我这并不是模仿怀疑论者，学他们为怀疑而怀疑，摆出永远犹豫不决的架势。因为事实正好相反，我的整个打算只是使自己得到确信的根据，把浮土和沙子挖掉，以便找出磐石和硬土。"[④]

对笛卡儿来说，这种"磐石"和"硬土"，并不是异变的实体的东西，而是永恒的数学基底。他说："我特别喜爱数学，因为它的推理确切明了；……觉得它的基础这样牢固，这样结实，人们竟没有在它的上面造起崇楼杰阁来。"[⑤] 还是在孩提时代，笛卡儿就被数学研究吸引住，并为此逐渐放弃了其他兴趣。在 21 岁那

---

① 王太庆：《笛卡儿生平及其哲学》，作为"代序"载于笛卡儿《谈谈方法》，北京：商务印书馆，2000 年第 1 版，第 iii～iv 页。

② 笛卡儿：《谈谈方法》，王太庆译，北京：商务印书馆，2000 年第 1 版，第 6 页。

③ Richard H. Popkin, Introduction. Richard H. Popkin ed., Skepticism in the History of Philosophy—a Pan American Dialogue, Dordrecht: Kluwer Academic Publishers, 1996, xiv, xviii.

④ 笛卡儿：《谈谈方法》，王太庆译，北京：商务印书馆，2000 年第 1 版，第 23 页。

⑤ 笛卡儿：《谈谈方法》，王太庆译，北京：商务印书馆，2000 年第 1 版，第 7 页。

年，在这个学科上已知的一切知识便牢牢占据了他的心灵。在接下来的一两年里，我们发现他从事力学、流体静力学、光学方面的实验，力图在这些领域中扩展数学知识。皮埃尔·迪昂说："没有一个思想家不希望他所培育的科学像数学科学那样平稳而规则地成长。"[①] 笛卡儿的科学理想犹是如此。

二、近代数学的发展和笛卡儿式的理性主义方法

1. 近代数学的发展

对于古希腊人，几何是考察代数关系的一种工具，是有时被称为几何代数的一种过程。然而，为了充分理解一个几何形状的性质，首先需要能够以代数方程式来定义和操作几何图形。这种形式的数学就是近代发展起来的解析几何。1637年，笛卡儿发表《几何学》用于关于解析几何的陈述。这标志着笛卡儿发明了解析几何学这种最富有成效的新数学工具。作为一种数学开发的工具，解析几何学的存在和成功使用，预设了在数的王国（即算术和代数）与几何学王国（即空间）之间精确的一一对应关系。[②]

对于17世纪数学更重要的影响来自皮埃尔·德·费马（Pierre de Fermat，1601—1665）。费马早在1629年就发展了解析几何，虽然他的著作《平面和立体轨迹导论》直到1679年在他去世几年后才出版，但他也经常被认为是解析几何的共同发明者。不过，费马的解决方案和策略观点与笛卡儿的极大不同。在去世后出版的《找到关于最小和最大的方法》中，费马标准化了用代数手段确定几何图形的值的方法，这个方法十分类似于现代微积分中所使用的微分过程。费马的解析几何最接近现代方法，是稍后的17世纪关于微积分的大部分工作的基础。然而，他的工作并不限于几何。他与布莱兹·帕斯卡（Blaise Pascal，1623—1662）合作，为概率这个现代统计学的先驱的研究做出重要贡献。

与对数的发明一起，17世纪解析几何的进步，标志着数学思维的彻底改造。费马和笛卡儿并不是这个世纪期间对这个领域的唯一贡献者。例如在1691年，雅各布·伯努利（Jakob Bernoulli，1654—1705，瑞士柏努利数学家族二代数学家）发展了极坐标（polar coordinate）体系；圣·文森特（St. Vincent）的格里高利和伊文基里斯特·托里拆利（Evangelista Torricelli，1606—1647）进一步研究了用解析几何来确定曲线之下的面积。事实上，到17世纪末，大多数西方数学家都在

---

① 皮埃尔·迪昂：《物理学理论的目的和结构》，李醒民译，北京：华夏出版社，1999年第1版，第11页。

② 爱德文·阿瑟·伯特：《近代物理学的形而上学基础》，徐向东译，北京：北京大学出版社，2003年第1版，第84页。

某个方面涉及用代数来解决几何问题。更为重要的是，解析几何构成稍后的17世纪莱布尼茨（Gottfried Wilhelm Leibniz，1646—1716）和牛顿微积分发展的基础。数学思维的这种进步与这个时代其他科学的提升直接相关。没有17世纪早期数学方法的进化，稍后在如引力领域中的统一理论将是不可能的。解析几何被两个独立的研究者同时研究的事实进一步表明，17世纪早期的科学气候，对于这样一种发现已经成熟了。①

在应用数学方面，笛卡儿的同时代人帕斯卡是一位虔诚地信仰宗教的天主教徒和数学天才，他19岁时就建造了一台计算机器来帮助父亲做生意。他发现了现在所称的帕斯卡原理，即液体系统中的压力各处相同。如果在任何地方施加压力，它就传遍整个系统。他最为科学界所知的可能是与他的同胞费马一起创造了关于概率的近代理论。在一个不走运的赌徒的要求之下，帕斯卡和费马设计了现在仍然被用来确定一个结果的可能性方法。② 在建立近代概率论时，帕斯卡还进一步推进了二项式定理的完善。二项式定理的发展赋予数学家解决高幂方程式的能力，它代表了数学从古希腊基础的历史进化。不过，它对17世纪数学和科学的影响，被牛顿和莱布尼茨对微积分的发明遮蔽了。二项式定理在概率和早期统计研究中是有用的，但是，正是微积分，使科学家能够数学地探索自然世界。③

总体而言，17世纪是数学本身的发展和数学模型作为物理学理论范型奠基的重要时期。如阿·迈纳所指出的："笛卡儿通过他对方法的怀疑，直觉学说和自明标准学说重新推动了方法论的研究，他极大地促进了对数学作为普遍方法的承认。伽利略声称：'《自然》一书以数学符号写成。'莱布尼茨试图通过综合数学和逻辑方法来获得一种普遍的科学方法即'普遍数学'，它允许通过合理的演算推出科学的所有句子。"④

2. 笛卡儿式的理性主义方法

与培根一样，笛卡儿对于亚里士多德式的三段论演绎逻辑也持否定态度。他说："我早年在哲学方面学过一点逻辑，在数学方面学过一点几何学分析和代数。这三门学问似乎应当对我的计划有所帮助。可是仔细一看，我发现在逻辑方面，三段论式和大部分其他法则只能用来向别人说明已知的东西"；"至于古代人的分

---

① Michael Windelspecht，Groundbreaking Scientific Experiments，Inventions and Discoveries of the 17th Century，Westport，Connecticut：Greenwood Press，2002，3～7.

② Curt Suplee，Milestones of Science，Washington D. C.：National Geographic Society，2000，83.

③ Michael Windelspecht，Groundbreaking Scientific Experiments，Inventions and Discoveries of the 17th Century，Westport，Connecticut：Greenwood Press，2002，21.

④ 阿·迈纳：《方法论导论》，王路译，北京：生活·读书·新知三联书店，1991年第1版，第21，22页。

析（指几何学）和近代人的代数，都是只研究非常抽象、看来毫无用处的题材的，此外，前者始终局限于考察图形，因而只有把想象力累得疲于奔命才能运用理解力；后者一味拿规则和数字来摆布人，弄得我们只觉得纷乱晦涩、头昏脑胀，得不到什么培养心灵的学问。就是因为这个缘故，我才想到要去寻找另外一种方法，包含这三门学问的长处，而没有它们的短处。”①

如王太庆先生所指出的，“经院哲学的方法是：以某些宗教信条为根据，依照一系列固定的逻辑公式，如三段论，推出维护宗教的结论，它所根据的前提是不是可靠，它是从来不管的。即使前提可靠，推出来的东西也只能限于前提里所包含的，一点也不能给人新的知识。而且，固定的逻辑公式只涉及事物的形式方面，与内容完全无关，得出的结论好像玄之又玄，其实空而又空，完全是废话。”笛卡儿和培根都认为，经院哲学的错误关键在于认识方法。“培根提出了经验主义，来对付经验哲学的先验主义。笛卡儿则提出理性主义，来对付经院哲学的信仰主义。这两个人都大力提倡具体的科学研究，来对付经院哲学的形式主义。由于偏重的方面的不同，发生的影响不同，后来人们把培根的哲学称为经验主义，把笛卡儿的哲学称为理性主义。这两个名称很好地说明了他们的特点，只是很容易使人们忽略他们的共同特点，把一条战壕里并肩战斗的战友误解为互相对立的敌人。”② 更何况，作为一种理性主义的数学主义，并不能以客观与主观、唯物主义与唯心主义来标识。它很难（特别是理论数学）用辨识一般理论形态或者探求真理的方式来做出定性结论。

对于那些赞成关于自然知识的数学和操作理想的人来说，有两个主要选择可以追求。一个是像培根一样以实用的样式行事，将无用的问题置之脑后，满足于什么东西能产生实际效果。另一个是提出关于自然世界的观点，这种观点只包括数学-操作形式的知识能够讨论的组成成分。采纳第二种方法，并且试图构建一个宇宙来适合自己关于自然的数学理想的、最成功最有影响的是笛卡儿。③

与西方基督教世界近代知识分子的惯常思维不同，“笛卡儿反对把真理的获得说成出于上帝的恩典，认为那是人们的聪明才智造成的，但他也不认为单用聪明才智就能获得真理，而强调这主要在于正确地运用才智。”“他所谓聪明才智，指的就是判别真假是非的理性，又名良知（le bon sens）或自然光明（la lumière naturelle），与盲目信仰对立，并不与感觉对立。这是广义的理性。理性主义所主张

---

① 笛卡儿：《谈谈方法》，王太庆译，北京：商务印书馆，2000年第1版，第15页。

② 王太庆：《笛卡儿生平及其哲学》，作为“代序”载于笛卡儿《谈谈方法》，北京：商务印书馆，2000年第1版，第vii～viii页。

③ Peter Dear，Revolutionizing the Sciences：European Knowledge and Its Ambitions，1500—1700，Hampshire：Palgrave，2001，80.

的首先是广义的理性，完全排除宗教迷信。”[①]

正是出于他的“理性”或者“良知”的理念，笛卡儿有“一个明白表白的信念，那就是，所有科学形成了一个有机统一体，必须用一个适合于它们的方法来一起研究。这个方法必须是数学方法，因为在任何一门科学中，我们了解到的一切就是在它的现象中表现出来的秩序和量度，现在数学就是一般地处理秩序和量度的普遍科学。”“笛卡儿不辞辛劳地仔细论证他的论点：在任何科学中，精密知识总是数学知识。”[②] 他相信，宇宙可以通过从我们直觉地知道的根本原则进行推理而得到理解。他使用两个相互垂直的轴，创造了一种描述空间中的广延的图解手段（笛卡儿坐标），因而在一个高度可视的系统中，将代数与几何结合在一起。他提供了一种描述机械论的和可计算的宇宙的路线：给出关于特定时间的物质及其运动的准确描述，未来状态就能够从数学上被确定，而无须借助额外的信息。[③]

笛卡儿著名的《谈谈方法》代表了一种努力：将他关于各种科学的观念基于确定性的基础之上。笛卡儿想要提出不可能受到挑战的解释。换言之，他要确定性而不是意见；他的观念将因其真理性而被接受，而不仅仅是因其可能性甚或仅仅因其精巧性而被接受。笛卡儿设想对著名的古代权威的替代，而不是一种人文主义的仿效。在17世纪开始的几十年中，他绝不是唯一有这种目标的人，这种目标与伽利略富于战斗性的反亚里士多德主义是一体的。在完全拒斥古代权威中，笛卡儿的进路代表了与通常文化规范意义的重大背离。[④] 而且，如文德尔班指出的：“除培根和伽利略所共有的方法论上的思想外，笛卡儿又添上了一条最重要的基本原则：他要求，归纳法或分析法应导致具有最高的和绝对的确定性的唯一原则；随后从此原则出发，利用综合法，整个经验领域就一定会得到解释。此要求是彻底地有创造性的见解，其根源在于迫切需要一种全部人类知识的有系统的关联整体。”[⑤]

文德尔班指出：“17世纪哲学可以被描绘的方法的竞赛”，“其特点是通过考虑科学方法和认识论去寻求通往实质性问题的道路。”“验证主义和数学理论两条路线汇集在自然科学方法的发展中：在哲学一般结论中两者显出彼此独立不相干。经验哲学的纲领由培根制定，但是其方法论的基本思想并未如他所预期的得到成功实现。更为全面的是笛卡儿，他总结了他那个时代的自然科学运动，用伽利略

① 王太庆：《笛卡儿生平及其哲学》，作为“代序”载于笛卡儿《谈谈方法》，北京：商务印书馆，2000年第1版，第viii～ix页。

② 爱德文·阿瑟·伯特：《近代物理学的形而上学基础》，徐向东译，北京：北京大学出版社，2003年第1版，第84，85页。

③ Curt Suplee，Milestones of Science，Washington，D. C.：National Geographic Society，2000，83.

④ Peter Dear，Revolutionizing the Sciences：European Knowledge and Its Ambitions，1500—1700，Hampshire：Palgrave，2001，82.

⑤ 文德尔班：《哲学史教程》（下卷），罗达仁译，北京：商务印书馆，1993年第1版，第534页。

研究的丰富内容充实经验哲学的概念体系，从而重新建立了理性主义。”①

三、笛卡儿哲学：近代哲学的奠基

对于近代世界观来说，有一些问题“构成了近代形而上学家们的主要工作”，伯特说，“最引人注目的大概要算所谓的知识问题了；自从笛卡儿以来的思辨研究的主流一直渗透着这一信念：对知识的本质和可能性的探究是成功地攻击其他根本问题的必要准备。”② 而且，近代哲学的主要目标是为科学建立基础，所以它以认识论作为第一任务。认识论的对象就是人的认识。笛卡儿当做出发点的那个命题，显然是从认识论的角度提出的。“我思故我在”（Cogito，ergo sum，王太庆先生译为“我在思想，所以有我”）这一命题是笛卡儿作为出发点的原理。同时，笛卡儿也并不认为知识是主体独自产生的或杜撰的。心外有物是笛卡儿的原则。③

笛卡儿认为，“有很多先入的偏见阻碍我们认识真理，因此我们要摆脱这些偏见的束缚，就必须在一生中有一次对一切稍有可疑之处的事情统统加以怀疑。”④ 笛卡儿根据怀疑和逻辑推理，试图为哲学体系找到一个全新的并如他所想象的那样坚实的基础。⑤ 但是他并不是模仿怀疑派，学他们为怀疑而怀疑，而只是为了使自己得到确信的根据，这就是所谓笛卡儿的方法论上的怀疑。他并没有否定实在。他要研究如何获得符合实际的认识，这就是肯定了客观方面的实际和主观方面的认识，肯定了二者不同，但是可以符合。笛卡儿认为衡量鉴别这种符合的标准必须是我们自己的理性，而不是权威，也不是道听途说，或者鲁莽武断、胡思乱想。笛卡儿认为一定要用更高级认识能力——理性——才行。感官只能得到个别的、片面的知觉，只有理性才能获得普遍的、必然的认识。笛卡儿认识论的核心就是：凡属理性清楚明白地认识到的，都是真的。⑥ 笛卡儿以后的哲学家大多都注重认识论，其所以如此主要由于笛卡儿。⑦

伯特指出：“认识论在近代哲学中的中心地位绝非偶然；这是某种更深刻、更

---

① 文德尔班：《哲学史教程》（下卷），罗达仁译，北京：商务印书馆，1993年第1版，第514页。

② 爱德文·阿瑟·伯特：《近代物理学的形而上学基础》，徐向东译，北京：北京大学出版社，2003年第1版，第1，2页。

③ 王太庆：《笛卡儿生平及其哲学》，作为“代序”载于笛卡儿《谈谈方法》，北京：商务印书馆，2000年第1版，第xii～xiii页。

④ 王太庆：《笛卡儿生平及其哲学》，作为“代序”载于笛卡儿《谈谈方法》，北京：商务印书馆，2000年第1版，第ix页。

⑤ W. 海森伯：《培根及其哲学》，北京：人民出版社，1987年第1版，第39页。

⑥ 王太庆：《笛卡儿生平及其哲学》，作为“代序”载于笛卡儿《谈谈方法》，北京：商务印书馆，2000年第1版，第ix～x页。

⑦ 罗素：《西方哲学史》（下卷），马元德译，北京：商务印书馆，1976年第1版，第87页。

意味深长的东西的自然推理，这个东西就是人的概念，尤其是人与其周围世界的关系的思想。知识论在中世纪哲学中并不占据主导地位；人们理所当然地认为，人的心灵试图理解的整个世界对他来说是可理解的。人们学会把知识看做一个问题，这意味着他们已经被引导着接受某些关于人的本质、关于他们试图理解的东西的不同信念。"[①] 犹如笛卡儿，他在讨论物理世界的时候，"把上帝和灵魂抛在一边。"[②] 马克思和恩格斯在《神圣家族》里说："笛卡儿在其物理学中认为物质具有独立的创造力，并把机械运动看做是物质生命的表现。他把他的物理学和他的形而上学完全分开。在他的物理学的范围内，物质是唯一的实体，是存在和认识的唯一根据。"[③]

王太庆先生指出："笛卡儿以理性的清楚明白认识作为真理标准，是反对神秘主义的。这是他从文艺复兴以来的新科学中学来的。"但是当时的新科学的机械观，在方法论上将任何整体事物都当作其部分的简单相加。"这种局限性在经验主义哲学家身上表现得更为突出，相比之下，笛卡儿哲学包含的辩证法因素还要多一些，马克思和恩格斯甚至称他为辩证法家。"[④] 而且，笛卡儿在本质上是一位激进的思想家。他从自己的"第一原理"将自己的哲学引向了一种关于自然及其内容的高度唯物主义的观点。如，他争论道，人体基本上是一套由一个精神栖息的机制：正如后来逐渐被人所知的"机器中的幽灵"。[⑤]17 世纪科学见证了称为"机械哲学"的东西，笛卡儿是其主要发起者，波义耳是一位重要贡献者，惠更斯是顶点。[⑥]

笛卡儿是新时代的哲学家。他在反对经院哲学时，并不只是指责它在某一点上错了，也不是笼统地说它一概都错了，而是要找出错误的关键所在。因此他要深入研究认识本身的问题，即认识论问题。这并不是说他不研究其他方面的哲学问题，而是说他将认识问题放在主导地位。这是近代哲学不同于古代哲学的特色。

---

① 爱德文·阿瑟·伯特：《近代物理学的形而上学基础》，徐向东译，北京：北京大学出版社，2003 年第 1 版，第 2 页。

② 王太庆：《笛卡儿生平及其哲学》，作为"代序"载于笛卡儿《谈谈方法》，北京：商务印书馆，2000 年第 1 版，第 xxi 页。

③ 马克思、恩格斯：《马克思恩格斯全集》（第 2 卷），北京：人民出版社，1957 年第 1 版，第 160 页。转引自王太庆：《笛卡儿生平及其哲学》，作为"代序"载于笛卡儿《谈谈方法》，北京：商务印书馆，2000 年第 1 版，第 xxi 页。

④ 王太庆：《笛卡儿生平及其哲学》，作为"代序"载于笛卡儿《谈谈方法》，北京：商务印书馆，2000 年第 1 版，第 xi 页。

⑤ Curt Suplee，Milestones of Science，Washington D. C.：National Geographic Society，2000，83.

⑥ H. Floris Cohen，The Scientific Revolution：a Historiographical Inquiry，Chicago & London：The University of Chicago Press，1994，70.

正是从这一点看，培根和笛卡儿才被认为是西方近代哲学的开山鼻祖。笛卡儿的处女作《谈谈正确运用自己的理性在各门学问里寻求真理的方法》（1637 年出版，简称“谈谈方法”）被公认为近代哲学的宣言书。[①]

第四节　科学共同体的兴起

西方科学思想中追求智力独立或者智力绝对主权的普遍倾向，其大部分应归功于 18 世纪。这种“自主性”，一方面指科学照料自身的能力，另一方面指科学独立于外部权威（如宗教的和政治的权威），并且意味着独立于行使这种权威的那些人的任何具体兴趣。而且，这种自主不仅限于观察、方法和理论观点方面，也包括研究目的；科学课题与正确的或者善的生活课题紧密地联系在一起。[②] 在科学作为一种社会存在的意义上，近代科学全然是一种社会制度的重新构造。

一、自由主义的兴起：近代科学共同体兴起的时代精神氛围

中世纪中晚期的大翻译活动和大学的出现，标志了欧洲智力活动的“中世纪复兴”，其直接结果是导致作为西方近代史开端的“文艺复兴”运动。作为欧洲学术活动的中心场所，大学这种学术机构的大量创立，无疑造就了西方世界学术活动在自主自治制度实体上的重大突破。更为重要的是，这种学术实体持久地养育了西方人关于学术活动的自由意识和宽容意识这些必备的社会文化氛围。大学“与教会学校比起来，更代表着一种自由和开放的近代精神”。[③] 但是，无论是智力上的自由，还是制度上的自由，这种“近代气息”主要存在于大学文学院中，正是那些人文主义学者首先冲破了来自方方面面“权威”的强势樊篱。

到 16～17 世纪，与世俗力量的崛起和教会势力衰落并行的是一股持久的自由主义潮流。英国和荷兰是西方近代初期自由主义的发源地。最初的自由主义带有明显的清教主义新教特征。它虽是新教，但不是马丁·路德式的狂热新教派；它维护宗教宽容，反对宗教战争；它崇尚贸易和实业，支持方兴未艾的中产阶级而不支持君主和贵族；它十分尊重财产权，特别是个人凭劳力积蓄下来的财产；它限制世袭主

---

① 王太庆：《笛卡儿生平及其哲学》，作为“代序”载于笛卡儿《谈谈方法》，北京：商务印书馆，2000 年第 1 版，第 vii，iv 页。

② Lorenz Kruger, How Philosophy and Science Came to Differ. Edna Ullmann-Margalit ed., Science in reflection Vol. 3, Dordrecht: Kluwer Academic Publishers, 1988, 44～46.

③ 吴国盛：《科学的历程》（第二版），北京：北京大学出版社，2002 年第 1 版，第 164 页。

义范围，赞同一切社会都有权选择自己的政体。无疑，起初自由主义的趋向是一种以财产权调剂了的民主主义，尽管在一定程度上隐含着人人生而平等的信念。[①]

罗素指出："初期的自由主义充满乐观精神，生气勃勃，又理性冷静，因为它代表着一种增长中的势力"。[②] 17世纪时，自由主义成为一股解放力量，"它解放了那些实践它的人们，使他们摆脱了垂死的中世纪传统仍然不肯放手的一切暴政，包括政治上的、宗教上的、经济上的和智力上的暴政。同样，它还反对极端主义新教各派的盲目狂热，并且拒绝承认教会在哲学、科学问题上享有合法权威。"[③]

在这股自由主义思潮中，洛克对于政治哲学的影响十分重大长远，他不但是认识论哲学中经验主义的奠基者，同样也是政治哲学上自由主义的始祖。罗素说："洛克把爱真理这件事看得万分重要；爱真理和爱某个被宣扬为真理的个别学说是大不相同的事。他说，爱真理的一个确实的标志是'抱任何主张时不怀有超出这主张依据的证明所能保证的自信。'他说，动辄唐突指教人，这种态度表现缺乏爱真理精神。"[④]

正是在这种自由主义的氛围中，关于自然的学术研究活动实现了根本性变化。"多年来受到亚里士多德派的阻挠的新学术，这时已经渗透进有些大学。热心自然哲学的人数迅速地增加，增加的一个表现，便是学会或学院纷纷成立。"[⑤] 从此，自然科学研究由一种个人事业或者兼业，向作为一种社会事业转变，向作为一种专门职业转变，实现了在制度上的事业与职业的有机结合。这在科学体制发展和科学精神孕育的多重意义上都是一种历史跨越。从此，作为一种社会职业，它给那些拥抱科学研究的人们提供了必要的物质和制度保障，而作为一种社会事业，必然激励科学家献身于科学事业的伟大精神。

哈夫（Toby E. Huff）指出，向近代科学的突破，既是智力上的也是体制上的。在智力上，它摧毁了旧的世界观；在体制上，它确立了一种新的并且受法律保护的领域，使智力探究能够不受阻碍地进行。当然，这并不就意味着没有人会挑战科学新发现，特别是政治的或者基督教会的权威；而是意味着，在体制上，甚至在法律上，哲学家兼科学家有权运用他的理性，并在公共论坛上表达他的思想，并且这种活动即使违背传统假定，也被设想为是合法的。近代科学的兴起，

---

① 罗素：《西方哲学史》（下卷），马元德译，北京：商务印书馆，1976年第1版，第125页。

② 罗素：《西方哲学史》（下卷），马元德译，北京：商务印书馆，1976年第1版，第126页。

③ 伯兰特·罗素：《西方的智慧》，崔权醴译，北京：文化艺术出版社，2005年第1版，第230，231页。

④ 罗素：《西方哲学史》（下卷），马元德译，北京：商务印书馆，1976年第1版，第134，137页。

⑤ W.C.丹皮尔：《科学史及其与哲学和宗教的关系》，李珩译，桂林：广西师范大学出版社，2001年第1版，第144，145页。

是一种制度结构的科学对于扎根于特定智力精神特质和法制环境中的角色和多重角色定位的一种新体现。从智力上讲，近代科学代表了证明和证据的一种新规范；从制度上讲，它代表了角色结构的一种新构造。[①] 李克特（Maurice N. Richter, Jr.）说，由前近代向近代科学的转变，“科学也较清楚地与哲学、宗教、技术和巫术这些与科学相关联的现象分离开来。‘科学家’之角色也变得与其他角色不同了，科学家彼此之间开始系统的交流，其开始的标志就是我们现在所谓的‘科学共同体’。”[②]

二、近代科学共同体的创立

1. 意大利和英国民间协会：科学共同体的早期尝试

意大利作为文艺复兴的发源地，它也是近代科学共同体的发源地。意大利物理学家波尔塔于1560年在那不勒斯创立了“自然秘密研究会”，这是近代史上第一个自然科学共同体。这个学术组织定期在波尔塔家中聚会。但“自然秘密研究会”成立不久就被教会指责为巫术团体而取缔了。波尔塔并未气馁，他争取到了菲·凯亚公爵的支持和赞助，于1603年在罗马又成立了一个学术组织，取名为“林琴（Lincei，即猞猁）学院”。波尔塔本人和当时的著名物理学家伽利略均是院士。1615年，由于对哥白尼学说看法的分歧，学院分裂为两派。1630年，由于赞助人凯亚公爵去世，学院随之解散。

伽利略去世后，他的两个最著名的学生托里拆利和维维安尼，于1657年在佛罗伦萨发起组织了一个实验科学团体——齐曼托（Cimento，意为“实验”）学院。这个团体的成立赢得了当时意大利显赫家族美第奇兄弟托斯坎尼大公菲迪南二世和利奥波尔德亲王的赞助。美第奇兄弟十分热衷于自然科学研究，他们自己组建有一个实验室。齐曼托学院的最初成员，除了托里拆利和维维安尼，还有数学家及生理学家波雷利、胚胎学家雷迪和天文学家卡西尼。1657～1667年，齐曼托学院的成员们一起进行了多次物理学实验。1667年于佛罗伦萨发表的《齐曼托学院自然实验文集》记载了这些实验，其中最重要的是空气压力实验。1667年，利奥波尔德亲王当上了红衣主教，不再提供赞助，齐曼托学院便解散了。[③]

在英国，约翰·威尔金斯（John Wilkins，1614—1672）于17世纪40年代倡

---

① Toby E. Huff，The Rise of Early Modern Science：Islam，China，and the West，Cambridge：Cambridge University Press，2003，210，67.

② 李克特：《科学是一种文化过程》，顾昕、张小天译，北京：生活·读书·新知三联书店，1989年第1版，第5页。

③ 吴国盛：《科学的历程》（第二版），北京：北京大学出版社，2002年第1版，第241～243页。

导成立了“哲学学会”。威尔金斯是一位牧师，一生主要从事神学研究，他的《新行星论》对于宣传哥白尼的日心说，在英国起到了很好的作用。哲学学会的会员有数学家瓦里士（Wallis，1616—1703）和波义耳等，他们主要在格雷山姆学院聚会。1646 年，由于政局的动荡和会员的迁徙，原来的“哲学学会”分为两半。在牛津的一支因会员流动性大，加之骨干会员的迁居，结果不了了之；伦敦的一支越来越发达，威尔金斯、瓦里士、波义耳和雷恩（Sir Christopher Wren，1632—1723）后来都到了伦敦。正是这些人开启了科学共同体的制度化时代。

吴国盛指出：“意大利学会的兴衰是它科学事业兴衰的标志。齐曼托学院解散后，意大利科学逐步走向衰落，英国继而成为科学发展的先锋。”[①] 民间自发的非制度化的科学组织的脆弱也可见一斑。

2. 伦敦皇家学会和巴黎科学院：科学共同体的制度化

到 17 世纪中叶，富于发现的航海，独立科学家的实验和理论，和以空前规模揭示自然的大批新工具，使信息以惊人的速度积累。与人类许多其他形式的努力一样，科学靠争论、靠一套结果与另一套结果的比较而繁荣兴旺。但是，在 17 世纪，事情变得太快，研究者往往等不及一本昂贵书籍的出版。为了弥补此类缺憾，几个重要科学机构登上科学历史舞台。[②]

1660 年 11 月，英国著名建筑师雷恩在格雷山姆学院发起成立新学院。不久，学院就得到了国王查理二世的许可。两年后，查理二世正式批准成立“以促进自然知识为宗旨”的皇家学会。学会早期基本贯彻了培根的学术思想，注重实验、发明和实效性的研究。为了实现其目的，学会还设立了若干专业委员会，其中机械委员会研习机械发明，贸易委员会研习工业技术原理，另外还有天文学、解剖学和化学等专业委员会。实用技术科学，特别是与商业贸易有关的科学技术知识，最为皇家学会所重视。伦敦皇家学会的机关刊物《哲学学报》于 1665 年 3 月出版。《学报》主要刊登会员提交的论文、研究报告、自然现象报道、学术通信和书刊信息。总体上，英国伦敦皇家学会体现了典型的英国式经验主义风格。

与英国类似，法国的自然科学组织起初也是科学家和哲学家的自发聚会。1666 年，在科尔培尔（Jean-Baptiste Colbert，1619—1683）的建议下，国王路易十四批准成立了巴黎科学院。与英国伦敦皇家学会不同，法国巴黎科学院由国王提供经费，而且院士还有津贴，因而官方色彩更浓一些。巴黎科学院的研究分为数学（包括力学和天文学）和物理学（包括化学、植物学、解剖学和生

---

① 吴国盛：《科学的历程》（第二版），北京：北京大学出版社，2002 年第 1 版，第 243 页。

② Curt Suplee，Milestones of Science，Washington D. C.：National Geographic Society，2000，89.

理学）两大部分。外籍院士惠更斯将培根的思想带进这所新成立的科学院。他领导了大量的物理学实验工作。著名物理学家马略特（Edme Mariotte，1620—1684）的气体膨胀定律就是在这期间发现的。[①] 巴黎科学院有自己的出版物《记忆》（*mémoires*）。

在德国，莱布尼兹早在1670年就构想建立一个被称为“德国技术和科学促进学院或者学会”的机构，并且实地考察了伦敦的皇家学会和巴黎科学院。柏林科学院在他长期鼓吹和筹划下终于在1700年成立了。学院不仅研究数学、物理，还研究德语和文学。这种自然科学与人文科学相互关联的风格一直是德国学术传统的重要特征。

腓特烈通过提供通常高于巴黎科学院的薪水来吸引明星科学家。不过，彼得大帝于1724年成立的俄国科学院提供的薪水更高。俄国科学院的许多成员是从德国和瑞士招募来的。1762年叶卡捷琳娜二世即位，这位女皇也仿效德国皇帝腓特烈二世的“开明专制”，对科学文化事业推崇备至。她邀请狄德罗访问彼得堡，又重新聘请了一大批欧洲科学家来彼得堡科学院任职。

另外一些皇家学院也相继成立：哥廷根（1751年）、博洛尼亚（1714年）、都灵（1757年）和慕尼黑（1758年）。这些较小的研究院与大的国家研究院相比，获得的捐赠比较少，但它们大多也出版科学论文集，并给予研究人员一些支持。

美国在1783年建国之前就有了自己的科学组织。组织者是伟大的富兰克林（Benjamin Franklin，1706—1790）。他不仅是独立战争的杰出领袖，也是美国的第一位科学家。1743年，他创立美国哲学会，这是北美在殖民地时期出现的第一个科学组织。学会的宗旨是促进有用知识的探求和传播。实际上，在相当长的一段时期里，美国哲学会充当了美国科学院的角色。[②]

托马斯·L. 汉金斯（Thomas L. Hankins）指出：“科学院和科学协会在18世纪特别重要，因为大学并不接受科学的教育，更不能接受科学研究。科学院给予科学家职位和地位，否则他们在一个有高度组织的社会中将没有位置。对于那些自修成才、研究主题远离医学或远离传统大学课程的人来说，更是如此。”[③] 而且，由于这些皇家学会或者科学院往往办有自己的出版物，这也在多重意义上促进了自然科学的发展。杂志不仅加快了信息交换的速度，而且要求科学家满足报告和辩护他们工作的统一标准。这个转而使得研究者复制并在他人的工作之上得

---

① 吴国盛：《科学的历程》（第二版），北京：北京大学出版社，2002年第1版，第244～251页。

② 吴国盛：《科学的历程》（第二版），北京：北京大学出版社，2002年第1版，第397页。

③ 托马斯·L. 汉金斯：《科学与启蒙运动》，任定成、张爱珍译，上海：复旦大学出版社，2000年第1版，第175，176页。

到提高容易了许多。此外，它们起的作用是确认并使个人发现公开。再也不需要隐藏自己的工作来阻止他人主张“优先权”——就像牛顿与莱布尼兹的纠纷那样，这就加速了信息传播。

在皇家学会或者科学院这些综合研究机构兴起的同时，一些专门化的研究机构也发展起来，特别是与当时的航海技术紧密关联的天文台。英国王室虽然没有给伦敦皇家学会提供经费，但与这个当时的海洋大国相关联，王室出资于 1675 年正式成立了格林尼治天文台。著名天文学家弗拉姆斯特德是第一任由皇家提供薪俸的皇家天文学家。其任务是“修订行星运动表和恒星方位表，寻求确定经度的精确方法，进一步改善航海术与天文学”。弗拉姆斯特德曾在自己的家乡建造了一所小天文台，以致力于精确测定恒星位置。但这次筹建国家的天文台，抠门的国王并没有给弗拉姆斯特德提供天文台的建设经费。弗拉姆斯特德既没有经费也没有助手，只有自己借钱自己动手制造。他自己制造的最好的一台仪器是一台可标 140 度的墙仪，花了 120 英镑和一年的工夫。这也引发了后来因关于他的天文观测数据的发表时机，与牛顿以及哈雷的纠葛。

巴黎天文台是在皮卡尔的建议下设立的。这一隶属于巴黎科学院的天文台，其建筑物于 1667 年动工，1672 年建成。在修建过程中，皮卡尔同时在搜寻人才。他看中了当时因编制木星卫星运行表而相当著名的意大利天文学家卡西尼，遂于 1669 年将卡西尼请到巴黎主持这里的工作。皮卡尔是一位出色的天文观测家，是第一个将望远镜用于精确测量微小角度的人，这一重大观测技术革新使得天文学步入了一个新的发展阶段。他还有许多重要的天文学发现。卡西尼的儿子、孙子和曾孙都是巴黎天文台的天文学家，而且一直统治着法国的天文学界。这种近亲繁殖产生了一些不好的影响，法国天文学的衰落可能与此有关。①

三、科学共同体的发展

在今天看来，西方世界早期的科学共同体，在推动科学事业发展的实质性作用方面是非常有限的。这种在制度化发育方面的严重不足可能与近代西方社会的现代化，特别是法制化的总体发展进程是一致的。而且，也正是在这种现代化的总体发展进程中，西方近代科学共同体在制度化方面得到了空前发展。

在法国，随着启蒙运动的深入和大革命带来的社会变革，科学院被彻底改组，废除了贵族当权的名誉院士制度，使这一机构成为名副其实的科学研究中心。但是，法国科学院的发展几起几落，存在明显的制度上的弊端。到 19 世纪初，兴盛

① 吴国盛：《科学的历程》（第二版），北京：北京大学出版社，2002 年第 1 版，第 246～252 页。

一时的法国科学很快走向衰落，这固然有政局动荡的间接原因，但更多的是由于制度上的缺陷：法国科学活动的高度集中性制约了它的发展活力。当时法国几乎一切科学活动均受法国科学院控制，以致主要的科学工作都集中在巴黎进行。科学管理的高度集中带来了学阀作风。这一时期的学阀典型是居维叶（Georges Cuvier，1769—1832）。身居教育部长和法国科学院常务秘书高位的居维叶，出于对进化论的否定态度，对其他生物学家大加压制和打击，大大压制了法国在这方面的发展。

与法国政府主导科学共同体的发展不同，英国有着良好的民间业余科研传统，这种体制主要受社会文化氛围的影响，这就使它们的发展几乎不受政府当局或者当权者个人喜好的左右。也许是牛顿巨大身影的遮蔽，在18世纪上半叶英国在理论科学方面有过暂时的低迷期，但是它长期源源不断地向世界贡献优秀的科学家。随着第一次工业革命，英国在技术方面更是突飞猛进。①

英国科技体制的主要特点是：其一，它的科研工作分散在全国各地，各地自发创办了各种科学团体，如利物浦文哲学会、利兹文哲学会、谢菲尔德哲学学会等；其二，政府对科学事业支持不够，几乎一分钱都不投资；其三，英国没有高度集中的科学管理机构。皇家学会徒有其名，学会中非科学家成员越来越多，领导权也逐步落入贵族之手，变得像大革命前的法国科学院那样死气沉沉。吴国盛指出，"这样的科技体制对英国科学发展的影响是双方面的。一方面，科学管理的非集中性使得英国各地区均保持一定的发展活力，业余研究者层出不穷，不致因某些权威的个人喜好而窒息天才的创造。另一方面，政府对科学事业的冷漠也使英国科学从整体上赶不上邻近的法国和德国。"②

面对其他科学技术大国的崛起，英国科学体制的缺陷也显露无遗。1830年，剑桥大学的数学教授查尔斯·巴比奇出版了《论英国科学的衰退》一书，分析了欧洲各国的科学状况，指出英国的业余科学研究传统正在使英国丧失曾经拥有的优势。他呼吁，英国人必须将科学作为一项事业来加以关注，科学家应该受到良好的培养和教育，并成为一种职业。该书引起了广泛的好评，并推动了英国科研体制和教育体制的改革。英国成立了一个新的全国性的科学团体"英国科学促进会"。与此同时，皇家学会的运作机制也有所改进。

19世纪之前，德意志还不是一个统一的民族国家，她有数百个相对独立的邦国，普鲁士和奥地利是其中比较大的两个。这种封建割据严重制约了德意志经济和文化的繁荣发展。到1740年，腓特烈二世实行"开明专制"政策，重视发展商

---

① 吴国盛：《科学的历程》（第二版），北京：北京大学出版社，2002年第1版，第391～394页。

② 吴国盛：《科学的历程》（第二版），北京：北京大学出版社，2002年第1版，第394页。

品经济，保护科学文化事业。他从法国及欧洲各地重金聘请了一大批著名科学家，像法国的莫佩尔蒂（Pierre-Louis Moreau de Maupertuis，1698—1759）、拉格朗日（Joseph Louis Lagrange，1736—1813）以及瑞士数学家欧拉（Leonhard Euler，1707—1783）都被邀请到柏林科学院任职。这些举措使得柏林科学院充满活力。[①]

在19世纪，法国和德国的科学系统已经不同程度地拥有关于科学评价和支持的标准，此际英国和美国还没有应对这些问题。这两个国家（尤其是法国）的政府和人民越来越相信科学的价值和有用性，为了促进研究和传播知识，到处建立学院、大学和其他学术机构，原有学术机构也在一定程度上得到革新。这些机构的目标之一，就是使少数已经被证明其伟大的科学家，将他们所有的时间都用于在经济上得到支持的科学研究。但是，这些机构并不是要谋划创造像其他智力职业那样的学术事业。科学家中的大多数有着独立手段或者赚钱的专业，他们只是在业余时间追求他们的科学兴趣，常常是个人既付出精力又付出钱财。这种理想形式完美地吻合了科学对真理的神圣追求。这个时期的学术委任是荣誉而不是事业，将科学变为一种职业就像亵渎科学一样。在科学的这个业余爱好者阶段，其必然结果就是缺乏专门化。19世纪早期的伟大科学家往往是在多个领域都有创造性的通才。

总体而言，在近代科学共同体向现代转变之前，科学社团在国内和国际规模上，在基础科学知识的刺激和传播中，在科学标准的确立和支持中，起到了非常重要的作用。但是，在没有社会稳定支撑的情形下，基础研究甚至是为了实用目的的系统应用研究的不足，以及先进的科学和技术方法从高端科学机构和社团向各个领域从业者和生产者的转移和传播上存在的诸多困难，常常给科学机构和科学社团造成压力，使他们放弃对基础的或者系统的应用科学的关注，投入到更加实用的知识中。这种无助带来的压力只能损害高端科学工作，进而对生产领域也造成损害。[②]

第五节　牛顿的近代科学精神

17世纪下半叶是物理科学取得惊人进步的时代。科学家做出关于自然现象的更加精密的数学描述，详细阐述了以粒子运动来解释过程的机械论理论。仔细的系统的观察根本改变了西方人对行星运动、微观实体、人体和生命起源的理解。[③]

---

① 吴国盛：《科学的历程》（第二版），北京：北京大学出版社，2002年第1版，第394～396页。

② Joseph Ben-David，Scientific Growth，Essays on the Social Organization and Ethos of Science，Gad Freudenthal ed.，Berkeley：University of California Press，1991，114，291.

③ Curt Suplee，Milestones of Science，Washington D. C.：National Geographic Society，2000，87.

在这场自然科学的根本变革中，最突出的人物当然是英国物理学家和数学家牛顿。可以说，正是牛顿代表了近代科学的基本精神。

一、牛顿的科学精神实践

16 世纪晚期和 17 世纪数学的发展以及实验手段和条件的改进，是近代科学革命得以完成的两个重要基础和前提条件。牛顿以及众多旨趣迥异的前辈在近代数学的发展和实验观念的形成中做出了重要贡献。

1. 牛顿的数学手段和实验观念基础

17 世纪是数学领域伟大的过渡时代。在这个世纪早期，多位数学家对微积分进行了大量研究工作，在他们的基础上，牛顿和莱布尼兹大约在 1684 年到 1687 年期间发展和完善了微积分，使之成为那个时代以至于今天都不可缺少的重要数学工具。在 17 世纪，它的最大功用是帮助牛顿完成了他的伟大建构。

16 世纪晚期 17 世纪早期的科学革命，其焦点在于通过实验进行研究，它要求数学领域中的相应变化。17 世纪初对数的发明，使处理大量计算的准确手段成为可能，对数的发明对于那个时代的科学有着重要影响。约翰尼斯·开普勒在行星运动定律中关于行星轨道的计算，极大地受益于对数的帮助。虽然在 17 世纪初之前，数学理论也有一些进步，但是，对数的发明和使用，标志着数学上的一场革命。随着对描述宇宙的数学定律的强烈兴趣，如牛顿在引力方面的工作，对自然的描述需要更加复杂的数学理论。纳皮尔（John Napier，1550—1617）和布里格斯（Henry Briggs，1561—1630）的对数，构成了牛顿进行引力研究以及其他复杂计算的基础。[①]

数学在牛顿的工作中具有根本地位。牛顿发明的微积分运算给自己提供了几何学无法完成的运算表达工具。[②] 数学一方面是科学理论模型的表达手段，另一方面是科学理论的生成建构工具，以及付诸检验时推衍受检命题的工具。近代数学的这些功能，是以往的几何学、算术以及逻辑推演都是不具备的。

在近代早期的科学活动中存在着并行的物理-数学潮流和经验-实验潮流。后者满足于新事实的发现，以及构建局部的理论来解释它们。它不是受到关于实在的数学建构的柏拉图理念的鼓励，而是受到关于原子结构的德谟克利特观念的鼓励。这股潮流的主要成员是伽桑狄、波义耳和胡克。这些人一般更喜欢谨慎的和

---

① Michael Windelspecht, Groundbreaking Scientific Experiments, Inventions and Discoveries of the 17th Century, Westport, Connecticut: Greenwood Press, 2002, 141, 144.

② 爱德文·阿瑟·伯特：《近代物理学的形而上学基础》，徐向东译，北京：北京大学出版社，2003 年第 1 版，第 179，180 页。

安全的、微粒的哲学，而不是伽利略和笛卡儿的泛数学主义。牛顿在自己的科学实践中统一了这两种潮流，[①] 从而形成了自己的实验哲学思想。牛顿在给奥尔登堡的信中说："我应该注意一个不经意的表达式，它在这些东西中暗示了比我曾允诺的更大的确定性，即数学证明的确定性。实际上，我说过色彩的科学是数学的，它与光学的任何其他部分一样确定；但是有谁知道不仅仅是光学，而且还有许多其他的数理科学也依赖于物理科学（指实验科学——引注），就像它们依赖于数学论证一样？换句话说，现在我用来断言关于色彩的命题的论据就是来自于实验，所以它们只能是物理的：因此可以认为这些命题本身就是一门科学的物理原理。""我有充分的理由相信这一点，因为从我第一次了解这些原理以来，由于不断地取得成功，我已经为此目的而利用它们。"[②]

伯特指出："甚至最草率的牛顿研究者也会明显地看到，牛顿是一位彻底的经验主义者，就像他是一位完美无缺的数学家一样。同开普勒、伽利略和霍布斯一样，他认为'我们工作于可感觉到的效果的原因'，在对其方法的每一个陈述中，他都强调说，我们努力要证明的正是观察到的自然现象。不仅如此，他还认为，实验指导和证实必须陪伴着这个说明过程的每一步。开普勒、伽利略尤其是笛卡儿都相信世界彻底而完全是数学的，因此，不用说，用那已经臻于完美的数学方法便能完整地揭示出它的秘密，可是，对牛顿来说，绝对没有先验的确定性。"[③]

事实上，牛顿在从事数学研究的同时，也逐渐形成与自己的物理学研究相一致的科学实验观念，它远离旧的经院哲学模型。对于一位亚里士多德式哲学家，"经验"是关于世界的习惯行为的知识的合适来源；而对于牛顿和他后来的追随者，实验哲学是考问产生操作知识的自然而不是本质知识的自然的一种手段。实验，如皇家学会理解的和如牛顿所凝练的，成为通向这种知识的进路：它积累了关于自然现象的记录，这些现象从前只是由于机构权威或者适合目击者的话而具有一般可信度。因此，在17世纪新型哲学家革命化了的科学中，典型地通过设计的环境或者仪器来构成关于现象的详细而确切的试验的实验，成为关于发现的、产生知识的关键工具。[④] 而且，对于牛顿来说，科学是由只阐述自然的数学行为的

---

① H. Floris Cohen, The Scientific Revolution: a Historiographical Inquiry, Chicago & London: The University of Chicago Press, 1994, 84.

② 爱德文·阿瑟·伯特：《近代物理学的形而上学基础》，徐向东译，北京：北京大学出版社，2003年第1版，第186，187页。

③ 爱德文·阿瑟·伯特：《近代物理学的形而上学基础》，徐向东译，北京：北京大学出版社，2003年第1版，第180页。

④ Peter Dear, Revolutionizing the Sciences: European Knowledge and Its Ambitions, 1500—1700, Hampshire: Palgrave, 2001, 144, 145, 147, 148.

定律构成的，这些定律可以从现象中清楚地推导出来，在现象中得到严格证实。由此，科学便成为关于物理世界之行为的一个绝对确定的真理体系。[①] 也许正是从牛顿开始，经验论才真正成为科学中占统治地位的“意识形态”，它“向我们保证，使科学说明具有可信性、保证科学能够自我纠错以及不断增加预测能力的，是观察、实验和检验在科学理论认证中所担当的角色”。[②]

2. 牛顿力学大综合：近代科学革命的完成

1665 年，一场蹂躏英国的大瘟疫席卷而来，为了逃避感染，牛顿逃到乡下农场。在那里，他有了许多物理观念和数学方法。牛顿在观察苹果从树上落下时得到这样一个启示：也许朝着地球拉动苹果的东西，也同样将行星朝着太阳拖曳。他开始思考，月亮和苹果可能是被一种几乎是普遍的力来支配，这种力用传统术语完全无法解释。当他回到剑桥时，他有了关于他的引力理论的概略轮廓——引力的力量与物体的质量成比例，随它们之间的距离的平方而变化。他明确地构想出他的运动三定律，提出了力、质量和运动之间的数学关系。

在牛顿时代，英国最杰出的科学家雷恩、胡克和哈雷等，努力发明和利用反平方（inverse-square）数学手段来建构某种力，以破解开普勒的椭圆行星轨道理论。在他们意识到难以达到其理论目的时，他们请求牛顿帮忙。牛顿如愿给出令他们满意的完整答案，这就是《数学原理》（1687 年）中的运动和引力定律。牛顿的成就使卓越的天文学家哈雷很是吃惊，他付钱出版《数学原理》2500 册。与任何独一无二的作品一样，可以说《数学原理》改变了人类的未来。当然，牛顿的贡献并非仅此一项，他也因其他成就而受到几乎同样的尊敬。

在剑桥期间，牛顿研究了光的本性。这是那个时代最大的谜团之一。当时的科学家普遍认为，“纯粹的”光不含颜色。但牛顿的最终研究表明，“白”光实际上是由单色光谱组成的：他用了一个棱柱体将一束光线分离为它的构成性光栅。随着后来的实验研究，牛顿确信，光是由微小粒子或者“小体”（corpuscles）构成的。然而，荷兰科学家惠更斯宣称，光是波。这个主题直到 20 世纪才被解决。牛顿的才智主要在于，他能够勇敢地抓住其他人看不到的现象之间的关系——苹果与月亮、炮弹与沿轨道运行的行星。时隔两个世纪的爱因斯坦在为牛顿《光学》序中写道：“自然对他是一本打开的书，一本他读起来毫不费力的书。它的字母他

---

① 爱德文·阿瑟·伯特：《近代物理学的形而上学基础》，徐向东译，北京：北京大学出版社，2003 年第 1 版，第 191 页。

② 亚历克斯·罗森堡：《科学哲学——当代进阶教程》，刘华杰译，上海：上海科技教育出版社，2004 年第 1 版，第 182 页。

无需努力就能读懂。”牛顿是一位巨人般的才智非凡的人。[①] 伯特说，在牛顿之后的近一百年里，“数学、力学和天文学（很大程度上还有光学）的历史，主要便表现为一个对牛顿的成就进行更充分的欣赏和进一步的应用的时期。”[②]

不过，牛顿也是一位“古怪”的人，他在崇尚数学理性和实验精神的同时，也崇尚某些非凡事物：他从未结婚可能是当时颇为盛行的清教主义使然；他花了几十年时间秘密追求炼金术。历史学家对于牛顿的人品也颇有微词。在他最后20年的大部分时间里，因发生优先权争执，他与多位科学家长期不和。当德国数学家莱布尼兹正确地声称——正如历史所证明的——完全独立地发明了微积分时，牛顿发动或者纵容了英国人不断地攻击他。他对坚持认为自己发明了反平方的胡克也几乎同样粗鲁。不过，牛顿既不是第一位也不是最后一位科学史上个性异常的伟大科学家，任何领域的伟大成就者中也不乏这种现象。萨普里（Curt Suplee）说，这是进步向人类征收的一点税收。[③] 关于优先权的种种纷争也暴露出科学共同体体系和自然科学制度化发展上的严重滞后等诸多亟待解决的科学社会学和科学伦理学问题。

二、牛顿式科学方法：数学理性主义与实验主义的融合

牛顿是近代科学之前发展的经验和实验运动、演绎和数学运动这两大科学运动的直接继承者。但是，在今天的人们看来非常奇怪，牛顿非常讨厌假说。当他将演绎推理应用于物理问题时，与现代科学家相比，他更缺乏信心，他不断地要求实验证实。他的兴趣是可以由事实直接予以证明的性质和实验定律，他强调要把这些东西与假说绝对地区分开来。以至于，当别人把他的光折射学说称为假说时，他非常气恼。牛顿坚决坚持实验优于演绎推理的方法论思想。牛顿认为，可以把他的方法称为从现象中演绎出运动原理的方法，因为就运动而言，这些原理是对现象的精确完备的陈述。[④]

牛顿坚定的基于实验的确定性追求，其意图在于彻底抛弃以往自然哲学和自然科学研究中的形而上学思辨倾向，其意图也在于做出可检验的达到在数学上精确化的科学理论表述。这种追求，既是一种知识观意义上的根本变革，更是一种在方法论意义上对他的近代科学前辈方法论精神的扬弃。伯特指出，“伽利略抛弃了按照物理事件的根本原因来进行的说明，支持按照它们的直接方式（也就是表

---

① Curt Suplee，Milestones of Science，Washington D. C.：National Geographic Society，2000，90～93.

② 爱德文·阿瑟·伯特：《近代物理学的形而上学基础》，徐向东译，北京：北京大学出版社，2003年第1版，第176页。

③ Curt Suplee，Milestones of Science，Washington D. C.：National Geographic Society，2000，93.

④ 爱德文·阿瑟·伯特：《近代物理学的形而上学基础》，徐向东译，北京：北京大学出版社，2003年第1版，第181，183，189页。

示它们的过程和运动的数学公式）来进行说明。但是伽利略仍然从前人那儿继承了许多形而上学偏见，至于在其他方面，他则把他的数学方法树立为一种形而上学，而且在他的工作中不把对感觉到的运动的科学研究与那些更根本的思想明确地区分开来。在笛卡儿那里，数学形而上学占据着中心，占据着一个支配性更强的地位；追求一个完备的宇宙体系的激情在他那儿不曾有些许的衰减。至于波义耳，他对这个世界根本上要从宗教上来解释深信不疑，但是就实验科学而言，他准备强调人类知识的贫乏，强调它那试验性的、逐步的进步。可是，波义耳不是一位数学家，因此他看不到在科学中获得确定性的方法。”①

尽管牛顿对假说的态度存在偏颇，但是他在方法论理念上是正确的。因为“假说”这个概念具有太大的任意性，或者说包容的命题太广泛，对于假说我们不得不持或然论；而为了追求确定性，科学假说也的确需要尽可能地以实验方式来检验和证实。并且，牛顿关于归纳-演绎程序的方法论观念在两个方面超过了前辈；他一贯强调通过综合演绎出的推断需要用实验确证，并且强调演绎出的推断要超出原来归纳证据的价值。通过把数学方法和实验方法密切统一在一起，牛顿相信，他已经将数学方法的理想精确性与实验方法对经验的不断参考这两者，持久而稳定地结合起来了。所以，李醒民先生指出：“近代科学的确立实际上是实验科学的确立，近代科学精神的突出进展和鲜明标志是实证精神的确立和付诸实践，是理性精神和实证精神的综合统一。”②

伯特将牛顿的这种把数学理性主义与实验主义相融合的实验-数学方法，分解为三个都包含了数学和实验-经验因素的基本程序。第一个基本程序是“通过实验对现象进行简化”。这是为了获得并且精确定义现象的数量变化特征，以及变化方式。这种程序显然体现在了牛顿的一些基本的精确化概念（如光学中折射概念和物理学中质量概念）中，以及关于折射、运动和力等比较简单的命题的发现方式中。第二个基本程序是“对命题进行数学阐释”。这不仅通常要借助于微积分，而且要在数学上表示出发现那些原理的数量或者关系上的实验操作。第三个基本程序是“做出进一步的严格实验”。其方法论意图为：①证实推论在任何新领域中的可应用性，进而将它归结到最普遍的形式中；②对于较为复杂的现象情形，检验更多的可以得到定量处理的原因的出现，并决定它们的值；③在这些更多原因的本质依旧模糊的情形中，提出发展数学工具的建议，以便能够更加有效地处理实

① 爱德文·阿瑟·伯特：《近代物理学的形而上学基础》，徐向东译，北京：北京大学出版社，2003年第1版，第190页。

② 李醒民：《科学的文化意蕴——科学文化讲座》，北京：高等教育出版社，2007年第1版，第226页。

验得出的数值。对牛顿而言，他试图理解的总是感觉事实，因此在每个重要的科学步骤中自始至终都要有细致的实验工作。而且，为了使得理解更加精确，就必须以数学语言来做出陈述。①

李克特指出："理性与经验传统的会聚运动在17世纪产生了一种决定性的整合。弗兰西斯·培根和雷恩·笛卡儿提出了科学方法的观点，表明了一种部分的但不完全的整合。培根强调经验观察的重要性，并且承认逻辑和数学的作用，但这一作用不是充分的；而笛卡儿强调逻辑的重要性，并且承认经验观察的作用，但这一作用也不是充分的。伽利略澄清了使抽象的假说与受控实验相联系的方法论，艾萨克·牛顿爵士系统地阐述了应用这种方法论的一种令人难忘的方式——它最后成为一般科学体系的基本模式，这些宣告了在理性—经验整合上的决定性突破。"②

专门研究17世纪科学的史学家迪尔认为近代科学有六个方面的本质的、革新的特征。这就是：①深思熟虑的和可记录的实验；②将数学作为一种揭示自然的特殊工具来接受；③将来自事物本身的特定感知到的属性的原因重新归于观察者的知觉理解；④将世界看做一部机器的联想的合理性；⑤将自然哲学作为一种研究事业而不是作为一种知识体系的思想；⑥以对合作研究的积极评价来重构知识的社会基础。③

亚历克斯·罗森堡说："不管我们喜欢与否，欧洲文明对其他世界的唯一普适性的贡献也许就是自然科学。每一社会、文化、地区、国家、群体和民族都从欧洲人那里学习它并采纳它，自然科学也许是在欧洲发展起来的唯一独享此荣誉的东西。"④

---

① 爱德文·阿瑟·伯特：《近代物理学的形而上学基础》，徐向东译，北京：北京大学出版社，2003年第1版，第187，188页。

② 李克特：《科学是一种文化过程》，顾昕、张小天译，北京：生活·读书·新知三联书店，1989年第1版，第109，110页。

③ Edward Grant，The Foundations of Modern Science in the Middle Ages：their Religious，Institutional，and Intellectual Contexts，Cambridge：Cambridge University Press，1996，202.

④ 亚历克斯·罗森堡：《科学哲学——当代进阶教程》，刘华杰译，上海：上海科技教育出版社，2004年第1版，第17页。

第六章　近代科学精神的普及和深化

近代科学革命在很大程度上也是启蒙运动的诱因。在启蒙运动这场张扬理性主义的运动中，近代科学精神不断得到锤炼、完善和强化。以百科全书派为突出代表，这场运动也传播、普及和弘扬了近代科学精神。新型学院、现代大学的兴起和传统大学的学科体系变革，根本上实现了自然科学在学科建制上的制度化。随之而来的是科学家的职业化，以及科学研究活动在自立、自主和自由等方面的加强和深化。从 18 世纪末开始，在实验手段发明和科学理论创新的交互作用下，西方科学的发展步伐呈现出明显的加快趋势，形成了相对完备的自然科学体系。新的科学理念、科学方法和科学制度，导致了化学和生物学领域的科学革命。伴随这一进程的是科学精神的不断进化和丰富。

第一节　启蒙运动时期理性主义的发展

李醒民先生指出："启蒙运动也是锤炼、完善、强化以及传播、普及、弘扬科学精神的运动——科学的实证和理性两大精神支柱完美地珠联璧合，并且逐渐从科学界扩散和渗透到知识界直至普通大众之中。"①

一、数学范型：理性主义与确定性理想的汇合

在 17 世纪早期，作为新科学代言人的弗兰西斯·培根和雷恩·笛卡儿，尽管在关于推进科学的方式上存在很大分歧，但他们关于科学将会取得成就的观点却是惊人地相似。他们都相信，如果调整适当，人类肯定能够弄清事物的真相，能够揭露大自然的秘密，抓住它的终极本质；他们都相信，科学能够达到肯定正确的终极解释。有一段时间，似乎接近培根与笛卡儿理想的东西真正达到了。

总体而言，在启蒙运动哲学中，关于人的观念的起源、发展和认识能力等问

① 李醒民：《科学的文化意蕴——科学文化讲座》，北京：高等教育出版社，2007 年第 1 版，第 228 页。

题尤为突出；而人的观念一开始就被置于朴素实在论假定之下。笛卡儿主义的心物实体二元论在整个启蒙时期占据统治地位。在英国，洛克（John Locke，1632—1704）以通俗的经验表达方式，从经验-心理学角度阐述笛卡儿世界观的一般轮廓，他无疑是英国启蒙运动的领袖。洛克哲学后继者们得出了一些令人不安的结论。他们接受洛克的基本假定，并加以推演，但不是导向肯定，而是导向怀疑主义，不是导向实在论，而是导向“非唯物论”。①

乔治·贝克莱曾试图整合经验与理性两个维度来解决知识获得问题。这位英国克罗因教区主教，既是一个杰出的科学家，也是一个卓越的哲学家。他在《论运动》中认识到牛顿提出绝对时空的错误，与莱布尼兹一样，在某种程度上是马赫和爱因斯坦的先驱。对于贝克莱的哲学，罗素概括说，“贝克莱哲学的基本论点是：存在物等同于被感知的东西。在他看来，这个公式是如此的不言而喻，以至于他从未能够对那些不太信服的同时代人解释他想做些什么。因为从表面上看来，这个公式自然与常识相去甚远。正常情况下，没有人会认为（正如这种观点似乎所要求的那样）自己所感知的对象就在自己的心灵当中。然而其中的意义却在于，贝克莱隐约地提出了所指对象的理念存在着某些问题，他所根据的正是洛克曾经宣扬，却又未能一以贯之的经验主义观点。”不过，贝克莱在进一步解释“共相问题”或者说知识表现的时候，却滑向了唯心主义；他的知识表现论事实上是将知识完全从外在的经验基础剥离开来，认为一切感知只在心灵中产生感觉理念。仅就感觉知识的来源上贝克莱采取的是唯物主义立场，但在知识的建构上采取的却是唯心主义立场。经验主义认识论中的这种矛盾似乎是无法克服的。康德后来对事物本体和现象做了区分，但在洛克的理论中早就有了这种迹象。②

大卫·休谟接受了洛克“感觉论”的基本原理，并以此来批评贝克莱的心灵理论。罗素说：“在休谟看来，一个印象既可以从感官经验中获得，也可以从记忆之类的活动中获得。他说印象产生理念，而理念又不同于感官经验（两者具有不同的生动性和逼真度）。理念是印象的苍白复制，在感官经验中，有时候印象要先于理念。”在休谟这里，“一切经验，无论是感觉还是想象中的经验，都被称之为感知。”③ 大卫·休谟把洛克和贝克莱的经验主义哲学发展到了它的逻辑终局，由于把这种哲学做得自相一致，使它成了难以相信的东西。

---

① 罗兰·斯特龙伯格：《西方现代思想史》，刘北成、赵国新译，北京：中央编译出版社，2005年第1版，第164页。

② 伯兰特·罗素：《西方的智慧》，崔权醴译，北京：文化艺术出版社，2005年第1版，第239，244页。

③ 伯兰特·罗素：《西方的智慧》，崔权醴译，北京：文化艺术出版社，2005年第1版，第244，245页。

罗素指出："经验是由一系列接续性感知所构成。除了这种接续性以外，感知之间从来不会有别的联系。笛卡儿的理性主义与洛克及其追随者的经验主义在这里存在着根本的差异。理性主义认为事物之间有着紧密的内在联系，并且坚持这些联系是可知的。另一方面，休谟却否定了这种联系，甚至还提出，即使有这种联系，我们也肯定永远无法认知它们。我们所能认知的一切只有连续的印象或理念，因此甚至考虑是否存在别的更深的联系，也是徒劳无益的。"[①]

那么，科学理性的思想崩溃了吗？许多哲学家认为，如果休谟式怀疑论不能被消除，就不会有科学理性。因为很显然，科学的目标是建立如果不为真，但至少或多或少可能为真的理论。[②] 而且，作为科学家，起码在一定阶段——在科学理论建构的时候，他是一位独断论者，而不是怀疑论者；至于在价值评价上，承认自己所做出的科学理论建构的暂时合理性，这一承认本身也是一种独断论；甚至于，自觉地修正自己做出的科学理论建构，这本身也是一种独断论。科学家作为一位独断论者是不可避免的，否则就会放弃任何科学理论建构之努力。

休谟的《人性论》（1739 年）第一卷出版 25 年之后，"回答休谟"发展成了一种哲学事业。所谓休谟问题的核心论点是：归纳推理是①必不可少的，②无法证明的。显然二者是不相容的。后来的理性主义者（诸如康德和概率论者）保留了①，但拒绝了②。[③] 科恩认为，怀疑主义者是正确的：人类被赋予的任务不是获得关于事物本质的知识，自然对于我们的理解未必完全透明。但是怀疑主义者也是错误的，因为人类理性和感觉经验不可避免的局限并未迫使我们陷于愚昧境地。相反，我们可以以经验为导引、以对于被预言的经验的证实为标准，来构建一门关于现象如何显现于我们的科学。[④]

为了解决知识的确定性问题，康德（Immanuel Kant，1724—1804）就先天真理与后天真理做了重要区别，这种区别涉及真理能够被了解的路径。一个先天命题能够通过独立于经验理性而被了解为真：它必然为真。一个后天命题只能从经验来了解，并且只是偶然为真。数学真理不是来自经验的偶然真理：它们的真是必然的并且能够被先天地了解，简言之，数学包括先天综合真理。但是，对于康

---

① 伯兰特·罗素：《西方的智慧》，崔权醴译，北京：文化艺术出版社，2005 年第 1 版，第 245 页。

② John Watkins，A New View of Scientific Rationality. Joseph C. Pitt and Marcello Pera ed.，Rational Changes in Science—Essays on Scientific Reasoning，Dordrecht：D. Reidel Publishing Company，1987，72，81.

③ John Watkins，A New View of Scientific Rationality. Joseph C. Pitt and Marcello Pera ed.，Rational Changes in Science—Essays on Scientific Reasoning，Dordrecht：D. Reidel Publishing Company，1987，65，70.

④ H. Floris Cohen，The Scientific Revolution：a Historiographical Inquiry，Chicago & London：The University of Chicago Press，1994，299.

德而言，数学虽然是先天综合真理的大本营，却不是先天综合真理的唯一领地，有一种纯粹自然科学同样包含先天综合真理。康德声称他已经提供了关于这种纯粹自然科学的完整清单和确实可靠的证明。有了这些证明，康德就能够回答休谟：如果如休谟提出的，我们的科学知识仅仅是在纯粹逻辑的帮助之下从经验建构的，那么它将会崩塌；但是，它没有崩塌，因为它的建构还包括了由后天综合原则构成的钢铁般牢固的不可改变的架构。康德这种范畴包括的原则有：物质的永恒性，因果律，一切共存于空间的物质都处于彻底的交互作用中的原则。当人们逐渐认识到科学不能达到确定性时，人们却广泛接受能够达到接近于确定性的东西即高概率。①

在康德看来，理性是具体的思想。知性是抽象的思想、"概念的能力"，是在没有事实世界帮助的情况下从自身产生概念或者范畴的思想。这是康德主义者对知性的正确解释。柏拉图式和弗兰西斯·培根式的解释是两种错误的解释：前者主张这些概念是自在的实体，不受限制的共相；后者声称它们是事实世界的实际结构，并由深植于那个世界的心灵予以发现。②

尽管近代哲学的发展对于科学发展没有直接贡献，但它对于近代科学精神的总结和凝集是重要的，它起码为世人提供了对于科学活动本性的一些理解。柯林伍德说："从古希腊至18世纪的欧洲哲学的历史是科学精神自我意识的历史。这场伟大运动中的逻辑学、形而上学和心理学首先是关于科学意识的一种分析，这种意识还包括在自身内部占据着不小一部分的神学意识。但是对于我们的目的来说更为重要的是，从科学意识本身来看，这些研究已经被进行了；它们并不完全是哲学，而是'哲学的科学'；它们是一种矛盾，因为它们从根本上说是科学，但是它们是转向自身的科学，是科学的科学，是关于科学的科学理论。"③

汉金斯说，数学确立了启蒙运动科学的风格。在18世纪，作为描述科学的正确方法是所谓"分析"方法，即通过把数学问题简化为用等式来解决数学问题的方法。这种方法包括了代数学，但更为显著的是使用了微积分，而且应用于力学理论。18世纪的哲学家相信，科学革命正在改变人类的一切活动，并不仅仅是自

---

① John Watkins, A New View of Scientific Rationality. Joseph C. Pitt and Marcello Pera ed., Rational Changes in Science—Essays on Scientific Reasoning, Dordrecht: D. Reidel Publishing Company, 1987, 66, 67.

② R. G. 柯林伍德：《精神镜像或知识地图》，赵志义、朱宁嘉译，桂林：广西师范大学出版社，2006年第1版，第186页。

③ R. G. 柯林伍德：《精神镜像或知识地图》，赵志义、朱宁嘉译，桂林：广西师范大学出版社，2006年第1版，第185页。

然科学。“理性”是正确方法的关键，而理性的典范就是数学。无论在何种意义上，“理性”都是知识和生活的宝贵指南。[①]

汉金斯指出，“启蒙运动在很大程度上是由作为完美智力的理性向作为自然规律的理性的转换造成的。”[②] 例如，莱布尼兹毕生怀着发现一种普遍化数学的希望，他希望能以他称之为“万能算学”（Characteristica Universalis）的数学方法来代替思考。他说：“有了这种东西，我们对形而上学和道德问题就能够几乎像在几何学和数学分析中一样进行推论。”“万一发生争执，正好像两个会计员之间无需互有辩论，两个哲学家也不需要辩论。因为他们只要拿起石笔，在石板前坐下来，彼此说一声（假如愿意，有朋友作证）：我们来算算，也就行了。”[③]

二、自然神论和钟表般机械世界观：经验世界的新理性

在启蒙运动的自由主义潮流中，英国发展出“自然神论”，并且很快遍及全欧洲。在自然神论者身上集中表现出启蒙运动时期对于宇宙和人生的积极观点。[④] 一种强调其认知、智力、教义和教条方面的特殊的宗教观念获得了突出地位。因此，想产生一种智力主义的和非个人的系统化宗教的启蒙运动倾向，在作为一种一般现象的自然宗教概念的意义上被延伸和普遍化了。[⑤]

洛克的《人类理解论》奠定了自然神论的大部分智力基础。在洛克看来，理性将我们导向对确定无疑真理的知晓：世间有一个永世长存、无比强大、无所不知的存在。这种存在的属性，唯有归于上帝才是适宜的。洛克强调，具有无限性质的一切构成我们关于上帝的集合观念。在洛克的思想中，上帝观念是由人类理性和精神的性质构成的，并且也强调其无限性。[⑥]

麦克格拉思（Alister E. McGrath）指出，“自然神论”一词是被用于意指上帝的一种观点：它同意上帝的创造者身份，但它否认上帝在创造中的持久作用。这就与“有神论”形成鲜明对照：有神论坚持认为上帝在世界中一直起作用。“自然神论”可以被视为基督教的一种形式，它强调世界的规律。在批评者看来，这

---

① 托马斯·L. 汉金斯：《科学与启蒙运动》，任定成、张爱珍译，上海：复旦大学出版社，2000 年第 1 版，第 17，20，2 页。

② 托马斯·L. 汉金斯：《科学与启蒙运动》，任定成、张爱珍译，上海：复旦大学出版社，2000 年第 1 版，第 7 页。

③ 罗素：《西方哲学史》（下卷），马元德译，北京：商务印书馆，1976 年第 1 版，第 119 页。

④ 文德尔班：《哲学史教程》（下卷），罗达仁译，北京：商务印书馆，1993 年第 1 版，第 624 页。

⑤ Stanley Jeyaraja Tambiah，Magic，Science，Religion，and the Scope of Rationality，Cambridge：Cambridge University Press，1990，4，5.

⑥ 阿利斯特·麦克格拉思：《科学与宗教引论》，王毅译，上海：上海人民出版社，2000 年第 1 版，第 21，22 页。

是将上帝贬降成了一个钟表匠。[①]

与近代科学革命一同来到现实世界的，是刻画新科学特征的理性概念，是支配宇宙的自然法则概念——服从于通过经验观察和数学思想应用而推断出来的机械论诠释法则。无疑，在17世纪下半叶，宇宙作为一个大钟表模型的机械哲学，使关于上帝特殊天意的学说遭受了很大压力。[②] 到18世纪，对于人类理性能够理解自然法则的信仰，已成为欧洲和美国最有影响思想家的主导性信条。理性时代的仲裁者相信，将智力应用于地球和天空就能够发现支配宇宙的规则。[③]

而且，18世纪的西方世界被美国和法国激烈的政治动荡，以及机械论的爆炸性扩散完全主宰了，这也是科学几乎每天都在进步的时代。这种发展导致大规模的横跨大西洋的头脑变革。传统和教条的权威被迅速侵蚀，取而代之的是关于发现自然和社会深奥真理的逻辑和实验能力的信念。突然间人们觉得，好像自然的日常运行并不需要上帝介入，就像钟表的日常运转不需要钟表匠介入一样。而对于许多思想家，不再需要使科学屈从于与宗教相一致。当拿破仑问拉普拉斯（Pierre Simon Marquis de Laplace，1749—1827）为什么在他关于天上力学的文本中没有提及上帝时，这位伟大的数学家回答道："陛下，我不需要那个假设。"到了18世纪末，宇宙突然成为这样一个地方：它比人们从前想象的更大、更复杂和更加可以理解。[④]

第二节　近代科学精神的锤炼和普及

在自身不断发展和不断完善的意义上，科学以及科学精神将永远处于不断建构的过程之中。"科学革命"也将永远处于进行时。因此，在科学自身作为一种学科建制的意义上，近代科学革命只是启动了自然科学的发展历程，只是启动了科学精神的建构进程。随着近代科学革命的完成和启蒙运动的兴起，自然科学界乃至哲学人文社会学科领域，以及许多实践领域，都在不断实践、丰富和完善着科学精神。

---

① 阿利斯特·麦克格拉思：《科学与宗教引论》，王毅译，上海：上海人民出版社，2000年第1版，第21页。

② Stanley Jeyaraja Tambiah，Magic，Science，Religion，and the Scope of Rationality，Cambridge：Cambridge University Press，1990，18，20.

③ Curt Suplee，Milestones of Science，Washington D. C.：National Geographic Society，2000，109.

④ Curt Suplee，Milestones of Science，Washington D. C.：National Geographic Society，2000，111，112.

一、发现与检验：实证精神的锤炼

近代科学革命无疑是以牛顿的理论大综合宣告完成的，而且，近代科学革命中做出关键贡献的大多数科学家，并不是出于功利目的而从事科学研究的。对于科学事业而言，应用技术的发展，特别是科学工具和仪器的发明，并不仅仅限于工具价值，其作为一种活动本身也是一种科学精神实践，而且更具有广泛性。这也是启蒙运动的一个显著特征。这以“经度”问题的解决最具代表性。

当18世纪航海家开始空前之远和雄心勃勃的海上航行时，一个意味着灾难的技术难题摆在他们面前。这个难题就是海上航行海域的经度确定问题。到1714年，英国航船已经发生了非常多的航海灾难，为此英国政府悬赏两万英镑征集解决手段。当时，确定经度的最好方法就是将轮船航行海域的当地时间与某个明确地点的时间进行比较。其前提是必须要有精确的，而且能够在海上稳定工作的钟表。约克郡制表匠约翰·哈里森（John Harrison）经过30年的越来越精致的设计和在航船上的不断试验，最终完善了平衡轮系统。他的模型在1762年两次航行检验时，被证明在旅行过程中精确到五秒钟之内，精确度远远高于悬赏要求。正是“英国和法国政府通过提供大笔奖金，褒奖测定海上精度的科学的实用手段，促进了‘天空力学’的研究。引起牛顿以来的各个最伟大数学家——上世纪的欧拉、克勒洛和托比亚斯·迈尔，本世纪的布克哈特、普拉纳和汉森、德洛内和亚当斯——很大注意的月球理论便是这方面的一个成果。”①

到18世纪末，科学实验的影响已经不仅仅限于极少数热衷者。牛顿在英国应用力学方面有着极大影响。18世纪的英国拥有一种基于应用牛顿力学和技术应用的科学文化。这种文化反复灌输实验方法、训练和重复检验的风格，并且将这些做法带到技术问题上。有了这种来自科学实践的检验和重复的训练方法，英国工程师相信自己是科学家，最起码是科学家的模仿者。他们可以从亲身实践的机器知识，毫不费力地转向应用来自力学、水静力学等学科的理论。地方性科学和哲学协会更是提供了民众实践新科学的机会。民众可以定期参加诸如伯明翰的“月亮社”这样的地方文学-哲学协会的行动。②

在理论研究方面，实验精神的成效更加明显，更加鼓舞人心。不但原来提出的假说或者推测现在得到验证或者修正，而且还有不少基于实验的新发现和理论新发

---

① 梅尔茨：《十九世纪欧洲思想史》（第一卷），周昌忠译，北京：商务印书馆，1999年第1版，第272页。

② Betty Jo Teeter Dobbs and Margaret C. Jacob，Newton and the culture of Newtonianism，New Jersey：Humanities Press，1995，113，114.

明。例如，人类一直都在琢磨研究火，但直到18世纪初也没有人确切地知晓怎么样或者为什么东西会燃烧。当时西方最主要的理论是燃素说。胡克在1665年建议，空气的某个方面可能参与了火焰的产生。这一假说一直到1770年英国化学家约瑟夫·普利斯特里（Joseph Priestly，1733—1804）进行了里程碑式的玻璃封闭腔燃烧实验才得到验证。当法国的拉瓦锡（Antoine-Laurent Lavoisier，1743—1794）听说了这个发现，他就开始对普利斯特里的新气体进行实验。他发现，在空气中燃烧的硫黄和磷的残余物，比它们燃烧之前要重。显然，它们吸收了空气中的某些成分——他称其为氧气，并留下了一种看起来对生命不必要的气体。不过，拉瓦锡走得更远，他将他的观察扩展到物质守恒定律，因此他被后世认为是现代化学之父。然而，他在法国大革命期间于1794年被送上了断头台。拉格朗日说，他们只消片刻便割下了那颗头颅，可能一百年也产生不出另一颗那样的头颅了。[①]

当普利斯特里和拉瓦锡在揭示燃烧的化学秘密时，英国的一位孤寂遁世的怪僻之人亨利·卡文迪什（Henry Cavendish）在他的私人实验室正在进行类似的划时代发现。1776年，他在皇家学会公布了新观察到的“人造空气”（后来被称为“氧气”）。此前，虽然有英国化学家约瑟夫·布莱克（Joseph Black）和其他人的开拓性工作，但是，不同普通气体的本性和成分——包括空气本身——仍然是个谜。卡文迪什通过细致的实验攻克了这个难题。在这些实验中，他仔细分离并称量了不同的“人造”气体，而且事实上发现了水是化合物。卡文迪什还进行了其他实验，如他将电火花在空气中掠过，结合生成氮氧化物，并进一步在水中溶解这些氧化物而得到硝酸。最终，他得出结论，空气是氮和氧按大约四比一比率的混合物，这与现代科学所证实的五比一的实际比率是比较接近的。他甚至发现，无论他如何努力地设法使空气中的所有的氮和氧结合，总是有微量的某种东西留下来，它抵制任何化学反应。这种“惰性”物质事实上是氩，一种还有一个世纪不能被证明的元素。

18世纪初，甚至对于理性时代最冷静的科学家，电仍然是一种富有魔力的东西，它被广泛认为是一种“不可称量的”液体。但是，它到底是什么，它有何实用价值，人们无从谈起。1752年，美国科学家本杰明·富兰克林通过在暴风雨中放风筝，进行的关于电的研究，证明了他久已有之的怀疑：闪电是电的一种形态。富兰克林的实验使大西洋两岸的同行发奋起来，从此关于电的研究飞速发展。

富兰克林的风筝实验是极其危险的。至少另外两位研究者在尝试类似研究中触电身亡。但是，在仍然高度推测的电的研究领域，只有这些实验还不足以保障

---

① Curt Suplee，Milestones of Science，Washington D. C.：National Geographic Society，2000，118.

并维持普遍的兴趣。另一位非常具有影响力的，促使世人将注意力集中于这个课题的是法国科学家查尔斯·奥古斯丁·库伦（Charles Augustin Coulomb），他创造了一种值得注意的扭称。他的细致测量揭示了一个令人震惊的现象：使电荷之间的距离成两倍，将以四的系数降低力。这正是与牛顿发现的支配引力的同等关系。看起来，电服从于与保持行星在其轨道的同样的数学原则。库伦在1785年发表了这一发现之后，又进一步表明，磁力服从于倒平方规则。一些科学家开始推测，电、磁和引力一定以某种重要方式相互联系。但统一的电磁理论在数十年之后才最终出现。

在18世纪，使人类劳动本性产生很大变化的是蒸汽动力的发现。17世纪中叶，科学家发现了一种潜在资源即大气压力。到1698年，人们利用使得热空气冷却来产生真空的原理，发明了可以产生动力的"炉火引擎"。1712年，它被英国发明家托马斯·纽科门（Thomas Newcomen，1663—1729）活塞驱动的改进引擎代替。50年后，詹姆士·瓦特（James Watt，1736—1819）将纽科门引擎活塞的上下运动改变为旋转运动，这种发明使瓦特引擎成为工业革命的最完美机器。19世纪早期，由于金属制造工艺的提高，人们发明了高压蒸汽引擎，这使蒸汽动力引擎更为轻便。几十年之后，蒸汽动力的伟大时代最终到来了。

即使如此，工业革命两个最基本的概念——热的本性和液体的行为——并未被人们充分理解。人们的观念中仍然只是"热质说"。消除这种观念的是本杰明·汤普森（Benjamin Thompson，1753—1814）。通过研究钻炮筒时的发热过程，汤普森相信，热是钻头的机械运动产生的。其他人的实验则证实了热与运动是本质地相互联系的。由此，物理学发展出关于热、能、功和压力的理论，这些理论将最终使得诸如内燃机这样的复杂装置成为可能。同时，瑞士数学家丹尼尔·伯努利（Daniel Bernoulli，1700—1782，瑞士柏努利数学家族第三代数学家）在思考运动中液体的行为时发现，液体传送越快，它的压力就越小。1738年，伯努利发表了关于这个发现的数学描述，这一成就与他的朋友兼合作者欧拉的著作，帮助创造了流体动力学科学。他的工作在后来有了广泛应用，包括飞机机翼产生的升力和垒球投掷者的阻断曲线球。①

在启蒙运动期间，对于实证精神的锤炼，值得称道的，恐怕是牛顿万有引力理论经受的三次重大检验。它被运用于确定地球形状、月球运动和哈雷彗星返回等问题。

对于地球形状问题，英国与法国科学家之间存在严重分歧。法国科学家支持

① Curt Suplee, Milestones of Science, Washington D. C.: National Geographic Society, 2000, 120～129.

由笛卡儿涡流理论推导出来的赤道扁平两极拉长说，并且得到法国天文学家卡西尼父子观测数据的证实。英国科学家支持由牛顿引力理论推导出来的两极扁平说。1732年，数学家莫佩尔蒂在巴黎科学院公开支持牛顿，而且数学家克莱罗（Alexis-Claude Clairaul，1713—1763）也加入其中，这促成法国组织两支考察队于1735年和1736年分别对赤道和北极圈曲率差的测量。从两支考察队测量结果的比较，证实了牛顿理论。由此确立了万有引力定律的科学理论地位。

月球运动的确定问题是由法国科学家内部分歧引起的。数学家克莱罗在1747年11月法国科学院的一次会议上宣布，牛顿的引力定律不能解释已观测到的月球运动。但关于这一问题的争议，由于在数学建模上的不适当简化而一直未能解决。直到1749年5月17日，克莱罗又一次惊人地宣布，牛顿最终是对的。这是他认真地在数学建模上考虑月球与地球以及太阳的关系而正确地得出的。

1758年11月14日，克莱罗在法国科学院的公众大会上公布了又一个令人震惊的消息。这次是关于哈雷彗星的返回问题。他说，他预测了哈雷彗星的返回日期，并且误差只有一个月。哈雷早已预测，1682年观测到的哈雷彗星将于1758年或者1759年返回，但返回的精确日期难以预算。不过，克莱罗是采取了新的摄动理论，事实印证了他的预测。[①]

汉金斯指出："这三个著名的推测表明了当时天体力学的日益精致以及启蒙运动中公众对科学的兴趣日益增长。这些理论在18世纪下半叶得到了拉格朗日和皮埃尔-西蒙·拉普拉斯的继续发展。拉普拉斯最终解决了曾经困扰着牛顿的一个难题，即关于太阳系的稳定问题。"在他的著作《天体力学》中，拉普拉斯通过总结和补充前人的著作，把启蒙运动中数学天文学推向顶点。[②]

总之，启蒙运动时期，一方面是实证方法、实证理念的系统化、精致化、普及化，这主要仰仗天文观测活动的广泛展开；另一方面在理性方面也是如此，尤其是在数学理性方面的理论发展和应用方面的进展使"数学模型"意识和理念得到强化和普及。

二、近代科学精神的深化和普及

近代科学的实验传统始于文艺复兴时期的西欧。早在17世纪就已经有了著名的实验家，诸如法国的马略特、英国的波义耳，特别是还有在《光学》（1704年）

① 托马斯·L. 汉金斯：《科学与启蒙运动》，任定成、张爱珍译，上海：复旦大学出版社，2000年第1版，第41～44页。

② 托马斯·L. 汉金斯：《科学与启蒙运动》，任定成、张爱珍译，上海：复旦大学出版社，2000年第1版，第44页。

一书中以一种给人印象特别深刻的方式将实验与数学结合起来的牛顿。但是，在17世纪，在学校里继续传授的“物理学”，仍然被当作亚里士多德式思辨哲学的一部分。对于近代物理学来说，即使在17世纪，实验仍然被称为“自然魔法”。而作为近代物理学来源之一的应用数学传统，是被称为“混合数学”而不是物理学。

甚至到启蒙运动末期，在西方人的观念中，“物理学”作为一门学科的特征也不是十分明了。在整个18世纪，人们继续模棱两可地使用这个词。有时它是一个亚里士多德式与实验或者定量测量无关的、也不限于无机界的“物理学”概念，有时又是近代伽利略式力学和牛顿式“自然哲学”的同义词。不过，实验物理学的意思已经开始指以定量与实验方法来发现支配无机界的规律。

莱顿大学的数学和天文学教授格雷弗桑德（Willem Jakob's Gravesande），在1720年出版的《由实验确证的物理学之数学基础，或牛顿哲学导论》中，强调了数学在实验物理学中的重要性，但是数学在他的“物理学”中却只扮演了次要角色，其“物理学”的学科特征主要是实验和示范装置。格雷弗桑德和其他荷兰物理学家使“物理学”成为实验科学，并且将“物理学”领域缩小到我们现在所认识的物理科学范围，从而重新定义了物理学。从1720年开始，实验物理学通常包括对热、光、电和磁的研究，而解剖学、医学、博物学和化学则被排除在外。启蒙运动中出现了书名中有“物理学”这个词的许多书籍，诸如格雷弗桑德1747年出版的著作《物理学基础》，以及马斯成博罗克（Pieter van Musschenbroek）于1737年出版的《论物理学》。[①] 这些无疑标志了“物理学”这一近代科学革命产物，真正完成了学科名称与学科范式的一体化，当然也标示了物理学学科建制化的正式启动。

作为现代化学之父的拉瓦锡，是一位伟大的实验家。他的探索活动不但非常重视实践探索，而且他具有非常明确的科学精神意识。在1750年以前，化学还没有被认为是一门独立学科。它有长久的历史，但总是附属于诸如炼金术士、医生和药剂师等其他领域的事业中。[②] 以精确测量的现代科学精神大规模地把握化学现象，最先体现在以拉瓦锡及其追随者命名的诸多重要研究中。正是通过拉瓦锡等人，现代化学知识和研究的伟大变革才永久地确立起来。[③] 拉瓦锡在1773年的一

---

① 托马斯·L. 汉金斯：《科学与启蒙运动》，任定成、张爱珍译，上海：复旦大学出版社，2000年第1版，第50～52页。

② 托马斯·L. 汉金斯：《科学与启蒙运动》，任定成、张爱珍译，上海：复旦大学出版社，2000年第1版，第83页。

③ 梅尔茨：《十九世纪欧洲思想史》（第一卷），周昌忠译，北京：商务印书馆，1999年第1版，第101页。

份私人备忘录中写道，他相信自己正在从事的化学实验一定会“给物理学和化学带来一次革命”。化学革命更多的是创造一门新科学，并不仅仅是改变已经存在的内容。当时的科学家和之后的历史学家，都认定化学在 18 世纪启蒙运动时期是一门享有自己“革命”的学科。[①]

对于生物学的发展来说，一直存在着博物学传统的发展路线。18 世纪博物学家除了继续从事各个个体间的“同质性”探究，也开始转向对“关系形式”的探究。在居维叶的研究中，这种形式研究达到理论理想与实验精神几近完美的和谐统一。居维叶以比较解剖学这门科学为基础，对动物（包括人类）的个体有机生命进行精密研究。[②]

梅尔兹指出：“正因为居维叶如此始终坚持重视详细研究和细密观察的价值，同时又同样地重视一切存在领域和一切学术分支的统一，所以他被抬高到了他的时代和他的国家的巅峰，成为现代科学精神的一个真正代表。”而且，他赞同牛顿的（而不是培根的和莱布尼兹的）数理科学和自然科学标准。他通过发表给欧洲多位卓越科学家的赞词，通过总结那个时代的成就、进步和独有特点的几篇报告，为自然科学的疆域划出界线。而在科学共同体方面，他尤其强调自然科学的纯粹性这些重大问题。[③]

在 18 世纪，也许比居维叶更加具有现代科学精神的是拉普拉斯。拉普拉斯的“现代”表现之一，是他关于行星不规则运动的理论解释。此前，天文学家对于行星的不规则运动还给不出合理解释，而对于这种不规则运动的结局更是无从谈起。以至于牛顿都认为，假如上帝不去干预校正这些不规则性，它们便会积累起来。拉普拉斯建构了自己的“星云假说”。他认为，太阳系是由气态星云变冷凝结而形成的。他由此而证明行星的不规则运动是由行星之间的相互引力造成的，而且他还得出结论：行星运动中轻微的不规则性，经过很长时间后，将自行相互消除。这个假说也使行星的轨道共面现象不再借助于上帝干预而得到说明。[④] 由此，拉普拉斯断然革除了牛顿添加的“累赘物”。

巴伯指出：“拉普拉斯是视自然为自给自足的和非人格性的机械体系这种崭新自然观的雄辩的代言人。世界不再被看做是中世纪的那个有目的性的神灵的舞台，

---

① 托马斯·L. 汉金斯：《科学与启蒙运动》，任定成、张爱珍译，上海：复旦大学出版社，2000 年第 1 版，第 83 页。

② 梅尔茨：《十九世纪欧洲思想史》（第一卷），周昌忠译，北京：商务印书馆，1999 年第 1 版，第 111 页。

③ 梅尔茨：《十九世纪欧洲思想史》（第一卷），周昌忠译，北京：商务印书馆，1999 年第 1 版，第 114，115，118 页。

④ 伊安·G. 巴伯：《科学与宗教》，阮炜、曾传辉、陈红炬、陈昆路译，成都：四川人民出版社，1993 年第 1 版，第 74 页。

甚至也不是牛顿描绘的那个在神意监督下的连续性客体，而完全是一系列相互作用的自然力。如果事件完全是由自然原因支配的话，那么科学探索中余下的空白点便可以用对物理解释的进一步探寻来填补，而不是通过引进一位在紧要关头突然出现的扭转局面的神灵来做到这一点。尽管不少科学家继续相信上帝的存在，但此类信念已被认为不适合科学论文了。科学领域中的知识之'世俗化'，如同在其他领域的同类现象一样，意味着神学思想无论在别处扮演何种角色，都必须从对世界的研究中排除。"[①] 正是拉普拉斯将圣经世界观从宇宙论中彻底剥离出去，从而实现了天文学和物理学在理论建构上的真正独立。启蒙运动时期科学的发展，可以说是不断否弃近代科学观念中的非科学因素，科学逐步走向"现代"的过程。

随着启蒙运动的深入，科学理性深入人心，尽管不同的人有不同理解，也有不同的价值判断。数学和科学的发展，以及数学和科学知识的普及，使更多非专业人士加入到科学发展和科学发明的行列中来。而且，启蒙运动也是使宗教宽容精神得以广泛传播的动力之一。[②] 罗素指出："启蒙运动还与科学知识的传播密切相关。在过去（依照亚里士多德和教会的权威）把很多东西都视为理所当然的地方，遵从科学家的工作现在已经成了时尚。正如在宗教领域，新教已经产生人人都应独立判断的思想一样，在科学领域，人们现在也必须亲自考察自然，而不应盲信那些陈旧学说代表人物的看法。科学的探究结果正开始改变西欧的生活。"[③]

在启蒙运动时期，与理性主义并行的是另一类具有广泛影响的潮流，这就是浪漫主义。罗素认为："浪漫主义运动与启蒙运动的关系在某些方面使人联想起狄奥尼索斯态度与阿波罗态度的对照。""在 18 世纪的法国，浪漫主义运动反对理性主义思想家冷静超然的客观态度，逐渐变成了对情感的某种崇拜。自霍布斯以来，理性主义者的政治思想曾经寻求建立和维持社会政治稳定，而浪漫主义者却赞成过一种有风险的生活。他们不求安定，而是向往冒险；他们唾弃舒适与安全，认为那是一种堕落；他们坚持，朝不保夕的生活方式（在理论上）无论如何也是某种更为高贵的东西。""浪漫主义者抛弃功利原则，依赖美学标准。凡是他们的思想被触及的地方，无论是行为、道德还是经济问题，他们都运用这些标准。对于自然中的事物，赢得他们认可的正是那种剧烈之美和雄壮之美。"[④]

---

① 伊安·G. 巴伯：《科学与宗教》，阮炜、曾传辉、陈红炬、陈昆路译，成都：四川人民出版社，1993 年第 1 版，第 74 页。

② 伊安·G. 巴伯：《科学与宗教》，阮炜、曾传辉、陈红炬、陈昆路译，成都：四川人民出版社，1993 年第 1 版，第 82 页。

③ 伯兰特·罗素：《西方的智慧》，崔权醴译，北京：文化艺术出版社，2005 年第 1 版，第 252 页。

④ 伯兰特·罗素：《西方的智慧》，崔权醴译，北京：文化艺术出版社，2005 年第 1 版，第 253，254 页。

在罗素看来，浪漫主义产生了两种相反的影响。其一，它过分强调理性以及虔诚的希望，认为对于任何问题只要稍加用心，一切就会一劳永逸地得到解决。无论是纯智力的还是关于社会问题的乌托邦概念，都是浪漫理性主义的典型产物。其二，相反地，浪漫主义对理性的低估，其非理性主义的态度（它最著名的是存在主义）在某些方面是对工业社会日益侵犯个人的一种反抗。[①]

三、百科全书学派：近代科学精神的传播和实践

《百科全书：或由文人协会出版的科学、艺术和技艺的理性辞典》的编辑出版，是启蒙思想家给予启蒙运动和人类进步的积极计划。它集中体现了18世纪中期很多哲学和改革精神，被公认为在传播启蒙思想方面具有巨大影响。它明显地强调科学、数学、技术等学科；它以启蒙运动的典型方式，颂扬实用知识，贬低虚张声势的形而上学，以各种方式贬斥正统宗教。百科全书派有力地促进了科学精神的传播和向整个知识领域的扩展。也正是这部划时代巨著的编辑，凝聚了一大批热衷于近代实证主义精神的知识分子，它将持有对近代科学精神有着种种不同理解的人结合成为“文人协会”这样一个合法团体。

《百科全书》以多种方式反映了狄德罗对培根哲学的狂热。其编辑大纲遵循的是培根的知识分类，所选编词条既包括商业也包括科学，它囊括了很多关于动力机器、锻造、采矿、造船等几乎所有制造业的文章。作为一部“理性”辞典或者对科学知识的系统陈述，《百科全书》的目标是展现所有知识的相互联系。[②] 总体而言，百科全书学派具有明显的自然主义和实用主义倾向。

与百科全书学派的其他人相比，让·达朗贝尔（Jean le Rond d'Alembert，1717—1783）作为数学家比较看重理论，特别是数学化理论。他保持一贯的数学理性主义态度。在达朗贝尔为《百科全书》写的“卷首语”中，他提出了他称作科学构造的“理性历史”观点。这一“理性历史”并不是科学的实际历史，而是一种关于如何从逻辑中产生科学知识的解释。虽然达朗贝尔遵循狄德罗的路线，并且强调培根的科学结构，但是，他的理性历史从人类在原始状态的首次智力激励开始，迅速转到对几何学和力学基础的抽象实体沉思。达朗贝尔接受了洛克的很多哲学思想，认为所有的知识都来自感觉，因此科学必须信赖观察和实验。不过他也相信，一旦实验揭示了一门科学的基础规律时，理论的精细加工就成为数学家的工作。他在《百科全书》前言中论证说，数学是整个物理学的基础：“在对

---

① 伯兰特·罗素：《西方的智慧》，崔权醴译，北京：文化艺术出版社，2005年第1版，第254页。

② 托马斯·L. 汉金斯：《科学与启蒙运动》，任定成、张爱珍译，上海：复旦大学出版社，2000年第1版，第171，172页。

我们周围的地上物体的考察中使用数学，与在天文学中同样重要。我们所观察到的这些物体的所有性质之间，都有或多或少可以理解的关系。关于这些关系的了解或发现几乎总是允许我们达到唯一的目的，因此也是我们应该为我们自己提出的唯一目的。”整个18世纪，人们都在争论数学对于实验物理学的重要性。狄德罗、德·布丰，甚至还有本杰明·富兰克林，都谴责物理学中过多地应用数学，声称这会使科学家远离自然而错误地信赖抽象形式。这些争论涉及实验和数学之间的适当均衡问题。①

需要提及的是，“科学革命”一词是与百科全书派紧密联系的达朗贝尔等数学家塑造出来的。“科学革命”的宽泛意含，在《百科全书》（1756年）第6卷达朗贝尔长达4页的“实验的”词条中明确地显现出来。在这个词条中，达朗贝尔提出“严格意义上的哲学再生”的概略，他将培根和笛卡儿的出现等同于这种再生：他们倡导的实验方法使亚里士多德主义统治下的“黑暗时代”或者“愚昧世纪”典型的“模糊和晦涩的哲学化方法”结束了。不过，在达朗贝尔看来，革命并未随着培根、笛卡儿和紧随其后的致力于实验研究的研究院的远去而终结，它也不会终结，因为“人们不能指望心智会很快地使自身摆脱一切偏见”。他还描述了牛顿的成就：牛顿第一个揭示了他的前辈仅仅想象的东西，将几何学引入物理学的艺术，以及通过将实验与计算相结合而形成一种精确、深刻、富有启发和新颖的科学艺术。在达朗贝尔看来，牛顿《原理》和《光学》的成就是独特的，它成就了近代物理学基础，以及近代物理学原理的真理。②

“科学”在18世纪享有极大荣耀，这与《百科全书》学派的宣传和积极实践是分不开的。达朗贝尔在《百科全书》中写道：“哲学精神现在也就是观察和精细的精神。”在百科全书派的文人看来，观察、实验、分析和基于细致研究来制定清晰严格的一般法则，这种确实可靠的方法已臻完善，因此，现在所要做的仅仅是把这种方法应用到依然被迷信和混乱所困扰的各个领域。③

百科全书学派的科学精神实践，可能除了达朗贝尔，其成员大都走的是博物学传统的研究路线，尽管在方法论上有所发展或者有所改进。在17～18世纪，富于发现的航海给欧洲带回了几千个样品的奇异植物和动物生命。异常丰富的标本提出了物种分类问题。卡罗卢斯·林奈（Carolus Linnaeus，1707—1778）创造了

---

① 托马斯·L.汉金斯：《科学与启蒙运动》，任定成、张爱珍译，上海：复旦大学出版社，2000年第1版，第174，173，50，51页。

② H. Floris Cohen，The Scientific Revolution：a Historiographical Inquiry，Chicago & London：The University of Chicago Press，1994，22，23.

③ 罗兰·斯特龙伯格：《西方现代思想史》，刘北成、赵国新译，北京：中央编译出版社，2005年第1版，第173页。

“属+种”方式的拉丁命名体系，并命名了大约12 000个物种。他认为，自有地球以来，一切物种就存在，每个物种在从“最低”到“最高”的创造物层级中都占有一个清晰位置。这种信念就是所谓的“伟大的存在链条”。一直到19世纪，大多数人还坚持这种观念。但是，还在18世纪时，就有人质疑它的各个方面。法国学者、百科全书派乔治·路易·勒克勒尔科（Georges Louis Leclerc）和布丰（Georges-Louis Leclerc Comte de Buffon，1707—1788）就认为，所有的物种分类都或多或少地有些任意——是被人类心智应用到了丰富的自然上。他们还暗示，物种甚至可能随着世纪推移而变化。布丰在18世纪50年代出版了44卷本《自然史》，在这部著作的影响下，产生了后来的关于地球年龄的3个主要地质理论：水成论、火成论和灾变论。在18世纪末，法国著名博物学家拉马克（Jean Baptiste lamarch，1744—1829）认为，生物不可避免地进化为更加复杂的形态，在与环境的互动过程中，它们能够获得会遗传的特点。这种观点当时并未获得普遍认可。但是，拉马克的理论在鼓励科学家思考进化方面却极其有影响。[①]

在启蒙运动时期，具有明显的理性主义和自然主义倾向，因而与百科全书学派联系密切的学派是法国重农学派。重农主义者在18世纪60年代的法国具有很大影响力。这些作为经济学者的重农主义者相信，社会的改善可以通过使经济活动与上帝置于自然中的规律更一致而达到。法国的总理大臣杜尔哥是这个团体的成员，他敬告国王路易十六要使王国的法律与自然规律相一致，这一忠告显然是重农主义（physiocratie，含意是“服从自然”）主要原理的重申。重农主义者的领导人是弗朗索瓦·魁奈（Francois Quesnay）。他在《百科全书》的“农夫”和“谷物”词条中，以及在他的《经济表》中提出了自己的主张。魁奈论证说，虽然人们并不享有相等的能力，但是他们具有相同的自然权利，因此政府义不容辞的任务是允许个人追求他们自己的最佳利益，只要他们不破坏其他人的自然权利。特别是应该允许个人享有他们自己劳动的成果，因此重农主义者主张财产的神圣性和自由市场的必要性。[②]

总体而言，在科学精神的传播以及将其塑造为西方社会主流意识形态方面，百科全书学派的思想和行动，比科学家更具广泛性和影响力。文德尔班评论说：“在百科全书学派共同的思想中，一步一步地完成了从经验主义到感觉主义、从自然主义到唯物主义、从自然神论到无神论的转化，从满腔热情的道德观到利己主

---

① Curt Suplee，Milestones of Science，Washington D. C.：National Geographic Society，2000，130.

② 托马斯·L. 汉金斯：《科学与启蒙运动》，任定成、张爱珍译，上海：复旦大学出版社，2000年第1版，第183，184页。

义的道德观的转化。理智启蒙运动的条条道路都通向孔狄亚克的实证主义。”①

这里必须提及的是19世纪伟大的实证主义者孔德。罗素指出：“在法国，奥古斯特·孔德是百科全书派哲学运动的一位继承人。他和哲学激进派一样，尊重科学，反对现有宗教，而且他还着手提供一切科学的全面分类，自数学始，到社会学止。”“他把他的学说叫做实证哲学。实证主义的得名正是出自这一源泉。”②

孔德在《实证哲学教程》中的科学三阶段说认为，每门科学都应该追求的实证阶段，是以定量方式和完全的确定性把事实联系到一起的规律为标志的。在他看来，关于自然的经验科学已经达到实证阶段，因此，社会科学中一场类似的革命是完成这个过程唯一仍被需要的事情。③ 孔德试图做的事，首先就是以一种全面的逻辑顺序来排列所有的科学研究领域，这一努力体现出他是百科全书派的真正传人。不过，他那坚决反形而上学的态度也造成了科学与哲学的对立。④

第三节　大学精神的现代重建

从历史的和社会学的角度看，西方现代科学建制和科学制度的完善形态，作为一种智力上的和道德上的努力，并不是在那些科学社团中完成的。起初的粗糙形态是类似于法国巴黎科学院的制度化设计，而真正的完善形态是在现代大学中形成的。约瑟夫·本-戴维（Joseph Ben-David）认为，这种社会结构对于科学发展施加的影响主要体现在两个方面或者两种机制之中：一方面是科学研究通过它们被评价和承认的那些机制；另一方面是科学研究通过它们被组织和被支持的那些机制。⑤ 现代大学制度还为现代科学的发展在智力上和伦理上都做出了更加系统全面的贡献。

一、传统大学的研究领域和科学建制

在近代科学革命之前，大学统治着欧洲的智力生活。直到16世纪，大学的组织结构依然严格仿照它们由之演化而来的13世纪原型，它们的哲学教学内容与亚

① 文德尔班：《哲学史教程》（下卷），罗达仁译，北京：商务印书馆，1993年第1版，第602，603页。

② 伯兰特·罗素：《西方的智慧》，崔权醴译，北京：文化艺术出版社，2005年第1版，第298页。

③ H. Floris Cohen, The Scientific Revolution: a Historiographical Inquiry, Chicago & London: The University of Chicago Press, 1994, 35.

④ 伯兰特·罗素：《西方的智慧》，崔权醴译，北京：文化艺术出版社，2005年第1版，第299，312页。

⑤ Joseph Ben-David, Scientific Growth, Essays on the Social Organization and Ethos of Science, Gad Freudenthal ed., Berkeley: University of California Press, 1991, 339.

里士多德主义信条相一致。[①]

在16世纪，大学里教授的，除了自然哲学，还有关于自然世界知识的其他研究科目。这些非自然哲学的科目，主要是医学和数学。医学包括解剖和药物学。药物学涉及药剂和药膏，以及从矿物和植物原料制备它们的知识，因而也包括关于植物及其医学性质的博物学知识。这些研究并没有打算主要探讨哲学内容，虽然关于人体及其部位的理解是基于盖伦的理论（实际上是自然哲学的）观点，但是解剖学研究本身涉及详细的形态学描述而不是聚焦于解释。药物学也是一个陈述实际的知道如何做而不是理论理解的领域。比如，当研究植物时，医生不是关注植物学的（亚里士多德意义上的）因果科学，而是关注植物性质的经验知识。虽然自然哲学的语言常被用来描述药物的医学性质，但是它只是医学知识的一个辅助手段而不是目的本身。

这一时期大学的数学学科既是原理上的，也是实践上的。中世纪大学实践的主要数学学科是天文学，其次是音乐。这是构成算术、几何、天文学、音乐这四门数学学科的两科。在这四门学科中，前两门是探讨抽象数量的“纯粹”数学。算术主要研究非连续数量的数字，而几何主要研究关于空间广延的连续数量。四学科的第三、第四个成员代表了“混合的”数学分支。“混合数学”这个术语表示，它们的合适关注是与一些详细而精确的主题相结合的数量。因此，天文学是应用于天上运动的几何（学）的扩展；音乐是应用于声音的数字。因此，这后两门学科是关于自然世界的科学，但是明确地否定了自然哲学的地位。数学天文学家只是描述并以模型来说明天体运动，而解释它们为什么运动是自然哲学的工作；数学音乐家只是描写声音的量的结构，而自然哲学家被留下了解释声音根本本性的任务。[②]

这就是中世纪到近代的大学中自然科学研究的全部领域。一言以蔽之，西方早期的大学非常缺乏实验科学活动，更没有建制化的自然科学学科。即使是在近代科学革命既成事实之后，自然科学也未能及时进入到大学体制中去。而且，十分重要的是，当中世纪依附于独立大学法人的专任学术智力职业一出现，学术自由就成为一个有争议的问题。结果，从15世纪一直持续到19世纪，大学的崇高和自由极大地降低了。[③] 大学自然科学建制的出现是启蒙运动深入发展的结果，当然可能也有蓬勃发展的社会经济刺激的因素。

---

① Peter Dear，Revolutionizing the Sciences：European Knowledge and Its Ambitions，1500—1700，Hampshire：Palgrave，2001，10.

② Peter Dear，Revolutionizing the Sciences：European Knowledge and Its Ambitions，1500—1700，Hampshire：Palgrave，2001，17，18.

③ Joseph Ben-David，Scientific Growth，Essays on the Social Organization and Ethos of Science，Gad Freudenthal ed.，Berkeley：University of California Press，1991，214，215.

二、现代大学的兴起和德国式的现代大学精神

从智力上讲，18 世纪科学主要代表仅仅服从于逻辑和经验证据的自由的和批判的探究精神。而 19 世纪则象征了全面的理论系统的胜利。新的物理和化学理论具有一种完美或者接近完美的味道。而且，科学的教育功能变化更大。现代大学的纷纷建立和传统大学的变革，引起对 18 世纪科学建制状况的重大背离。18 世纪的科学共同体只能给科学成就卓越的科学家带来荣誉，但是很少能给他们带来收入。到 19 世纪，有造诣的科学家常常或多或少地依附于给他以丰厚薪水的教学职位。[①] 科学家社会角色的这种在社会总体结构安排上的变化，无论是对于科学的建制化，还是对于近代科学精神向现代科学精神的转型，都具有根本意义。

法国大革命之后，法国创办了巴黎高等师范学校和巴黎综合工科学校。1794 年创办的综合工科学校，在 19 世纪初便走出了大批优秀科学人才。诸如，发现气体膨胀定律的著名物理学家、化学家盖·吕萨克，发现电流云的磁力定律的著名物理学家比奥，发现偏振现象的著名物理学家马吕斯，著名分析力学家泊松，发现偏振光干涉的著名物理学家阿拉果，创立光之波动说的著名物理学家菲涅尔，著名数学家柯西，创立射影几何学的著名数学家彭塞列。

英国在 19 世纪中后期的科研体制和教育体制的改革中创办了一些新大学。与牛津和剑桥这些老牌大学相比，这些新大学更少受等级制度的束缚，更多地鼓励发展自然科学，直接培养科学人才。此外还创办了许多技工学校，它们直接服务于工业生产，使得第一次工业革命得以在英国充分实现。[②]

在 18 世纪和 19 世纪之交，德意志也诞生了一大批新型大学，如柏林大学（1809 年）、波恩大学（1818 年）。它们像当时所有新兴学校一样，直接面向科学技术，为工业发展培养科技人才。不过，它更具有现代大学制度的示范作用。梅尔兹称新型的德国大学制度为“伟大的大学教育体制”。他说：“德国大学制度代表着广泛散布但又密切联系的理智工作者共同体，它以其大学和高等学校的网络而覆盖欧洲操德语国家。这个共同体在其影响最大的时期发展它自己的特殊理想，并用一个专门语词即 Wissenschaft（科学）来表达这个理想。”“在这个制度里，神学、法学、医学和专门的哲学研究全都被拿来做‘科学的’处理，一起形成普遍的无所不包的人类知识大厦。”[③]

---

① Joseph Ben-David, Scientific Growth, Essays on the Social Organization and Ethos of Science, Gad Freudenthal ed., Berkeley: University of California Press, 1991, 333, 334.

② 吴国盛：《科学的历程》（第二版），北京：北京大学出版社，2002 年第 1 版，第 391～395 页。

③ 梅尔茨：《十九世纪欧洲思想史》（第一卷），周昌忠译，北京：商务印书馆，1999 年第 1 版，第 140，144，146 页。

梅尔兹还指出这种体制的基本特征："已脱离其早先比较局限的存在阶段、效用比较受限制的时期；它摆脱了宫廷和私人的偏爱，摆脱了教会的保护和影响；它通过政府法令或专门的基金会而谋得了更强有力也更理想的可靠生存手段；它用本国语取代拉丁语。""各门学科才受到同等的公平的关心。"[①] 诸如柏林大学这样的新的学术机构，标榜大学自治和学术自由，倡导为科学而科学，则对其他大学产生了巨大的影响。

这些新型大学具有不同于传统大学的突出自然科学建制的特点，主要有以下诸项。①有相对优秀的实验室和研究设施，很快就认识到新的研究领域的重要性。②清楚地认识到大学作为原创性研究场所的目标，还有有效地达到那个目标的组织手段，如意义深远的学术自我支配，教师在他的课程内容中的自由，学生在选择课程和教师中的自由（包括很容易从一所大学转到另一所大学），要获得学位就必须提交基于研究的论文。最重要的是，提交基于原创性研究的高水平的科学著作是学术任命的先决条件。③大量学术机构的存在使教师和学生的流动成为可能，并导致了科学竞争的气氛。[②]

梅尔茨如下评价这一时期德国大学中的科学精神。首先，那适应纯粹科学的不屈不挠事业是纯粹理想的目的所要求的，并没有什么实际有用性的直接前景。德国学者总是以其热忱和无私献身的勤勉而著称，他们为了内心的满足而不是为了外在的成功而工作。其次，德国科学家不仅崇尚透彻性，而且像德国哲学家和古典学者一样，很少是孤立思想家。他不会只是一个科学院的院士，也不是墨守他自己治学之道的独居天才。再者，德国科学家也是教师，他不是教授"一门现成的科学"，而是从他人那里汲取独创性才智，鼓励进行合作研究。最后，德国科学家又是哲学家，他一般总是处于某个哲学学派的影响之下，他必须对自己和门生阐明自认为正确的基本原理。而且，精密思想方法赋予科学以精确性和确定性。但是，这种精确性和确定性是否将导致知识的完整性，或者它们能否不被误用，尚不得而知。"为了保证完整性，确保这整个大领域没有一个部分未被接触到和探索到，就需要对细节的偏爱、钻研和探险精神，而这些主要是在历史和古典研究中养成的。为了避免滥用现有方法，就进一步需要那种探究原理价值及其效用界限的批判精神。这三个思想方向标志着人类心智的三种相当独特的态度：发明和应用新的精密方法的技艺——精密的思想习惯或态度；钟爱细节以及向往完整和

---

① 梅尔茨：《十九世纪欧洲思想史》（第一卷），周昌忠译，北京：商务印书馆，1999 年第 1 版，第 140，141 页。

② Joseph Ben-David，Scientific Growth，Essays on the Social Organization and Ethos of Science，Gad Freudenthal ed.，Berkeley：University of California Press，1991，111.

包罗无遗的知识——历史的思想习惯或态度；最后，希望充分注意到现有方法或原理的价值，这意味着对每一条原理之局限本性的意识——批判的思想习惯或态度。数学和自然科学的进步主要依赖于第一种；古典研究依赖于第二种；哲学推理主要依赖于最后一种。过去几世纪里引导人类进步和思想的三个国家每一个大概都按相等比例占有这三种基本功夫。”①

梅尔茨指出，德国大学体制的科学（Wissenschaft）理想的“伦理意义标志着这理想作为进步和文化的一个因素甚至比已做出的不朽科学发现或已建树的学术丰碑还重要得多”。“当我们看到一个民族的大部分最有天赋的成员都在摆脱名利的可能诱惑而从事一项纯理想的事业时，这实在是人类历史上的罕见事例。追求真理和为知识而获得知识，作为一项崇高而有价值的职业，在世纪大部分时间里已经成为德国大学中教授和学生共同的毕生工作。”19 世纪上半叶“法国和德国的科学史是和两个伟大组织，也即巴黎科学院和德国大学的历史相一致的。全靠这两个组织，我们才有这两个国家的几乎所有伟大的科学工作。多亏前者，我们在 18 世纪末和 19 世纪初才奠定了现代科学工作的方法基础；多亏后者，我们才令人瞩目地使这些方法得到传播和广泛应用。”②

在 19 世纪中叶，英国紧接着美国，教育家、科学家和管理者表现出对德国科学组织的越来越大的兴趣。英国的大学虽然保持特定传统，但也设法使自己符合德国的标准和做法。牛津大学和剑桥大学，直到 19 世纪 60 年代还主要是富人和牧师的培训中心，也开始成为在学术自由和自主的氛围中追求经验科学和实证学术的机构。现代学术体制的迅速生长在 19 世纪 60 年代也在美国启动。相对而言，英国科学的学术改革效果缓慢且有局域性，而在美国，它产生了科学创造性的耀眼增长。这表明，英国体制不富于竞争性。看似分散，实则集权。美国与德国相似，分散体制鼓励专门化的研究角色和设施。③

第四节　自然科学体系的形成和文明形态的根本改观

19 世纪，西方科学的发展态势也许可以用“高歌猛进”来概括。在这个“科

① 梅尔茨：《十九世纪欧洲思想史》（第一卷），周昌忠译，北京：商务印书馆，1999 年第 1 版，第 179，181～183，187，188 页。

② 梅尔茨：《十九世纪欧洲思想史》（第一卷），周昌忠译，北京：商务印书馆，1999 年第 1 版，第 189，191，页。

③ Joseph Ben-David，Scientific Growth，Essays on the Social Organization and Ethos of Science，Gad Freudenthal ed.，Berkeley：University of California Press，1991，120～123.

学的世纪”，西方自然科学领域的研究队伍规模和实验技术发明都是空前的。西方人在牛顿力学理论范式和实验精神的引领和鼓舞下，科学理论发展与实验技术革新处于相互激发的胶着状态，自然科学各领域在理论上近乎不间断地实现突破，各学科都在一定程度上实现了新的理论综合，以至化学和生物学等研究领域实现了由古代传统学问向现代科学学科的跃进。

一、自然科学领域的发展

1.19 世纪物理学：近代力学范式的巅峰发展

19 世纪，物理学领域的重大发展主要体现在电磁学领域。这是一个在机械世界观的框架内，牛顿经典力学范式得到巅峰发展的时代。电磁学的大发展正是从认识到电磁的内在统一性开始的。

德国在 18 世纪后期掀起了自然哲学思潮。这一潮流弘扬自然界中联系、发展的观点，批评牛顿科学中机械论的成分，在当时的科学家中产生了重要的影响。丹麦物理学家奥斯特（Hans Christian Oersted，1777—1851）坚信，电磁之间一定有某种关系，电一定可以转化为磁。他经过反复实验验证，于 1820 年 7 月 21 日发表了《关于磁针上电流碰撞的实验》的论文，指出电流所产生的磁力与电流方向垂直，电流对周围磁针的影响可以透过各种非磁性物质。

既然电流有磁效应，科学家自然会猜测磁可能也有电流效应。在奥斯特发现电流的磁效应 10 年后，英国物理学家法拉第（Michael Faraday，1791—1867）和美国物理学家亨利（Joseph Henly，1797—1878）终于证实了这一猜测。

法拉第不仅发现了电磁感应现象，而且运用自己创造的“场”和“力线”概念，建立了电磁感应定律。

实现电磁理论大综合的是英国物理学家麦克斯韦（James Clerk Maxwell，1831—1879）。麦克斯韦在论文《论法拉第的力线》（1855）中首次赋予法拉第的力线概念以数学形式，初步建立了电与磁之间的数学关系。麦克斯韦的理论表明，电与磁不能孤立地存在，总是不可分离地结合在一起的。在论文《论物理学的力线》（1862）中，麦克斯韦提出自己首创的“位移电流”和“电磁场”等概念，并在此基础上给出了电磁场理论的更完整的数学表述。[①] 正是“由于法拉第、麦克斯韦等对于电磁现象的研究成果，导致了 19 世纪 70 年代爆发的以电力技术为标志的技术革命和产业革命。这次技术革命不是直接来源于生产，而是来源于科学实验”。[②]

---

① 吴国盛：《科学的历程》（第二版），北京：北京大学出版社，2002 年第 1 版，第 317～325 页。

② 李醒民：《科学的革命》，北京：中国青年出版社，1989 年第 1 版，第 234 页。

2. 化学研究领域的多进路突破

相对于物理学和生物学，可能是由于经验科学和哲学传统基础薄弱，化学作为一个专门研究领域和独立学科的意识要来得晚一些。虽然没有古代和近代学科基础，但它终于在近代物理学科的框架基础上，吸收炼金术、生物学和技术发明等领域的实验和理论成果，构成自己的理论体系，从而直接成为现代科学学科。

19 世纪最有影响的思想家之一，英国科学家约翰·道尔顿（John Dalton，1766—1844）对法国人盖-吕萨克（Joseph Louis Gay-Lussac，1778—1850）提出的观念很感兴趣。盖-吕萨克确认不同气体看起来总是以体积的某个明确的整数比率（whole-number ratios）来结合，但没有人知道为什么。道尔顿的研究使他确信，气体行为如此相似的原因之一，是由于它们都是由微小得无法更小的粒子组成的。遵从德谟克利特，道尔顿将它们称为原子。他由此观念出发对盖-吕萨克的信念做出理论解释：化合物看起来总是以相同的重量比例来结合。道尔顿有条理的科学习惯终身保持不变。从 1787 年起，他每天观察记录家乡湖畔的天气，最后一条记录是在他去世的当天做的。

在 18 世纪，关于电的研究由于没有办法获得持续的电流而受到严重限制。幸运的是，19 世纪伊始，由于意大利物理学家亚历山德罗·伏打（Alessandra Giuseppe Antonio Anastasio Volta，1745—1827）的工作，这种状况被扭转了。伏打制作了“伏打电堆”。类似的装置所支持的实验将改变物理学和化学。例如，它为德国研究者欧姆的工作创造了条件，欧姆（Georg Simon Ohm，1781—1854）最终解释了电流与电动势之间的关系，为纪念伏打，他以“伏特”为单位来表达电动势。

利用伏打成就的第一批英国人之一，是著名化学家汉弗莱·戴维（Sir Humphry Baronet Davy，1778—1829）。他对 19 世纪的化学产生了很大影响。戴维制作了一个很大的伏打电堆，将电流应用到诸如氰化钾的化合物，从而分解出闪亮的金属小滴，他称这种元素为钾。在接下来的实验中，戴维利用电产生了钠、钙、锶、钡、镁、硼和硅。戴维的工作极大地增加了当时的已知元素数量。到 19 世纪中叶，已知化学元素从 1800 年的 30 种扩大到 1860 年的 60 或者 70 种。戴维留下了两个恒久贡献，第一个是原子在化合物中被电的力量的某种安排绑缚在一起的信念。这是一个我们现在所知道的极为正确的观念，尽管体现电荷的粒子还有几十年不为人所知。戴维的第二个贡献有些偶然，他雇用了一个名叫麦克尔·法拉第的年轻助手，这位自学成才者成为 19 世纪最著名的实验物理学家。

门捷列夫（Dmitry Ivanovich Mendeleyev，1834—1907）于 1869 年发表了

“周期表”，并指出这个方案似乎需要几种尚且未知的元素。当镓、锗以及其他被预言元素在接下来的20年中被最终发现时，门捷列夫得到辩护。

在19世纪，化学的发展呈现为各个基本亚学科齐头并进的态势。瑞典的容斯·雅各布·伯齐利厄斯（Jöns Jacob Berzelius）早在1807年就提出，化合物能够被分为两大种类，即由生物产生的或者说生物典型的“有机”物质与包括其他一切东西的“无机”物质。然而，这种划分不久就被伯齐利厄斯自己的学生弗里德里希·维勒（Friedrich Wöhler，1800—1882）粉碎了。在1828年，维勒无意间合成了一种有机物质，经进一步检验被确认是尿素。1845年，另一位德国化学家阿道夫·维廉·赫尔曼·科尔贝（Adolph Wilhelm Hermann Kolbe）从确凿的无机材料成功地造出了醋酸。[①] 正是这些冲破传统物质观念的化学合成实验催生了有机化学学科。

3. 生命科学领域的两重革命

在西方世界，古代生物学的经验传统主要有两个，即医学领域的生理解剖研究和博物学领域的物种分类研究。19世纪，生命科学在这两个经验传统基础上的两重科学革命，使古代传统生物学成功跨入现代科学学科行列。从此也彻底改变了人们对生命现象的看法。细胞学说和结构生理学的发展，可以看做是近代科学革命在生物学领域的延续；而进化论和遗传学说的建立，则可以看做是生命科学领域的一场现代科学革命。

细胞学说和结构生理学：生命祛魅和还原论的理论解释。近代生命科学的发展是与显微镜的发明和发展密不可分的。在17世纪显微镜问世不久，物理学家胡克就在植物切片中发现了他称之为“细胞”的蜂窝状结构。在19世纪30年代，人们在植物细胞中发现了细胞核，而且在动物体内也发现了细胞。这引发了西方人对生命现象的还原论推测。虽然自然哲学的推测往往缺乏实验根据，但它激励了人们对生命基本结构单位的研究。

在19世纪初，生物细胞的存在已是众所周知的事实，但它的内在结构和功能以及在生物体中的地位还不太清楚。19世纪中叶，德国的植物学家施莱登（Mathias Jacob Schleiden，1804—1881）和动物学家施旺（Theodor Ambrose Hubert Schwann，1810—1882）共同建构起了相对完整的细胞学说。他们相信，既然所有的生命组织在结构上均由细胞组成，那么所有的生命从发生学上也应该从细胞开始。

---

① Curt Suplee，Milestones of Science，Washington D. C.：National Geographic Society，2000，143～153.

近代结构生理学在17世纪曾有过辉煌时期。那时，以血液循环理论为代表，生理学家普遍受新兴的机械力学影响，将生物体也看成一部机器，并试图发现生物体各器官的物理作用规律。但后来发现，生物体比一部机器要复杂得多。对于生命现象的解释，形成了坚持机器喻比的机械论和坚持或者复活传统的活力论两大阵营。而生命科学中的机械论传统也分成物理学派和化学学派两大派别。物理学派主张生命现象可以用物理规律做出完全的解释，化学学派则认为生命现象必须用化学规律来说明，物理规律是不够的。法国生理学家马让迪（Francois Magendie，1783—1855）是19世纪法国著名的解剖学家，他运用高超的解剖技术来研究生理学。他坚信物理化学原理足以解释生命现象，坚决反对各种形式的活力论。马让迪的学生伯纳尔（Claude Bernard，又译为贝尔纳）则奠定了现代实验生理学的理论基础。

伯纳尔首先对消化作用进行了研究。1865年，伯纳尔出版了划时代巨著《实验医学研究导论》。书中总结了他在实验生理学上的重要成就，同时建立了崭新的生理学思想体系。他明确指出，所有的生命现象均有其物理和化学基础，神秘的活力是不存在的。该书在实验生理学史以及整个生命科学史上有着十分重要的地位。[①]

进化论和遗传学说：生命科学领域的现代革命。虽然上述领域的研究对于现代生命科学具有奠基意义，但对于现代生命科学而言，进化论和遗传学说的革命性更彻底，也更具有深远影响。

应当说，查理·达尔文（Charles Darwin，1809—1882）的进化论是博物学传统领域多次理论变革的结果。达尔文进化论这种“生物学的因果性解释”，超越牛顿严格决定论模式的因果性解释。它是“由五个相互联系的学说综合而成的：①进化主义本身；②包括人猿同祖说在内的共同祖先学说；③渐进性观点；④物种增殖学说；⑤自然选择学说。其中自然选择学说是最大胆新颖的学说，它涉及进化演变的机制，能合理说明生物世界外表的和谐与适应现象。”[②] 达尔文进化论不仅对生物学产生了重大而深远的影响，而且影响到化学、天文学、语言学、人类学以及社会哲学和伦理学，同时也沉重地打击了根深蒂固的神创论和目的论，因而是一场不折不扣的科学革命。[③]

达尔文的生物学革命可谓轰轰烈烈，但事实上对于整个生命科学的发展更具冲击力的科学革命行动，几乎与达尔文的革命平行展开，只是被湮没了数十年。

---

① 吴国盛：《科学的历程》（第二版），北京：北京大学出版社，2002年第1版，第371～376页。

② 桂起权：《科学思想的源流》，武汉：武汉大学出版社，1994年第1版，第179页。

③ 李醒民：《科学的革命》，北京：中国青年出版社，1989年第1版，第27页。

孟德尔（Gregor J. Mendel，1822—1884）不相信单单达尔文自然选择的理论就足以说明新种的形成。①

1854年夏天，孟德尔在修道院花园种植了34个株系的豌豆，开始从事植物杂交育种的遗传研究。经过多年的育种实验，孟德尔掌握了大量的数据。1865年，他总结了自己多年的研究工作，写出了《植物杂交实验》的实验报告，并于1866年在当地科学学会的丛书中正式发表。文中孟德尔首次阐明了生物界有规律的遗传现象。他指出，植物种子内存在稳定的遗传因子，它控制着物种的性状。

孟德尔的工作是划时代的，其伟大之处在于把近代科学的实验加数学的方法运用到遗传问题的研究中。植物的杂交试验当时非常普遍，但只有孟德尔对所有的杂交后代进行数学统计，只有他用纯种进行试验，考察单个性状的遗传规律。正是这种特殊的科学方法使他将理性之光引入遗传学领域，照亮了这块长期漆黑一团的神秘领地。由于孟德尔像拉瓦锡将化学确立为科学一样将遗传学确立为科学，人们往往称他是“植物学上的拉瓦锡”。但遗憾的是，由于各种的原因，孟德尔《植物的杂交实验》这篇划时代的论文未引起人们的注意。

孟德尔的伟大成就被湮没无闻40年之后才被重新发现。1900年三位互不相识的生物学家各自独立发现了孟德尔的意义。他们是荷兰的德弗里斯（Hugo Marie de Vries，1848—1935）、德国的柯林斯（Carl Erich Correns，1864—1933）和奥地利的切马克（Erich Tschermak von Seysenegg，1871—1962）。三个植物学家不约而同地发现了孟德尔曾经发现过的遗传定律，这个戏剧性的事件被历史学家称为“孟德尔的再发现”。1901年，孟德尔的两篇论文《植物杂交实验》及《人工授粉得到的山柳菊属的杂种》重新以德文发表。② 孟德尔发现的本质在于它揭示出，在遗传里，有某些特征可以看做是不可分割的和显然不变的单元，这样就把原子或量子的概念带到生物学中来。③

1906年，贝特森（William Bateson，1861—1926）第一次提出“遗传学”一词，以称呼这门研究生物遗传问题的新学科。孟德尔的再发现，开辟了遗传学的新纪元。20世纪成了名副其实的遗传学的世纪。完成这一伟大工作的是美国生物学家沃森（James Dewey Watson，1928—）和英国生物学家克里克（Francis Harry Compton Krick，1916—）。1953年4月，他们终于将新的DNA结构模型

---

① W.C.丹皮尔：《科学史及其与哲学和宗教的关系》，李珩译，桂林：广西师范大学出版社，2001年第1版，第308页。

② 吴国盛：《科学的历程》（第二版），北京：北京大学出版社，2002年第1版，第378～476页。

③ W.C.丹皮尔：《科学史及其与哲学和宗教的关系》，李珩译，桂林：广西师范大学出版社，2001年第1版，第309页。

在《自然》杂志上公之于世。DNA 双螺旋结构模型的提出是生物学史上划时代的事件。它宣告了分子生物学的诞生，标志着生物学已经进入了分子水平。在分子水平上探索生命的奥秘成了 20 世纪后半叶生命科学的主流。[①]

无疑，19 世纪是自然领域的学术活动借鉴物理学研究范式，进一步推进专门学科的体系化和制度化的时代。其结果是自然科学诸多学科获得独立的学科地位，从而形成了自然科学学科体系。随着自然科学领域对于自然更加充分理解的重大突破和飞跃，科学吸引了社会注意力，推动了技术的飞速发展。[②]

二、19 世纪西方自然科学发展的基本特点

梅尔茨指出，在积累知识和凝缩知识并使之理想化的两个方向上，19 世纪的西方人做出了令人瞩目的大量努力。19 世纪的知识积累是史无前例的。在知识的凝缩及其理想化方面，虽然它也许比不上古希腊时期理想的恢宏、意大利文艺复兴时代的光辉灿烂或者法国和英国 16～17 世纪的伟大发现，但 19 世纪的西方科学已经制定了关于知识正确方法的较为明确的观点，已经拥有了关于知识可能统一的独特概念。[③]

在科学主旨方面，这是一个使科学越来越复杂的时代，不仅是在诸如化学、物理学、天文学、生物学、心理学、有机化学这样的具体学科中。在 18 世纪取得惊人进步之后，化学和地质学在 19 世纪都达到一种新的成熟。科学之间的界限已经或多或少地确定下来，诸如普利斯特里、笛卡儿和富兰克林这样的 18 世纪的研究者，几乎使“文艺复兴”的多学科的进路让位于专业化。此际，科学对于个体太复杂了，不深入到一个单一领域或者学科就不可能做出重要贡献。

在知识凝缩和理想化方面，19 世纪无疑是伟大的综合时代。从古希腊时代起，科学家就在寻找少数简单的根本原则，以便解释物理宇宙的看似无联系的复杂细节和居于其中的活的有机体。到 19 世纪，聚合观念成为至上理想。开始出现的强烈迹象表明，一切都可能通过仅仅少数——如果不是只通过一个——解释性理论来解释。尤其是物理学，已有不少证据表明，可能一切很快就会聚合为一个东西。伟大的、包容一切的观念并不限于物理诸科学。在生物学领域，达尔文和华莱士构想出一套非凡原则来解释物种起源。进化论将为生命庞大的多样性提供可行的解释。孟德尔的遗传定律为生物特质是如何遗传给后代提供了新的洞察力。

---

① 吴国盛：《科学的历程》（第二版），北京：北京大学出版社，2002 年第 1 版，第 472，475，476 页。

② Ray Spangenburg and Diane K. Moser, The History of Science in the Nineteenth Century, New York: Facts On File, 1994, ix.

③ 梅尔茨：《十九世纪欧洲思想史》（第一卷），周昌忠译，北京：商务印书馆，1999 年第 1 版，第 26 页。

然而，并非每个人都相信，科学统一将通过理论的聚合到来。诸如麦克斯韦就认为，科学将被接近的方法统一，而不是被任何一种理论统一。尤其在英国，最频繁使用的方法是使用类比、模型来表达一个概念是如何运行的。① 如吴国盛所指出的，在这个世纪，“古典科学得到了极大的发展。在物理科学领域，以牛顿力学为基础统一了声学、光学、电磁学和热学，有效地支配着小到超显微粒子、大到宇宙天体的物理世界。在生命科学领域，以细胞学说和生物进化论为基础，统一了生物学的诸分支，乃至确立了人在自然界中的位置。这些巨大的成就使人们相信古典科学已发展到顶峰，剩下的事情只是将已经建立起来的原理用于自然界中的种种现象上去。”②

梅尔茨指出，在 19 世纪下半叶，“主宰英国的培根哲学的狭隘精神、主宰德国的自然哲学的含糊性在本世纪前几十年中已让位于法国拉瓦锡、蒙日、拉普拉斯和居维叶等教导的比较广阔也比较严格的方法。”“人们将会公认，与别的时代相比，科学精神是本世纪思想的一个突出特征。实际上，有些人可能倾向于把科学看做是这个时代的主要特征。因此，本世纪可以恰当地称为科学的世纪”。③

19 世纪是伟大的综合时代，也是科学研究职业化的时代。1840 年，威廉·惠威尔（William Whewell，1794—1866）生造了“家科学”这个词来称谓这个新型职业类型，以取代自然哲学家名号。由于实验方法和实验程序越来越复杂，而且科学活动愈加需要正规训练，以跟踪自己越来越专业化的研究领域，因而到 19 世纪末的时候，业余科学家时代就一去不复返了。从此，科学家成为主要是全职的专业人员，也更加需要外部的经济支持，甚至仅仅是为了获得实验设备。

19 世纪，在科学家中间也开始了在理论家与实验家之间的专门化，尤其是在物理学诸学科中。在这个世纪，实验与理论之间的相互作用变得更加明显，所要求的进路也变得极大地不同。一个人很少能皆具实验家和理论家的双重角色——要做的事情太多、太宽了，很难有人能够既拥有作为一位好的实验者所需要的十分讲究的对细节的注意和顽强坚持，同时又拥有理论家宽广抽象的思考能力，能够将看似无联系的概念联系起来并诠释、综合结果的能力。④

科学研究的职业化与大学自然科学研究的扩张几乎是同步展开的。进入 20 世

---

① Ray Spangenburg and Diane K. Moser，The History of Science in the Nineteenth Century，New York：Facts On File，1994，xiv～xvi.

② 吴国盛：《科学的历程》（第二版），北京：北京大学出版社，2002 年第 1 版，第 426 页。

③ 梅尔茨：《十九世纪欧洲思想史》（第一卷），周昌忠译，北京：商务印书馆，1999 年第 1 版，第 255，79 页。

④ Ray Spangenburg and Diane K. Moser，The History of Science in the Nineteenth Century，New York：Facts On File，1994，xiii～xiv.

纪后，大学成为关键的知识生产机构，至少在北欧、西欧和北美洲的大部分地区是如此。现代社会在新知识的生产方面没有任何机构可与大学匹敌。其他科学研究中心无法达到大学职业化要求的高标准，或者更加丰富的财政支持，起码在第二次世界大战后是如此。越来越多的科学研究机构被合并到大学系统。在大学、科学和军界建立了密切的联盟；民间和法人的研究与发展，结合成为有同样观念的知识生产机构集群，这些机构在一定程度上分享曾经在大学内部盛行的规范和价值。今天的大学是批量地培养有能力足够支撑全球化科学、医学、技术和通信体系的“专家”的唯一场所。[①]

19 世纪伊始的科学——作为一种正在发生的自我纠正的研究事业——突出的是这样一种事业：它同时吸引了散居在全球各地的团体和个人的注意力和并使之参与进来。在过去的五百年中，在任何具体领域，生活在不同社会（尽管主要是欧洲、欧洲海外和后来的美国）的个体对各种科学的进步做出了创新性贡献。而且，持续到 19 世纪上半期为止的欧洲各国学术活动各自为政的现象，到下半期已不复存在。交通的便利增进了个人间的接触，科学期刊与学会会议，使一切研究者随时都可以得知新的成果，而科学也就再度国际化了。[②] 萨顿说：“科学工作是国际合作的成果，这种合作组织日趋完善。成千上万的科学家就像蜂群中的蜜蜂，把毕生贡献给合作事业，但是科学家的蜂房是整个世界。”[③] 在 19 世纪，虽然科学也时不时地服务于战时政府，但是多数时候的科学追求独立于国际政治，但尚处于社会经济增长和工业化的中心。19 世纪见证了一种国际的知识分子的寻求真理者联盟，他们超越国家界线，克服了国家反对国家的狭隘考量。[④]

科学作为一种文明活动是由生活在跨越时空的不同社会的个人和群体进行的一种文化活动，这些社会分享某些基本的形而上学设定，以及证据和证明的规范、礼仪和交往规则。不仅存在科学气质，而且有大得多的一套形而上学设定，正如库恩所说：“没有这些设定就没有人能够成为一名科学家。”正是这种深层的文明地构建的制度机制，使科学事业的成功成为可能。[⑤]

正是在这种新的社会环境和全新的社会建制中，科学竞争的内容和机制也发

---

① Helga Nowotny, Peter Scott and Michael Gibbons, Rethinking Science—Knowledge and the Public in an Age of Uncertainty, Cambridge: Polity Press, 2001, 79, 80.

② W. C. 丹皮尔：《科学史及其与哲学和宗教的关系》，李珩译，桂林：广西师范大学出版社，2001 年第 1 版，第 278 页。

③ 乔治·萨顿：《科学的生命》，刘珺珺译，北京：商务印书馆，1987 年第 1 版，第 36 页。

④ Ray Spangenburg and Diane K. Moser, The History of Science in the Nineteenth Century, New York: Facts On File, 1994, xii.

⑤ Toby E. Huff, The Rise of Early Modern Science: Islam, China, and the West, Cambridge: Cambridge University Press, 2003, 12.

生了质的变化。现代科学的竞争，已经不仅仅是个人之间的竞争，同时也是科学组织之间的竞争。这就带来科学组织内部的平权（包括关于个人的职业评价、职业待遇和资源分配等方面）和科学组织之间的平权（包括关于学科建制、研究方向组合以及获得支持资源等方面）的重合，及其多重或者多层次意义上的平权问题，使学术自由、学术平等问题更加复杂了。随着科学研究日益被更大规模的强大机构和尖端工具所支配，随着它极大地依赖社会和政府的支持，科学探究自由的纯粹性已经被牺牲掉了。

在这个科学的世纪，科学作为知识体系和社会建制（科学共同体）的面貌发生翻天覆地的变化。李醒民先生将其概括为：①新科学观念和新科学理论体系的建立，19 世纪的科学革命，使化学、生物学、经典物理学等都成为有理论体系的学科，尤其是麦克斯韦的电动力学，不愧为优美的数学杰作；②促进了学科的分化与综合，涌现出一批交叉学科和边缘学科；③观察仪器和实验手段的改进；④科学研究队伍数量（呈几何级数）增大、质量提高；⑤加速了科学机构和科研体制的建立、健全和扩大。[①]

总之，19 世纪西方科学的发展是惊人的，这是西方科学人全面尝试基于机械世界观的经典力学解释模式，全面践行和深化近代科学精神的结果。近代机械自然观在整个“自然哲学”领域的全面扩张，近代牛顿力学理论范式的全面运用，使人们在机械论自然观的框架内，将牛顿的力学范式发挥到极致，起码在当时的人们看来，牛顿范式可以适用于（或许已经涵盖）整个自然（或者自然哲学）领域。但是，人们未能在物理学的疆域内、更未在整个“自然哲学”的疆域内实现理论统一。主要原因可能在于，国际间的壁垒虽然打破了，但知识的分科愈渐专门，各部门间的隔阂又复增加。在 19 世纪初期，德国各大学还能讲授百科全书式的课程，使人以为知识的统一与完整，可以在统一课程里找到。各自为政的倾向一直持续到 19 世纪末，只有少数概括性的结论是例外，如能量守恒原理，在物理上有效，在化学上与生物学上也同样有效。[②]

此际，虽然化学和生物学等领域率先实现了科学革命，但这一时期西方人的科学精神气质并未根本改观。正如李醒民先生指出的：19 世纪的科学发展“虽然出现了电磁理论、非欧几何等具有新的时代精神的学科，但是总的说来，整个科学还未摆脱那种‘原始’的或经典的状况，因而经典科学哲学仍然得以发展成为完备的经验论形态，对科学发展的哲学反思也依然如故”。人们“仍未摆脱传统的

---

① 李醒民：《科学的革命》，北京：中国青年出版社，1989 年第 1 版，第 226～229 页。

② W. C. 丹皮尔：《科学史及其与哲学和宗教的关系》，李珩译，桂林：广西师范大学出版社，2001 年第 1 版，第 278 页。

归纳主义科学观”，“把科学的进化发展比作支流汇合成江河”，认为“科学通过把过去的成果归并到现在的理论中而进化”。①

总体而言，19 世纪的科学发展是近代科学精神的一场最宏大、最广泛的演练与普及。19 世纪科学的发展与实验和应用技术的发展紧密地联结在一起。前一种联结突出地表现为，这个世纪的物理科学领域的发现和发明都与实验活动直接相关联，即使是诸如生物学等非物理科学领域的发展，也与科学仪器等装备的发展或者改进有直接关系；后一种联结则突出地表现为与人们现代生活方式紧密联系的应用技术的大喷发。作为科学建制中的职业科学家，大多是专注于某个领域的实验科学家或者技术科学家。从这个世纪起，形而上学与科学在学科建制上的分裂，造成了很难弥合的哲学思想与科学理论在方法论思维之间的巨大鸿沟，甚至两大阵营之间的相互鄙视和敌意。从此，在人们的观念中，哲学和科学是不应该也不可能走到一起的。

不过，我们也应看到，19 世纪科学的迅猛发展，既是近代科学精神全面渗透和更加精致化的科学文化过程，也是现代科学精神的一场预演——这在批判学派哲人科学家身上尤为突出。

三、技术飞跃：世界形态和人类文明的根本改观

今天，作为现代人日常生活整体的一部分，许多机电产品背后的基础科学，几乎都是出现于 19 世纪。特别是电、热和电磁辐射研究，似乎产生了不间断的发现流。由于像英国物理学家麦克尔·法拉第那样的人物，理论上的进步迅速地被实际应用所跟进。

曾经在 19 世纪早期被认为不过是一种神秘“液体”的电，逐渐被理解并被狂热地利用。到 19 世纪的最后 25 年，发电机和电动机就在大西洋两岸嗡嗡作响。而由美国发明者塞缪尔·莫尔斯（Samuel Finley Breese Morse，1791—1872）于 1837 年申请了专利的电报，将交流的速度和距离提升到空前程度。然而，在不到 40 年中，它就被格雷厄姆·贝尔（A. Graham Bell，1847—1922）发明的电话超越。电话提供了几近同时的声音传递，它似乎是传输信息的最终手段，但很快就出现了竞争者。20 年后，意大利物理学家马可尼（Guglielmo Marchese Marconi，1874—1937）发明了信号发送距离更远更快的新手段：无线电报。正如人类智力历史上任何其他独一无二的事件一样，这些决定了现代世界形态的一种突破。1880 年的一个夜晚，爱迪生（Thomas Alva Edison，1847—1944）的白炽灯泡照

① 李醒民：《科学的革命》，北京：中国青年出版社，1989 年第 1 版，第 50 页。

亮了新泽西州门洛帕克（Menlo Park）的一条街道，美国人被震惊了。虽然作为电流的物理基础的粒子需要再过 20 年才被发现，但是电已经征服了漫漫长夜。

在一些新技术延伸交流和战胜黑暗的同时，另一些新的技术发明也在寻找征服距离的手段。1804 年，新奇的蒸汽发动机被英国工程师理查德·特里维西克（Richard Trevithick，1771—1833）改造成“火车头引擎”。1847 年，英国大西部铁路上的一些火车就在以每小时 60 英里的速度奔驰。据估计，在 1851 年，大约有 600 万人通过铁路旅行到达伦敦，游览了有数百位发明家和制造商参展的大型博览会。19 世纪中叶，随着铁路和蒸汽动力航海的到来，通过将原材料快捷地运送给企业，并将成品快捷地运送到市场，根本上改变了制造业和商业的面貌。

在整个 19 世纪，科学研究影响了实用发明的迅速喷发，技术飞快地前进。新阐明的热动力学原理，与对热发动机空前地更加详细的研究相结合，促成了内燃机的发明。19 世纪晚期，它就为欧洲的第一批“汽车”提供了动力。1890 年，一些思想家有了利用内燃机飞上蓝天的梦想，梦想将人类抬升到滋养并幽禁了他们数百万年之久的星球之上。

在 19 世纪的欧洲和美国，科学以技术-器用这样一种文明渐渐被理解，他们受过教育的市民对于科学带来的益处，甚至比 18 世纪的先辈更加乐观。① 对于科学的理解，19 世纪的西方人，并不比 20 世纪的中国人高明。这并不是在有意贬低技术活动，而是说在特定历史阶段，对于科学共同体以及一些哲学家和文化学者之外的人们来说，科学几乎就是应用技术，这不足为怪，只是说明了科学素养在人群分布上的局域性。而且，我们必须看到，如果科学一点也不能以技术为中介转化为生产力，它就很难得到社会的普遍认同，自身也难以保持恒久的生命力，何况科学和它衍生的技术二者是相互促进的。② 起码，技术发明促进了实验技术和设备的发展。在更为宽广的文化意识和精神境界的意义上，进而在认识论和方法的意义上，我们应当同意马赫的见解。马赫指出：“日常思维不服务于纯粹的知识，因此受到各种缺陷的妨害，这些缺陷起初残留在科学思维中，因为科学思维是从它而来的。科学只是十分缓慢地使自己摆脱这些瑕疵的。”“科学思维的比较强有力的内心运用形成它自己的目的，并力图通过消除一切理智不安满足它自己：它在服务于实际目的中成长起来，从而成为它自己的主人。”“探究者的行为是在实践活动和公众思维中本能地发展的，只不过被转移到科学领域，它最终在这里

---

① Curt Suplee, Milestones of Science, Washington D. C. : National Geographic Society, 2000, 137～141.

② 李醒民：《科学的文化意蕴——科学文化讲座》，北京：高等教育出版社，2007 年第 1 版，第 230 页。

发展成有意识的方法。”[①] 马赫的见解事实上从科学精神锤炼（以至于文化精神实践）的角度隐喻了科学文化不断超越的本性。

① 马赫：《认识与谬误》，李醒民译，北京：华夏出版社，1999年第1版，第8，20页。

第七章　现代科学中的科学精神变迁

在19世纪和20世纪之交，科学家基于机械自然观，几乎将经典力学范式应用到所有物理科学领域，近代物理学发展到它的巅峰。但是随着近代物理学理论体系的扩展，科学研究越来越背离经典力学范式，物理科学的思想生长与理论根基之间的裂隙愈来愈大，经典力学范式的自然观、科学观和方法论思维事实上已经成为物理科学乃至整个自然科学发展的羁绊。就在绝大多数科学家将机械自然观视为圣经，坚定地贯彻经典力学范式，将其向整个自然科学领域继续推进的时候，以批判学派为代表的哲人科学家敏锐地看到这种新理论与旧体系之间不相容的本质，对经典科学进行了全面深刻的历史反思和哲学批判，引领了现代自然观、科学观、方法论思维乃至科学精神的新趋向。从批判学派到爱因斯坦，他们以哲学批判思维，以科学的人文主义和人文的科学主义新旨趣，以及人性新境界展示了现代哲人科学家新形象；他们的哲学思想和科学实践，全面展现了现代科学精神的新气象。

进入20世纪，科学对社会资源的依赖和全球环境危机的凸显，使科学研究中的伦理问题尤为突出。20世纪的科学也包含着较强的伦理要素，是道德价值的源泉，是承载社会价值的集合。① 与此相联系，学术研究中的自由自主也应该受到限制。

第一节　物理学的危机及其第二次革命

对机械世界观的信仰和对经典物理范式的信奉，以及以机械方式造福人类的信念，在19世纪末的西方世界已经是非常普遍的了。科学研究正在向所能想到的研究领域全面推进，而技术科学家则给人们带来了全面改观的、舒适的，还会越来越好的生活世界，人们自然对机械自然观和经典力学范式的“科学性”（此际即

---

① John Krige and Dominique Pestre ed., Companion to Science in the Twentieth Century, London and New York: Routledge, 2003, xxiv.

为“普适性”）和有用性满怀信心。此际，对于科学理论的真正本性，特别是对于科学发展的现实状况，除极少数具有批判怀疑精神的哲人科学家（如批判学派哲人科学家），绝大多数人都没有清醒的认识。然而，就在西方知识分子觉得彻底窥视到上帝的心智指日可待，普通民众尽情享受应用技术带来的生活便利之时，他们完美的机械世界梦幻却要破灭了。

一、19 世纪和 20 世纪之交物理学危机的实质和意义

1900 年 4 月 27 日，英国科学界声名显赫的元老开尔文勋爵（Lord Kelvin，Sir William Thomson，1824—1907）在皇家学会发表了一篇著名演讲，指出近代动力学理论的“优美性和明晰性被两朵乌云遮蔽得黯然失色了”。基于以太假说的关于光运动“波动说”的动力学解释，在迈克耳孙和莫雷关于以太漂移实验的否定结果面前失效了；而麦克斯韦-玻尔兹曼（Bolzman，1844—1906）关于热力学的能量均分学说，其计算值也与实测值存在严重偏离。只不过，开尔文勋爵把物理学的天空看得过于晴朗了，此际物理学的上空何止两朵乌云，众多实验事实已经接二连三地与经典力学和经典物理学的理论发生了尖锐的对立。① 这些似乎宣告了物理学领域发生了全面危机。

这场“危机”的源起与“以太”观念的引入有关，当然也与对其他一系列假说或者推论的验证有关。“以太”假设的引入是人们为了在经典力学的框架内对光运动做出解释的一种理论技巧。一些近代物理学家认为，如果光是波动，那么必然存在着传播光波的媒质——光以太；光以太无孔不入，弥漫于整个空间；而且它一方面会很稀薄，同时又具有气体和液体都不具有的刚性结构。正如彭加勒所言：“正是为了避免与力学普遍定律的这种背离，我们才发明了以太。”引入以太是“以便使物质表观上经受的这种作用与物质对于某物的反作用相平衡”。②

刚进入 19 世纪的时候，托马斯·扬（Thomas Young，1773—1829）复活了沉寂一个世纪之久的光的波动说。在此之前，光的波动说在 17 世纪时只有胡克等有过模糊说法，后来惠更斯才给出了一个比较明确的说法。牛顿以粒子说反对波动说，他是根据两个理由拒绝波动说的：“第一，它不能解释物影，因为牛顿以为如果光是波动的话，光波也如声波那样，会绕过阻碍之物；第二，冰洲石的双折射现象说明光线在不同的边上有不同的性质，而在传播的方向上颤动的光波不能有这样的差异。托马斯·杨与菲涅耳（Augustin Jean Fresnel，1788—1827）对这

---

① 李醒民：《激动人心的年代——世纪之交物理学革命的历史考察和哲学探讨》，北京：中国人民大学出版社，2009 年第 1 版，第 36～38，31～34，34～36 页。

② 彭加勒：《科学的价值》，李醒民译，北京：光明日报出版社，1988 年第 1 版，第 128，129 页。

个学说赋予近代形式，而克服了这两个困难。”①

托马斯·扬在1801年、1802年、1803年三篇论文中，引入了光的干涉原理（两个在方向上或者是完全一致或者是很接近的不同光源的波动，它们的总数应是每一种光运动的合成）成功地解释了干涉、衍射、偏振等光现象。菲涅耳认为一线光在各方向上可能有不同性质，进而他利用数学给出了光波动说的圆满说法。虽然还有一些困难，但他的学说与观测到的事实还是非常符合的。

到19世纪中期，麦克斯韦引入一系列电磁场量，提出由8个方程构成的“麦克斯韦方程组”。据此他推论说，电磁场的运动具有波动性，它在空间以光速传播，光本质上就是波长很短的电磁波。杰出的德国实验家和理论家赫兹不仅在1887年成功地用实验证实了麦克斯韦关于电磁波的预言，而且在1890年“关于动体电动学的基础方程式”中成功地简化了麦克斯韦方程组，并明确了电场强度 E 和磁感应强度 B（赫兹分别称其为电力和磁极化度）是基本量，从而使麦克斯韦方程具有我们今天看到的完美的对称形式（后来，亚伯拉罕称其为麦克斯韦-赫兹方程）。

麦克斯韦-赫兹方程的诞生也就意味着“以太说”该寿终正寝了。丹皮尔指出：以太是为了保存机械观点而臆造出来的，只要可以把光看作是在类似刚体的媒质中传播的机械波动，以太的任务就完成了。他还说：“牛顿把光看做是在空间中运行的微粒的学说，和他的别的哲学很相配合，可是这些微粒为什么只以一个不变的速度运动，很难了解。但等到人们开始把光看作是波动的时候，再要相信一切实在的东西都是由在绝对空间里运动的微粒所组成的，就已经不可能了。”②虽然从杨到麦克斯韦都赞成“以太说”，但是自从法拉第指出空间也有电和磁的性质，到麦克斯韦证明光本身是电磁波的时候，以太（空间）就不必一定是机械性质的东西了。“以太”完全可以被看做是某种“场”。正如爱因斯坦所指出的，光的波动说的成功，在牛顿物理学中打开了第一道缺口，虽然当时没人知道这个事实。丹皮尔进而指出：“光的波动说揭开了现今所谓‘场物理学’的第一章。由法拉第和麦克斯韦的工作写成第二章，把光与电磁联系起来。在第三章里，爱因斯坦用几何学来解释万有引力。”③

其实，世纪之交的这场危机是以经典力学为范式的经典物理学发展的必然结

① W. C. 丹皮尔：《科学史及其与哲学和宗教的关系》，李珩译，桂林：广西师范大学出版社，2001年第1版，第213页。

② W. C. 丹皮尔：《科学史及其与哲学和宗教的关系》，李珩译，桂林：广西师范大学出版社，2001年第1版，第214，215页。

③ W. C. 丹皮尔：《科学史及其与哲学和宗教的关系》，李珩译，桂林：广西师范大学出版社，2001年第1版，第215页。

果。因为，“经典物理学是物理学家自觉运用经典力学的基本概念和基本原理建立起来的理论体系。但是，与物理学家的主观愿望相反，经典物理学的深入发展反过来却削弱了经典力学的基础，暴露出经典力学的某些局限性。”① 这场“危机”实质上是经典力学局限性的总暴露。一系列科学事实证明，基于中观经验的理性构造，对于宏观和微观尺度现象无法做出解释；或者说，只是证明近代机械自然观和经典力学范式的适用范围存在局域性而已。因此，与其说这是一场理论危机，不如说这是一场信仰和信念的危机：这仅是机械自然观放之四海皆准的信仰和经典力学范式解释力无处不能的信念之类神话的破灭而已。这在具有批判精神和先见之明的哲人科学家看来是一件好事。如在彭加勒看来，物理学危机是好事而不是坏事，它预示着一种行将到来的变革，是物理学进入新阶段的前兆。他指出，要摆脱危机，就要在新实验事实的基础上重新改造物理学，使力学让位于一个更为广泛的概念。而且他一再肯定经典理论的固有价值，尖锐地批判了“科学破产”的错误观点，还预见了新力学的大致图景，对科学的前途充满信心。② 事实上，正是所谓“危机”透露了科学新理论赖以生成和滋长的经验土壤和理性空间出现了。

二、放射性及其对近代物质观念的颠覆

近代物理学的真正危机是从 1895 年 X 射线的发现开始的。X 射线的发现起源于真空放电和阴极射线研究。19 世纪中叶，随着电学知识的积累和真空技术的提高，真空放电以及关于电本性的研究愈加引起人们的兴趣。1836 年，法拉第重新捡起被人长久遗忘的真空放电现象，认为这种现象也许会给以后的电学研究带来极大影响。

真空放电的正式研究开始于普吕克尔（Julius Pl-ŭcker，1801—1868）。在 1857 年，他利用改进过的盖斯勒管和附属仪器做了一系列实验，发现了“阴极射线”。1871 年，瓦利由阴极射线能被磁铁偏转这一事实推断，阴极射线是由带负电的物质微粒组成的。1879 年，克鲁克斯改良了真空泵，从而获得了大气压百万分之一数量级的真空度。他通过实验发现，阴极射线能够推动真空管内云母小风车转动，由此他认定阴极射线是一种粒子流。1895 年 11 月 8 日，伦琴（Wilhelm Konrad Rŏntgen，1845—1923）在德国维尔茨堡大学实验室研究勒纳德射线时发现了 X 射线，这一发现使伦琴成为世界上首位获得诺贝尔物理学奖的人（诺贝尔奖于 1901 年首次颁发）。

---

① 李醒民：《激动人心的年代——世纪之交物理学革命的历史考察和哲学探讨》，北京：中国人民大学出版社，2009 年第 1 版，第 12，13 页。

② 李醒民：《科学的革命》，北京：中国青年出版社，1989 年第 1 版，第 35，36 页。

在人们还非常看重物质形态研究的时候，伦琴的研究开拓了一个新领域。由于X射线的产生与真空玻璃管强烈的磷光有关，当彭加勒在1896年年初收到伦琴寄来的论文和照片后，彭加勒猜想，被日照照射而发磷光的物质也可以引发出一种不可见的、有穿透力的、类似于X射线的辐射。他的同事贝克勒耳立即着手研究这个课题，以检验彭加勒的假设。他发现，硫酸钾铀酰在阳光下暴晒几小时后能发出一种射线，这种射线能穿透黑纸而使照相底片感光。1896年2月24日贝克勒耳向法国科学院提交“论磷光辐射”的通报，但贝克勒耳的发现未引起大的反响。由于当时实验条件所限以及铀射线缺乏现实应用价值，导致放射性研究的短暂停滞。而由于X射线发现的激励，这一时期对阴极射线本性的探讨却相当活跃，以至汤姆孙等科学家在1897～1898年确证了电子的存在。[①]

在19世纪和20世纪之交，有几位执著的科学家献身于放射性研究事业。玛丽·居里（Marie Curie，1867—1934）和卢瑟福都是在事业之初就一头扎进这一充满挑战的新领域。玛丽·斯可罗多夫斯卡（Marie Sklodowska，玛丽·居里原名）是个富有理想和热爱挑战的人物。当她的国家波兰在19世纪90年代处在沙皇帝国统治之下，人民生活备受压抑，更难享受到高等教育之际，她设法帮助一个弟弟和一个妹妹到法国著名大学接受良好的高等教育。她自己直到25岁时才赴巴黎求学。1891年她幸运地获准进入享有盛誉的巴黎大学索邦学院就读，但自己只能靠微薄的配给度日，以至因饥饿昏倒在课堂上。

玛丽开始放射性研究不久就很快发现，铀发射出来的辐射不止一种类型。贝克勒尔（Henri Becquerel，1852—1908）和卢瑟福（Daniel Rutherford，1749—1819）也几乎同时发现了这种情况。卢瑟福把带正电的射线称为α射线，带负电的射线称为β射线（或者叫做α粒子和β粒子）。此时，没有人知道这些射线（或者粒子）是由什么组成的。1898年玛丽·居里给这些辐射起了“放射性”的名称。1900年维拉德（Paul Ulrich Villard，1860—1934）在放射性辐射中又发现了第三种辐射，他称之为γ射线，这种射线具有不寻常的穿透力，它在磁场中一点也不偏折。与此同时，玛丽·居里运用她丈夫皮埃尔的发明测量放射性，她逐个测验各种放射性盐，发现放射性强度与放射性物质的含铀量成正比。1898年她发现了钍这种放射性新物质。

这个时候，玛丽的工作已经显示出巨大潜力，而且也越来越艰辛。玛丽的丈夫皮埃尔·居里（Pierre Curie，1859—1906）这位因压电效应研究而享誉法国的物理学家认识到，玛丽作为科学家的非凡天赋和她的工作的重要性，决定放弃自

---

① 李醒民：《激动人心的年代——世纪之交物理学革命的历史考察和哲学探讨》，北京：中国人民大学出版社，2009年第1版，第56，57，59，60页。

己的研究事业，全身心帮助玛丽从事从矿石中提炼元素这份艰辛又乏味的工作。1898年7月，居里夫妇从铀矿中提炼出一种以前从未检测到的新元素的微量粉末，该物质的放射性强度比铀高出数百倍。他们把这一新元素称为钋，以纪念玛丽的祖国。1898年12月，他们又找到另一种放射性更强的元素，他们取名为镭。

为了得到足以进行测量和检验的镭的数量，皮埃尔和玛丽把他们的全部生活积蓄用于大量购买矿山附近废弃的矿石，开始了提炼镭盐这一工作。在以后的4年中，艰辛的劳作（或许还因辐射的伤害）使玛丽的体重掉了15磅。他们把矿石提纯了又提纯，以获取少量的镭盐。要知道，8吨沥青铀矿才能产生1克镭盐。由于在放射性领域的贡献，玛丽和皮埃尔夫妇以及贝克勒尔分享了1903年的诺贝尔物理学奖。不幸的是，在担任索邦神学院物理学教授两年后，1906年才47岁的皮埃尔在在大街上被马车压死。此后，玛丽被指定接替了他的教席。1911年，玛丽·居里由于发现两种新元素获得了诺贝尔化学奖。

与玛丽·居里一样，同样献身于放射性研究的卢瑟福也有股一往无前的劲头。他的学生给他起了个“鳄鱼”的绰号：因为鳄鱼不会转脑袋，它只能鼓足勇气前进。他乐于向自然发问，并且永不疲倦地上下求索。就像他的同事玻尔曾经说过的，他的伟大成功来自他的那种直觉，他的提问总有可能得到最有用的答案。物理学家西格雷（Emilio Segrè，1905—1989）曾经这样描述卢瑟福，说他是这样一个人：提出一个又一个假说，根据需要抛弃或者修改假说，竭尽全力做每件事情。他所有时间都在工作，连他的朋友和同事都很难知道他的科学思想，哪怕很小的一部分。①

1898年到1908年，卢瑟福在加拿大蒙特利尔市担任麦克吉尔大学物理学教授期间，“颇有远见地把他的注意力放在了仔细探索放射性本性上”。“卢瑟福与化学家索迪合作，从1902年9月起先后发表四篇开创性的论文，提出内容如下的放射性嬗变说：①射线的放出伴随放射性物质转化为其他种类的新物质；②射线是由带电粒子组成的，其粒子放出本身就是一种放射性变化；③在发生放射性变化时，化学原子被破坏了；④由实验发现的指数规律，可以导出放射性变化的规律。”②

1908年回英国担任曼彻斯特大学物理学教授的卢瑟福与盖革（Hans Geiger，1882—1945）合作，通过α粒子实验以检验汤姆逊原子模型，但得到否证结果。

---

① 雷·斯潘根贝格、黛安娜·莫泽：《科学的旅程》，郭奕玲、陈蓉霞、沈慧君译，北京：北京大学出版社，2008年第1版，第312～317页。

② 李醒民：《激动人心的年代——世纪之交物理学革命的历史考察和哲学探讨》，北京：中国人民大学出版社，2009年第1版，第66，67页。

根据实验结果，卢瑟福建构了自己的原子模型——有核原子模型。[①] 在这一时期，“随着实验研究的进展和理论探讨的深入，关于原子结构的理论也日臻完善，各种原子模型相继问世。其中有洛伦兹（Hendrik Antoon Lorenz，1853—1928）的弹性束缚电子（1896 年），开尔文勋爵的包含电子的正电云模型（1897 年），勒纳德（Lenard Philiipp，1862—1947）的动力子概念（1903 年），J. J. 汤姆孙（Joseph John Thomson，1856—1940）的正电原子球无核模型（1904 年），长冈半太郎的土星系模型（1904 年），里兹的磁原子（1908 年），卢瑟福的有核模型（1911 年），玻尔的半量子化原子模型（1913 年）。其中汤姆孙、卢瑟福和玻尔的模型是影响较大的几种。”[②]

正是 X 射线的发现“打开了一个奇妙的新世界。随后，一系列冲击经典物理学理论基础的新发现纷至沓来。”“由于放射性的发现和研究，有力地冲击了原子不可分、质量不可变的传统物质观念，摇撼了经典物理学的基础。”[③] 因此，“物理学革命的序幕也许可以说是由 X 射线的发现揭开的”。“这一发现迅速引起连锁反应”，“一下子就在机械论的物质观打开一个大缺口，原子不可分、不可变的教条彻底破产了。”[④] 关于物质的本性的确需要重新考虑了。

三、量子力学的兴起：物质与能量二位一体

就在放射性研究领域不断冲击经典力学理论基础的时候，更为彻底的科学思想革命也在进行之中。这就是由普朗克（Max Karl Planck，1858—1947）量子概念所引发的，对经典力学赖以存在的物质与力（能量）相分离以及绝对时空观念的根本性冲击。不过，就发起冲击而言，普朗克并不是自觉的。普朗克虽是位保守人士，从不奢望做大事情，但是他追求精益求精。也正是由于做事追求精益求精，使得他非常巧合地在热力学领域“紫外灾难”领域做出了杰出贡献。

所谓“紫外灾难”源于黑体辐射现象。按照经典力学理论，由于黑体（即能够吸收所有频率的光而决不出现丝毫的反射现象的物体）吸收所有的频率，当它被加热时也应该辐射所有的频率。物理学家预料高端的频率数应比低端的频率数大得多，但情况并非如此，而且在 19 世纪 90 年代没有人能够用物理学理论解释

---

① 雷·斯潘根贝格、黛安娜·莫泽：《科学的旅程》，郭奕玲、陈蓉霞、沈慧君译，北京：北京大学出版社，2008 年第 1 版，第 318 页。

② 李醒民：《激动人心的年代——世纪之交物理学革命的历史考察和哲学探讨》，北京：中国人民大学出版社，2009 年第 1 版，第 69 页。

③ 李醒民：《彭加勒》，台北：东大图书股份有限公司，1994 年第 1 版，第 38，39 页。

④ 李醒民：《激动人心的年代——世纪之交物理学革命的历史考察和哲学探讨》，北京：中国人民大学出版社，2009 年第 1 版，第 51 页。

其中原委。

普朗克用了6年多的时间终于找到答案。1900年，普朗克在直觉的基础上建立了一个简单方程，它可以精确描述整个频率带的辐射分布。他的基本假定是：如果能量不是无限可分的，它也就应像物质一样可以以粒子或者波包的形式存在，或者存在于他的“量子”（quantum，这个拉丁词的意思是“有多少”）里。普朗克还发现，这些量子的大小与辐射频率成正比。因此，低频辐射很容易发生，因为它只需要较小的能量波包或者能量子。要达到两倍的频率，辐射也许就需要两倍的能量，这就从根本上解释了“紫外灾难”。而且，这是一个破坏性很强的构想，普朗克的假说一旦被证实，物理学就再也不同于从前了，人们对世界的认识也就将永远改变。[①] 因为“（能量）波包”或者“能量子”概念“揭示出原子过程中的一种整体性特点，它完全超出经典物理学，一举打破‘自然无飞跃’的古老格言。”[②]

不过，普朗克自己虽然构想出量子假说，但他对这一假说的最终图景却内心矛盾重重。他不希望破坏经典物理学的“完美”，但他认定由他开启的工作是不可能停止下来的，而且还会蔓延深入到所有领域。然而，其他大多数物理学家对此却持反对意见，更没有意识到普朗克的量子假说会引起一场革命。这既延缓了对普朗克科学成就的承认，也致使普朗克本人的工作畏葸不前。

在普朗克停滞不前之际，爱因斯坦1905年在论文《关于光的产生和转化的一个启发性的观点》中，提出了光量子理论，并将其引入光辐射研究中。在论文《普朗克的辐射理论和比热理论》中爱因斯坦证明，普朗克量子论导致了对热分子运动论的修正，由此也找到了固体热学与光学之间的某种行为联系。这些工作使人们意识到所有物质具有间断和可分离性——尤其是在非常小的尺度上，是量子力学学科得以诞生的关键一步。基于这一成就对光电效应的成功解释使得爱因斯坦获得了1921年诺贝尔物理学奖。

不过，此际的老一辈物理学家几乎都反对光量子论，即使是普朗克也一直到1913年都感到难以接受。此时的玻尔（Niles Bohr，1885—1962）虽然比较年轻，但到1924年也拒不承认光量子论。后来，密立根（Robert Andrews Millikan，1868—1953）历时十年检验爱因斯坦的光电效应公式，试图给出反证，但实验结果却与他的预期相反。他在1915年不得不断言这一理论的正确性，并由该公式精

① 雷·斯潘根贝格、黛安娜·莫泽：《科学的旅程》，郭奕玲、陈蓉霞、沈慧君译，北京：北京大学出版社，2008年第1版，第321～323页。

② 李醒民：《激动人心的年代——世纪之交物理学革命的历史考察和哲学探讨》，北京：中国人民大学出版社，2009年第1版，第100页。

确地测定出普朗克常数 h 的值。

在量子论发展史上，以“辐射理论和量子”为中心议题，由欧洲 20 多位最著名科学家出席的第一届“索尔维会议”（1911 年 10 月 30 日召开），将物理学家的注意力引向了量子论争端。与会者已经清楚地看到了经典物理学基础的严重裂痕，深感这已是一项亟待解决的重大任务，也认识到了量子假设的不可避免性及其重要意义。而且这次会议间接甚至是直接导致发生了两件影响深远的科学史实：一是会议秘书莫里斯·德布罗意（Maurice de Broglie）的弟弟路易·德布罗意（Louis de Broglie，1892—1987）会后第一时间读到准备发表会议讨论的初稿，就决意献身量子论事业，在 1924 年提出了物质波的新概念；二是玻尔在第一时间聆听了卢瑟福热情洋溢的叙述，受到极大启示和鼓励，于 1913 年提出了原子结构量子论。

在量子理论发展的早期，玻尔将量子论向前推进了一大步，他的理论代表了量子论发展的主流。玻尔 1913 年在《论原子和分子的构成》中，提出了他的原子结构模型，并以电子论来说明电子能量和动量行为。这个理论尽管还是量子论和经典理论的混合体，但它无疑是量子论发展史上的一个里程碑。在玻尔之前，量子论涉及的还仅仅是关于辐射的问题；玻尔表明，量子概念即使对于原子行为也有无法估量的意义。

在 20 世纪初 10 余年的早期发展中，由于普朗克、爱因斯坦和玻尔的努力，量子论争得了合法的学科地位。但它并没有形成一个严密的理论体系，无论是在形式还是内容上都依然或多或少地残留着经典理论痕迹。后来的量子论遵循了两条独立的发展路线：一是经由爱因斯坦光的波粒二象性出发，经过德布罗意的物质波概念，到达薛定谔（Erwin Schroedinger，1887—1961）的波动力学；二是经由玻尔对应原理开始，到达海森伯（Werner Heisenberg，1901—1976）以及若尔当（Pascual Jordan，1902—1980）等的矩阵力学。

尽管量子论在中期发展进程中走的是两条独立发展的路线，但得出的结果却总是不期而遇。由此薛定谔预感到，两种理论之间可能存在着某种内在联系。1926 年 3 月，他将波动函数展开为正交系，依照对应关系进行替换，成功地证明二者在数学上是等价的。矩阵由薛定谔的本征函数构成，反之亦然。与此同时，泡利（Wolfgang Pauli，1900—1958）也独立证明了二者的数学等价。1926 年年底，狄拉克（Paul Adrien Maurice Dirac，1902—1984）和若尔当发明一种变换理论，用算符表示有关物理量，提出由一种表示过渡到另一种表示的方法。这样一来，矩阵力学和波动力学就合二而一，形成了非相对论性量子力学的理论体系。

虽然量子力学的发展令人鼓舞，量子力学的成就令人满意，但量子力学还存在一个严重困难，即如何使这一理论适合于相对论。为了实现量子力学与广义相对论相统一，薛定谔、克莱因和高登等都做出了重要贡献。1928 年，狄拉克成功地建立起相对论性电子运动方程，这一新的波动方程既与量子力学基本原理相一致，也与狭义相对论的对称性要求相符合。此外，狄拉克还提出一种崭新的真空图像解决方案，并在后来预言人们从未认识过的反物质正电子。1932 年 8 月，安德森（Carl David Amderson，1905—1991）在宇宙线实验中发现这种新粒子。这就使得量子论和相对论在狄拉克方程中完满地统一起来，量子力学终于建成了。量子力学从根本上摆脱了传统理论的框架，波粒二象性、互补性、物理量不可对易性、不确定关系等都与经典观念格格不入。这种全新的关于自然界的描述方法和思维方式，在科学和哲学领域引起巨大的反响。1930 年，狄拉克出版集大成著作《量子力学原理》，对量子力学进行更为普遍的综合。在该书中，矩阵力学和波动力学只是作为一种特殊情况而出现。在他的理论体系中，需要使用一些非传统数学。最终，数学家冯·诺伊曼（John ven Neumann，1903—1957）把量子力学放在一个更坚实的数学基础之上。①

四、爱因斯坦相对论：自然观和物理学范式的新构造

为了给迈克耳孙-莫雷（Albert Abraham Michelson，1852—1931；Edward Williams Morley，1838—1923）的失败实验以符合经典力学的解释，不少物理学家都参与其中。1892 年，洛伦兹独立提出收缩假说，并且给出著名的洛伦兹变换。该变换使得相对于以太运动以及相对于以太静止的两种坐标系均满足同样形式的麦克斯韦方程，使得经典物理学得以消除乌云，保全形式上的完美。但洛伦兹的工作已经大大修改了许多传统的观念，例如运动粒子的质量不再是不变的，速度均以光速为上限等。彭加勒也为解决“以太问题”支招。他认为，像洛伦兹这样为新的实验引进新的孤立架设的做法是不经济的，他提出了比较彻底的“相对性原理”。但洛伦兹的工作主要是对旧体系的修正，彭加勒的工作也只给出了一个概念框架。

普朗克以保守而著称，但爱因斯坦却以完全的叛逆者形象出现。他在孩提时代就厌恶德国学校体制的严格管理和墨守成规，他宁可自学。1900 年，爱因斯坦从瑞士苏黎世著名的联邦工学院毕业后，于翌年加入瑞士国籍。1902 年 6 月他在好友的帮助下获得了在瑞士伯尔尼专利局工作的机会。虽然这里与学术界相去甚远，但爱因斯坦却认为这一工作相当完美。因为这里的工作轻松而富有趣味，而

---

① 李醒民：《激动人心的年代——世纪之交物理学革命的历史考察和哲学探讨》，北京：中国人民大学出版社，2009 年第 1 版，第 126～128 页。

且没有僵化思维和管理体制的束缚，他可以自由地思考自己所喜欢的科学问题。①在伯尔尼专利局工作的7年间，爱因斯坦共发表大约30篇科学论文，在物理学多个领域做出了开创性贡献。②

爱因斯坦的精神气质与洛伦兹形成鲜明反差。他不会像洛伦兹那样，孜孜不倦地解决迈克耳孙实验和其他实验所提出的疑难，千方百计地弥合各种实验与经典理论的裂痕。富于革命性的爱因斯坦最关心的是力学和电动力学在形式上不一致。李醒民先生指出："在向既定目标前进的过程中，他既继承了前人的思想精华，也摒弃了一些陈旧的传统观念。"他"通过两个渠道吸收前人丰富的思想财富：一是通过赫兹等的著作掌握电磁理论，从中受到启迪，特别是弗普尔的教科书，无论从内容和形式方面都给他以极大的教益；二是从休谟、马赫、彭加勒等的著作中获得批判思想，彻底摆脱了绝对时空观念的束缚。"③

爱因斯坦的论文《论动体的电动力学》（1905年）是物理学史上具有划时代意义的文献。在文中爱因斯坦提出了一个思想实验：当一个导体和磁铁相对运动时，在导体中产生的电流并不取决于两者哪一个在运动。可是根据麦克斯韦理论，磁铁运动产生电场，而导体运动却不产生电场。在同年发表的《物体的惯性同它所含的能量有关吗?》一文中，爱因斯坦推导出了著名的质能关系式：$E=mc^2$。由此爱因斯坦推论说，物体的质量是它所含能量的量度。从爱因斯坦科学道路的始点，我们就可依稀看到他的科学追求，这就是探索自然界的统一性，这是他一生孜孜以求的目标。

广义相对论的创立更加充分地展现了爱因斯坦追求完美的禀性和追求统一性的勇气和决心。爱因斯坦在建立狭义相对论后，就试图着手创立引力的相对性理论。但当时的狭义相对论本身既无问题，又与实验没有什么矛盾。而且，如果说在狭义相对论诞生前还有先驱者的大量工作的话，那么广义相对论可以说是爱因斯坦一人促成的。普朗克曾劝告爱因斯坦不要再搞这个理论了：因为首先你不会成功，即便成功也绝不会有人相信你。但是爱因斯坦自信而坚韧，在既定的方向上无畏地求索。④

相对于狭义相对论，广义相对论最重要的发展是将引力因素纳入其中。经过各种尝试，爱因斯坦从惯性质量等于引力质量这一事实设想出了"等效原理"：在

---

① 雷·斯潘根贝格、黛安娜·莫泽：《科学的旅程》，郭奕玲、陈蓉霞、沈慧君译，北京：北京大学出版社，2008年第1版，第323～325页。

② 李醒民：《爱因斯坦》，北京：商务印书馆，2005年第1版，第20，21页。

③ 李醒民：《激动人心的年代——世纪之交物理学革命的历史考察和哲学探讨》，北京：中国人民大学出版社，2009年第1版，第77页。

④ 李醒民：《爱因斯坦》，北京：商务印书馆，2005年第1版，第36页。

一个（空间范围很小的）引力场里，如果不是引进一个惯性系，而是引进一个相对于它做加速运动的参照系，那么事物就会像在没有引力的空间里那样行动。爱因斯坦进而把相对性原理推广到加速系，这就是所谓的广义相对性原理。1911 年 6 月，他完成《关于引力对光传播的影响》的论文。这个尝试虽然不太成功，但爱因斯坦根据等效原理推论出，光必然在引力场中弯曲。经过几年艰苦的摸索和无数的辛劳，爱因斯坦终于在 1913 年和格罗斯曼完成了《广义相对论纲要和引力理论》论文，其中物理学部分由爱因斯坦操觚，数学部分由格罗斯曼执笔。1915 年爱因斯坦先发表了《用广义相对论解释水星近日点运动》，11 月又发表了他的广义相对论集大成论文——《广义相对论的基础》。后者被认为是广义相对论的"标准版本"。

1925 年，爱因斯坦在《引力和电的统一场论》中提出创立统一场论的新见解，是该课题第一篇有深度的论文。爱因斯坦在一生的最后 40 年或 30 年，把大部分乃至全部精力都投入到统一场论的探索之中。他的目标是，把引力理论扩广到也能包括电磁定律，使引力场和电磁场对应于一个统一的空间结构，同时能推导出基本粒子，从而为相对论和量子力学的综合谋求一个逻辑上满意的基础。但由于他所需要的数学还没有发明出来，他在有生之年未能看到统一场论的诞生。尽管如此，他丝毫不怀疑终极理论终会被发明出来。

时至今日，对爱因斯坦相对论的观测和实验验证已不计其数。在 20 世纪 20 年代，广义相对论的实验证据有三个。其一是行星轨道的椭圆绕太阳旋转，爱因斯坦在 1915 年和 1916 年的论文中已经圆满地解释了水星近日点的运动，解开这个长期使人困惑不解的疑团（水星近日点进动是 1859 年被勒维列发现的，勒维列（Urbain Jean Joseph Leverrier，1811—1877）根据自己发现海王星的经验，误认为水星轨道内有一颗未知的行星或一个行星群存在）。其二是，由于引力作用，大质量星球射到我们这里的光线，它的谱线移向光谱红端，即所谓光的引力频移。1924 年，亚当斯（John Couch Adames，1819—1892）通过对天狼星伴星的观察，证实这一预言。其三是引力场致使光线弯曲。1919 年爱丁顿（Arthur Stanley Eddington，1882—1944）等对"光线弯曲"的证实，立即震撼了欧洲乃至世界，引起一股"相对论热"，爱因斯坦也随之名扬四海。爱因斯坦逝世（1955 年）以后，特别是 20 世纪 60 年代以来，不仅广义相对论的实验验证如雨后春笋，而且这一理论也成为相对论天体物理学、高能天体物理学和宇宙学的理论基础。

2011 年下半年，欧洲某高能研究机构宣称验证了所谓的基本粒子超光速运动，有些媒体就急不可耐地宣布爱因斯坦相对论失效了。这种论断显得既无知又可笑：任何科学理论都有自己的适用范围——牛顿力学在今天的好多领域依然适用。目前的所谓"验证"还是个个案，在日本等国高能机构宣称由于能量级上的局限不能重复这个实验的时候，“个案的”不能（起码是还不能）重复检验的理论并不能被宣称为“科学理论”或者“科学发现”。

第二节　现代科学的基本哲学特征

世纪之交的物理学革命（或者说现代物理学革命），与近代科学革命相比更像是一种奇迹。无论是在更加远离日常经验的意义上，还是在（所揭示的宇宙运行模式和解释的宇宙现象的）空间和时间范围的意义上，都显示出异乎寻常的超感觉和超宏观。这是因为现代物理学革命的哲学特征明显地不同于近代科学革命。世纪之交的物理学革命乃至整个现代科学领域革命的发生，在很大程度上是哲人科学家之“哲学革命”的结果，或者说，是他们对于近代科学给予深刻的哲学反思的结果。最起码，这种科学革命是以他们对于近代科学范式的哲学批判和重构所导引的。因此，世纪之交的物理学革命的哲学特征，我们也可以看做是现代科学精神的哲学特征。无疑，它的理论贡献者和精神实践者是那些伟大的哲人科学家，特别是相对论的先驱者和创立者。

一、现代经验理念和理性化的实证精神

爱因斯坦断然否定了知识源于经验的径直性和唯一性，在他看来，知识不能单从经验中得出，而只能从理智的发明同观察到的事实两者的比较中得出。[①]

虽然现代科学也诞生于经验论和理性论的张力关系中，不过却呈现出由经验论向理性论的回摆。[②] 事实上，现代科学中的经验观念已经抛弃了近代科学为区别于亚里士多德主义而特别强调的仅仅基于实验来源的经验理念，明显地趋向于认同比较宽泛的、甚至一切可能的经验基础。另外，现代科学的实证精神更多地依赖于特定的理性架构。而且，即使是在近代科学的实证观念中，无疑也包含某些理性因素。

迪昂指出：“在我们的知觉中所揭示的可感觉的外观之下，存在着与这些外观截然不同的实在。”实在“并非源于实验方法，实验方法只能获得可感觉的外观，不能发现外观彼岸的事物。”那么，对于“存在与可感觉的外观截然不同的物质实在吗?”“这种实在的本性是什么?”“这些问题的解答超越了物理学使用的方法；它是形而上学的目标。”“因此，如果物理学理论的目的是说明实验定律，那么理

---

① 李醒民：《爱因斯坦》，北京：商务印书馆，2005 年第 1 版，第 117 页。

② 李醒民：《科学的精神与价值》，石家庄：河北教育出版社，2001 年第 1 版，第 183 页。

论物理学就不是自主的科学；它从属于形而上学。"[①] 暂且不论迪昂观点的偏颇，但是他关于现象与（客观）实在的区分、理论实在的理性建构本质的观点是值得肯定的。而且在"实验"双重功能（验证和发现）的意义上，必然有一个先在的理性建构，否则实验就是一种盲动。

现代科学革命的发生，源自对近代科学世界观的否弃，源自对近代经验观念和实证理念的修正。作为现代物理学革命的先驱，马赫批判了他那个时代物理学中绝对空间的观念，同时他发展出肯定感觉作为真实世界实在的构成物之"认识论态度"。对于现代科学而言，这两类活动似乎是相对彼此独立的。在爱因斯坦看来，作为物理学家，马赫在物理学的领域里批判了绝对空间，作为认识论者，马赫视"视觉为真实世界的构成物"；爱因斯坦在由狭义相对论向广义相对论的转换中，接受前者，拒斥了后者。[②]

李醒民先生指出："休谟、马赫等人的怀疑的经验论固然也有某种建设性作用，但毕竟是一种破旧有余、立新不足的哲学，这主要因为它是一种激进的经验论。这种激进的经验论只承认感觉和经验，轻视理性和理性思维的作用，把科学仅仅视为一种搜集和整理经验材料的事业。"[③] 虽然马赫不仅注意到，而且强调在原理与特殊实验之间的逻辑矛盾，也认为科学家在以原理调整实验之外别无他途，但是马赫并不承认这些原理是"人类精神的自由创造"，因为原理受制于所谓逻辑的和"合理的"行动的限制，而且它也正是在这些限制的支持下得以展开。显然，马赫未能冲破近代实证主义的牢笼。然而，在爱因斯坦那里却是另一番景象，当他强调具体对象的"实存"时，他仅仅意指"在很大程度上独立于感官印象的"观念。总体而言，爱因斯坦和普朗克对知识的叙述是理性的叙述。他们接受了一组"毋庸置疑"的实体（感官材料）和一组毋庸置疑的观念（逻辑的），并且他们断言了真实的科学理论与这些不能解释和毋庸置疑的事物的联系。爱因斯坦强调普遍原理的虚构特征。在他看来，并没有从直接的感觉经验通向原理的逻辑道路。[④] 因此，"爱因斯坦对实证论的重要方法论原则即可观察性原则持明显的否定态度。"[⑤]

尽管爱因斯坦否弃将实证论作为一种方法论原则，但他持有更加具有理性的

---

① 皮埃尔·迪昂：《物理学理论的目的和结构》，李醒民译，北京：华夏出版社，1999 年第 1 版，第 10 页。

② 保罗·费耶阿本德：《告别理性》，陈健、柯哲、陆明译，南京：江苏人民出版社，2002 年第 1 版，第 219 页。

③ 李醒民：《科学的精神与价值》，石家庄：河北教育出版社，2001 年第 1 版，第 152 页。

④ 保罗·费耶阿本德：《告别理性》，陈健、柯哲、陆明译，南京：江苏人民出版社，2002 年第 1 版，第 234，235，237 页。

⑤ 李醒民：《爱因斯坦》，北京：商务印书馆，2005 年第 1 版，第 125 页。

实在论思想，李醒民先生称之为“纲领实在论”。作为一种实在论，实在的可分离性和定域性是它的实质性内涵。李先生指出：爱因斯坦的物理实在观实际上包含着双重实在：本体实在和理论实在。爱因斯坦把物理实在视为一种纲领，他把实在论科学化为一种建构实在论的物理学理论的研究纲领。他竭力避免使实在论要求形而上学化，而极力使之科学化、理论化，使之成为建构实在论的物理学理论的纲领——这正是爱因斯坦的纲领实在论的精神实质之所在。[①]

事实上，19 世纪初，科学家已经开始发现，有不止一种富有成效的解决问题的进路。到 19 世纪末，由于缺乏任何更加确凿的实验方法来解决科学问题，甚至数学证据有时更为有效。[②] 通常，认定近代早期科学的“经验的”特征，也就意味着它是积极的质询，而不是“天真的”或多或少未加控制的观察。因此，不同于“处于天然的”经验的实验，作为近代科学革命的新颖特征，就不再具有争论性。然而，对于科学革命的开始及其随后的命运，实验贡献了什么，却并不是十分明了。以至于，在 20 世纪 20 年代到 60 年代，“实验”的探索目的或者探索价值，几乎被那些创造“科学革命”概念并在自然的数学化中寻找答案的历史学家完全否定了。[③]

二、现代科学的数理范式理念和自主的理性精神

科恩指出，在数学化的意义上，现代科学应被视为近代科学的延续，这也是为什么经典科学与现代科学的关系非常不同于古代与经典科学的关系的原因所在。在 20 世纪的科学中，其本质上是数学表达式的功能性思维不仅被坚持，而且已经完全统治了科学。[④] 加斯东·巴什拉也指出：“数学在当代物理学中的作用超越了单纯的几何描述的范畴。数学主义不再是描写性的，而是具有建构性。涉及现实的科学不再满足于现象学上的如何，它寻求数学上的为何。”[⑤]

在 19 世纪初，丹尼尔·伯努利提出的假说通过假设物质的不可感知部分在做一种潜在运动来解释视在静止的物体性质——气体的压力或弹性现象。正是数学应用严格的逻辑思维方法，给了这样超然的科学思想以确定的形式，也例证了人

---

① 李醒民：《爱因斯坦》，北京：商务印书馆，2005 年第 1 版，第 203，191，201，208 页。

② Ray Spangenburg and Diane K. Moser, The History of Science in the Nineteenth Century, New York: Facts On File, 1994, ix.

③ H. Floris Cohen, The Scientific Revolution: a Historiographical Inquiry, Chicago & London: The University of Chicago Press, 1994, 184, 185.

④ H. Floris Cohen, The Scientific Revolution: a Historiographical Inquiry, Chicago & London: The University of Chicago Press, 1994, 67, 68.

⑤ 加斯东·巴什拉：《科学精神的形成》，钱培鑫译，南京：江苏教育出版社，2006 年第 1 版，第 2 页。

类心智能够从其内部展现出一系列其结论符合于外部世界现象的推理。高斯和勒维烈（Urbain Jean Joseph Leverrier，1811—1877）凭借这种理性过程成功地描绘出不可见恒星在宇宙穿行时所走的天空路径；否则，这些自然客体也许永远不会被看到，就是被看到也不会被认识。相似的、而且更为精妙的推理使门捷列夫得以按几何次序排列各个元素，即物质所由化合而成的简单物质，指出表上那些后来由新的发现填补的空位。[①] 更有甚者，“纯粹的数学家，如罗巴切夫斯基、黎曼和高斯都已表明，基于不同的假设，根据曲线或双曲线，而不是直线，可以产生非欧几里得的体系，同样能够自圆其说。对于他们而言，这是一场逻辑游戏，结果它比欧几里得几何学更适合解释普朗克和爱因斯坦的宇宙。”[②]

在一般意义上，许多现代哲学家，无论他们是逻辑实证主义者，还是“日常语言”哲学家，或者怀有其他信仰的哲学家，都分享一种关于理性的观念，这种理性至少将逻辑一致性和连贯性确定为自己的区别性特征。这种“广义”的理性，超越了形式上的要求；并且试图约定，激发一致行为的信念和愿望本身在一种更加本质的意义上是理性的：本质上的理性信念是那些扎根于可得到的证据的信念，它们与判断的观念紧密地联系在一起。由此，自主对于愿望犹如判断对于信念；理性地行动即意味着按照不仅一致而且合理性的信念和愿望一致地行动。[③]

爱因斯坦指出：“我们现在知道，科学不能仅从经验中成长起来，在科学的建构中，我们需要自由的发明，至于这些发明是否有用，只能通过与经验对比而后验地验证。”[④] 无论从何种角度去看待现代科学精神，它的自主的创造性的理性精神特征都是非常显著的，它在总体上“实在弱化，主体凸现；理性主导，经验趋淡”[⑤] 的趋势也是非常明显的。费耶阿本德评论说：“科学家试图发现世界的秩序，他们寻找原理并通过两种方法来获得，或者根据实验用一种‘跛脚的’、‘拼凑的’和‘不确定的’方式，或者直觉地求助于大胆的思想实验以及由此得到的普遍化。原理界定一种思维模式，并要求我们用这种模式把已知事实‘概括’或‘理想化’，从不包含在这种模式中的元素中抽象出来。这是一个真正创造性的事业，它

---

① 梅尔茨：《十九世纪欧洲思想史》（第一卷），周昌忠译，北京：商务印书馆，1999年第1版，第261，262页。

② 罗兰·斯特龙伯格：《西方现代思想史》，刘北成、赵国新译，北京：中央编译出版社，2005年第1版，第453页。

③ Stanley Jeyaraja Tambiah，Magic，Science，Religion，and the Scope of Rationality，Cambridge：Cambridge University Press，1990，117，118.

④ 亚伯拉罕·派斯：《爱因斯坦传》，方在庆、李勇等译，北京：商务印书馆，2004年第1版，第2页。

⑤ 李醒民：《科学的文化意蕴——科学文化讲座》，北京：高等教育出版社，2007年第1版，第229页。

通过改变和重建事实和观念来联通两者。”①

现代科学中作为“自主的”，从而也是“真正创造性的”的理性精神特征，在爱因斯坦的科学精神世界是非常典型的。在爱因斯坦看来，“科学就是一种历史悠久的努力，力图用系统的思维，把这个世界中可感知的现象尽可能彻底地联系起来。说得大胆一点，它就是这样一种企图：要通过构思过程，后验（posterior）地来重建存在。”② 李醒民先生指出：“与传统的理性论相比，爱因斯坦的科学理性论具有以下鲜明的特色：它是科学自己的哲学；它立足于实在论的地基上；它清除了传统理性论中的先验因素并反对极端理性论；它与其对立面经验论保持了必要的张力；它把探索性的演绎法作为自己的方法论；它抛弃了科学概念的‘显然性’。”“爱因斯坦的思想是实验的和数学的反常的伟大综合，是在一种理论的范围内抛弃经验的显然性（继承了哥白尼的传统），抛弃习以为常的、显然是先验的、数学的（在相对论中）以及逻辑的（在量子论中）规范。”“诚如爱因斯坦所说：科学研究的结果，往往使那些范围远远超出有限的科学领域本身的问题的哲学观点发生变化，并成为新的哲学观点的源泉，从而强烈地影响到研究哲学的学者和每一代的哲学思想。爱因斯坦的科学观念剧烈地摇撼或彻底推翻了旧有的自然观、科学观和思维方式，为 20 世纪的科学的本体论、认识论和方法论奠定了基石。”③

第三节　马赫与批判学派：科学精神现代变革的先驱

本节指称的批判学派是李醒民先生界定的 19 世纪和 20 世纪之交的一个科学学派。这个学派的成员活跃于科学和科学哲学的广阔领域，他们以对经典力学理论框架的批判态度而闻名。其主要人物是科学和哲学大师马赫、彭加勒、迪昂、皮尔逊和奥斯特瓦尔德（W. Ostwald，1853—1932）。他们引领了现代科学革命早期自然科学各学科的批判思维，率先示范了现代哲人科学家的精神风范。

一、哲人科学家：人文的科学主义者和科学的人文主义者

在近代以来的科学发展史乃至整个人类思想发展史上，同时活跃于自然科学和哲学人文学科领域的伟人，虽然数量有限，但与一般科学家和哲学家或思想家

---

① 保罗·费耶阿本德：《告别理性》，陈健、柯哲、陆明译，南京：江苏人民出版社，2002 年第 1 版，第 227 页。

② 李醒民：《评爱因斯坦的科学观》，北京：《自然辩证法研究》，1986 年第 4 期，第 16 页。

③ 李醒民：《爱因斯坦》，北京：商务印书馆，2005 年第 1 版，第 178，88，89 页。

相比，他们的思想往往放射出更为广泛、更为灿烂的理性的光华，成为人类精神一个又一个峰巅上的指路明灯。[①] 他们既是人文的科学主义者，也是科学的人文主义者，李醒民先生将这类伟大人物称为“哲人科学家”。古往今来，这些人都是“求真”、“至善”、“臻美”之科学精神的率先垂范者。

“哲人科学家”是李醒民先生对科学史上那些伟大科学家的概括刻画。他将“既是具有开创性科学贡献的第一流的科学家，同时也是对人类思想和文化具有深刻影响的哲学家和思想家”称为“哲人科学家”。[②]

哲人科学家大多是名副其实的哲学家，但他们与专业哲学家相比，有许多鲜明的特点，李醒民先生将其概括为五个方面：①他们从小就对科学和哲学怀有浓厚的兴趣，一生喜欢沉思一些带有根本性的科学问题和哲学问题；②他们不过分地拘泥于一种认识论体系，善于在对立的两极保持必要的张力；③面临的现实问题迫使他们提出问题和寻求答案，而不是不切实际地提出问题和背着沉重的哲学偏见寻求答案；④不自诩为哲学家，不企图构造庞大的哲学体系，但他们对问题的理解却迸发出闪光的思想火花，可以当之无愧地列入人类的思想宝库；⑤哲人科学家大多是科学的人文主义者。[③]

正是由于哲人科学家的精神追求超越了自然科学视界和哲学偏见，因此他们“求真”、“至善”、“臻美”之精神追求和社会实践方面都大大超出“科学建制”的范围。他们并不仅仅限于解读和享受纯粹自然世界的真善美，往往也力图解读和追求人类生存状况的真善美。因此，哲人科学家大多既是人文的科学主义者，也是科学的人文主义者，或者说，他们既践行人文的科学主义，也践行科学的人文主义。

既然是哲学家，哲人科学家思考和关心的范围就不会像专业科学家那样囿于自然世界，孤立地追求科学之真。更不会像他们那样仅仅自诩科学的价值中立，而不考虑科学可能直接或者间接地带来的后果。正是哲人科学家以人文的科学主义态度，“在发掘和弘扬科学主义的宝贵遗产的前提下，给其增添旧科学主义所不足的仁爱情怀和人文精神。”[④]

李醒民先生将“人文的科学主义”精神的鲜明特色概括为：①人为的科学理应是、而且必须是为人的，为的是人的最高的和长远的福祉，它因此必须听命道

---

① 李醒民：《理性的光华——哲人科学家奥斯特瓦尔德》，福州：福建教育出版社，1993 年第 1 版，第 151 页。

② 李醒民：《论哲人科学家》，长沙：《求索》，1990 年第 5 期，第 51～57 页。

③ 李醒民：《科学的精神与价值》，石家庄：河北教育出版社，2001 年第 1 版，第 194～202 页。

④ 李醒民：《爱因斯坦：伟大的人文的科学主义者和科学的人文主义者》，南京：《江苏社会科学》，2005 年第 2 期，第 9～17 页。

德的律令，这是一切科学工作的出发点和立足点；②科学家用数学公式描绘的世界只是多元世界之一或一元世界的一个侧面，诗人用文字、画家用色彩、音乐家用音符、哲学家用思辨概念描绘的世界同样是真实的和有意义的；③科学只提供手段，而不创造目的，对价值判断先天乏力，它应该尊重并辅佐人文主义的导向作用；④科学的误用或恶用会产生极大的负面影响，因此科学人应该念念不忘科学良心，时时想到自己的社会责任，以制止科学的异化和技术的滥用；⑤纯粹的智力难以弥补道德和审美的缺失，科学人切勿以救世主自居，要虚心向富有人文精神的贤人和哲人学习，从人文学科中汲取各种营养；⑥适度冲淡科学的"冷峻"面孔（例如把客观性冲淡为主体间性，把实验证实冲淡为确认，用直觉补充逻辑之不足，把内在的完美引入理论评价标准），扶助科学中本来就有的为善、审美功能，让情感成为科学活动和科学发明的积极因素；⑦历史中的科学理论总是可错的、暂定的、不完备的，科学人像常人一样往往会犯错误。"要而言之，人性应该寓居于科学之中，人的智慧亦是科学的智慧，人文的科学主义就是科学主义的人性化。"①

哲人科学家在其精神对象超越自然世界的同时，其精神实践也超越了人本主义哲学家和其他人文主义者。在李醒民先生看来，"科学的人文主义者"包括两层含义：其一是说他们的兴趣和追求超出了科学与哲学的范围，"漫游"在人文科学和社会科学的广阔领域；其二是说他们具有自觉的人文主义的精神和实践。②

正是作为科学的人文主义者的哲人科学家在保持和光大人文主义优良传统的基础上，给其注入了旧人文主义所匮乏的科学要素和科学精神。李醒民先生将"科学的人文主义"精神的新颖之处概括为：①树立科学的宇宙观或世界图像，明白人在自然界中的地位，以此作为安身立命的根基之一；②尊重自然规律和科学法则，对激进的唯意志论和极端的浪漫主义适当加以节制；③科学是文明的重要标志，它不仅为人文主义的发展提供了广阔的空间，而且自身也能够提供新的价值和意义，依靠科学自身的精神力量和科学衍生的物质力量，有助于社会进步和人的自我完善；④科学的实证、理性、臻美精神以及基于其上的启蒙自由、怀疑批判、继承创新、平权公正、自主公有、兼容宽容、谦逊进取精神，也是人文精神的重要组成部分；⑤科学思想、科学知识和科学思维方式是我们思考和处理社会和人事问题的背景和帮手，科学人的求实作风和严谨风格值得人文人学习和效仿；⑥社会科学和人文学科也要尽可能学习和借鉴科学方法，以拓宽视野，更新

---

① 李醒民：《爱因斯坦：伟大的人文的科学主义者和科学的人文主义者》，南京：《江苏社会科学》，2005 年第 2 期，第 9～17 页。

② 李醒民：《科学的精神与价值》，石家庄：河北教育出版社，2001 年第 1 版，第 201 页。

工具。“要而言之，科学的本性包含着人性，科学的价值即是人的价值，科学的人文主义就是人文主义的科学化。”①

正是哲人科学家兼具人文的科学主义者和科学的人文主义者的伟大品格，才会起到其他人不容易起到的独特作用。李醒民先生将其概括为：第一，人类思想史上路标的设置者；第二，沟通科学与哲学的桥梁；第三，科学家和哲学家联盟的纽带；第四，两种文化的承载者和缔造者。李醒民先生指出：“科学也是一种文化，不仅是智力意义上的文化，而且也是人类学意义上的文化。遗憾的是，由于知识部门的专业化和学校教育的片面性，却人为地导致了后起的科学文化与传统文化的割裂与分离。但是，哲人科学家既对科学的本性和精神气质有深刻感受，又是科学的人文主义者，因而既能把握科学文化的真谛，也能理解人文文化的精髓，是两种文化的理想的承载者和积极的缔造者。”②

二、马赫的科学精神新境界

马赫哲学的精神气质，以及在其科学实践中的科学的人文主义和人文的科学主义精神气质，既是 19 世纪和 20 世纪之交批判学派科学精神的集中体现，也昭示和超前示范了现代科学精神的基本倾向。

1. 马赫哲学中的现代科学精神气质

这里的“马赫哲学”所指称的，既包括他的理论气派，也包括他的处世做派。总体而言，马赫的哲学是科学家的科学哲学。马赫是从科学经过科学史走向科学哲学的，他的哲学思想也是从科学前沿的研究中生发和提炼出来的，这本身就决定了它的独创性和新颖性。③ 对于马赫哲学的精神气质，李醒民先生概括为自由和启蒙、怀疑和批判、历史和实践、兼容和宽容、谦逊和进取五个方面。④

他以坚不可摧的怀疑主义和独立性，批判了古典力学的基本概念以及后人对它们的误用，批判了当时居统治地位的力学先验论和机械自然观。⑤ 马赫哲学的启蒙特征集中表现在反对教条主义和一切僵化模式上。马赫向来认为，一切科学理论都是不完备的、暂定的，都可能在将来被更好的理论所代替。他这样说过：“没

---

① 李醒民：《爱因斯坦：伟大的人文的科学主义者和科学的人文主义者》，南京：《江苏社会科学》，2005 年第 2 期，第 9～17 页。

② 李醒民：《科学的精神与价值》，石家庄：河北教育出版社，2001 年第 1 版，第 203～206 页。

③ 李醒民：《马赫》，台北：东大图书股份有限公司，1995 年第 1 版，第 80，81 页。

④ 李醒民：《伟大心智的漫游——哲人科学家马赫》，福州：福建教育出版社，1995 年第 1 版，第 83 页。

⑤ 李醒民：《科学的精神与价值》，石家庄：河北教育出版社，2001 年第 1 版，第 209 页。

有什么观点会绝对永久有效；每个观点只对一个确定的目的具有重要性。”[①]

在马赫的哲学中，启蒙和自由是相辅相成、珠联璧合的。作为一位具有罕见独立判断力的自由思想家，他坚决否认科学理论是永远正确的绝对真理的神话，其心灵处于高度的清醒和自由状态。马赫的思想进程出自自己的判断和选择，唯一的前提只是思想对事实的适应以及思想对思想的相互适应，而不是对至高无上的权威和亘古不变的教条的顺从。[②] 马赫关于社会、政治、教育、科学、人生等的观点，都渗透了思想自由，他以罕有的内心自由，为争取外在的自由进行了持续不断的斗争。他认为，对科学家来说，第一需要是方法论的自由。不过，他更喜欢思想自由。[③]

犹如对机械世界观的批判和对近代原子论的怀疑，批判和怀疑是马赫哲学的鲜明特色。马赫最感兴趣的是跳出伟大思想家为他们自己划定的限制和禁区。[④] 由于马赫哲学萌动着一种强烈的怀疑和批判精神，因此他的经验论也往往被称为怀疑的经验论或批判的经验论。不过，马赫并非无条件地怀疑一切，他不是绝对怀疑论者。马赫的怀疑论是现代科学精神气质之一的有条理的怀疑论。[⑤]

历史维度和实践维度是马赫哲学的重要特征。在认识与实践的关系上，马赫一方面认为认识源于实践，另一方面也认为认识高于实践，要超越实用目的的禁锢。[⑥]

兼容和宽容是马赫这位学术大家的基本学术态度。马赫虚怀若谷、兼收并蓄，广泛汲取了前人和同时代人一切有价值的科学和哲学思想，再加上自己科学创造和哲学反思的成果，融合而成了一种不是作为专业研究而附带进行的，但又不支离破碎的智力武库。兼容遂成为马赫哲学的一大特色，爱因斯坦在这一点上与马赫极为相似。马赫的兼容态度与他的宽容精神是不可分割的。他把“对不完备的世界概念的宽容”视为“科学研究者的最高哲学”。从而，他能历史地看待科学家创造的科学理论和所形成的世界概念，给其以应有的历史地位和公正的评价。马赫的宽容大度也充分表现在他对待批评和反批评的态度上。马赫认为，批评别人时不能盛气凌人地把自己的观点强加于人，对别人的批评要谅解和宽容。[⑦]

而且，马赫是一个有自知之明的、谦虚谨慎的人，他从来也没有流露过知名

---

① 李醒民：《马赫》，台北：东大图书股份有限公司，1995 年第 1 版，第 231 页。
② 李醒民：《科学的精神与价值》，石家庄：河北教育出版社，2001 年第 1 版，第 211 页。
③ 李醒民：《马赫》，台北：东大图书股份有限公司，1995 年第 1 版，第 233 页。
④ 李醒民：《科学的精神与价值》，石家庄：河北教育出版社，2001 年第 1 版，第 132 页。
⑤ 李醒民：《马赫》，台北：东大图书股份有限公司，1995 年第 1 版，第 235～237 页。
⑥ 李醒民：《科学的精神与价值》，石家庄：河北教育出版社，2001 年第 1 版，第 134，136 页。
⑦ 李醒民：《科学的精神与价值》，石家庄：河北教育出版社，2001 年第 1 版，第 136～138 页。

学者的优越感，更没有夸夸其谈，自我炫耀。马赫有渊博的学识和广泛的兴趣，更有生命不息、奋斗不止的进取精神。他不仅在自己专业中做出了举世瞩目的成就，同时又是“一位在各个知识领域具有新颖思想的无偏见的漫游者”，在众多领域留下了新颖而丰厚的智力成果。①

2. 融贯科学与人文两种文化和精神，彰显现代科学精神气质

马赫是一位冲破教条主义统治的启蒙哲学家和富有人文主义精神的自由思想家。② 马赫的哲学思维囊括了科学与人文两种文化精神。在马赫的精神世界，科学与人文是融会贯通的。作为现代科学思想和精神的先驱者，马赫一生对科学哲学和科学史怀有浓厚的兴趣。要知道，这二者不仅自身体现了人文主义精神，而且它们也是联系自然科学和人文科学的有效中介。③

马赫这位富有人文主义精神的科学家，也是一位伟大的自然主义者和人道主义者。他具有强烈的社会责任感和博大的自然伦理情怀，他真诚地吁请人与人、人与社会、人与大自然和谐共处。④ 他追求真理，酷爱和平，主持正义，关心人类的前途和命运，投身于人类思想解放事业，具有高度的社会责任感。他站在马克思主义的社会民主党一边，反对教权主义，争取民众的民主权利和工人的合法权益。⑤

马赫一方面是“自然科学家”，且喜欢实验、实证，另一方面又喜好心理学意义上的“自省分析”、“内省分析”，而这正是实证主义者所不齿的。马赫作为一位“实验性”的自然科学家，能与弗洛伊德式的研究方式相贯通，实在是一个有趣的“科学现象”。这也从一个侧面说明，各种理性是可以贯通的，它们有可通约的共同基础。另外，科学向来看重事实，而马赫并不是像大多数自然科学家只看重物理事实——特别是“社会性的”共同体能够承认的、可重复验证的事实，他也认可甚至喜好“个人性质的”事实——如“梦”这种心理事实。然而，后者在“科学”上有悖于“自然科学”可重复检验之认识论—方法论“范式”，因为“梦”是不可能必然地获得“同一性”的事实的。

马赫显然是现代科学革命进程中杰出的哲人科学家。在他身上彰显了不同于以往科学家，以至于不同于绝大多数同时代科学家的哲人气质，更彰显了现代科学精神的新境界。

---

① 李醒民：《科学的精神与价值》，石家庄：河北教育出版社，2001 年第 1 版，第 138，139 页。

② 李醒民：《科学的精神与价值》，石家庄：河北教育出版社，2001 年第 1 版，第 207 页。

③ 李醒民：《科学的精神与价值》，石家庄：河北教育出版社，2001 年第 1 版，第 217 页。

④ 李醒民：《马赫》，台北：东大图书股份有限公司，1995 年第 1 版，“自序”第 ii 页。

⑤ 李醒民：《科学的精神与价值》，石家庄：河北教育出版社，2001 年第 1 版，第 217 页。

三、批判学派的现代科学精神气质

在近代以来的科学认识论和方法论中，理性在科学发现中的地位并不明朗。近代科学哲学仅仅看重数学模型这种理性表达方式。到19世纪中叶，经验决定论和发现的归纳逻辑甚嚣尘上，形形色色的经验主义者将理性的作用仅仅限于归纳出数学表达。广泛展开的科学研究活动与不断强化的经验主义理念之间，形成越来越大的认识论鸿沟。对于科学理论的发展而言，不但需要冲破机械自然观的禁锢，而且更需要冲破经验主义和归纳逻辑之方法论范式的禁锢。

以马赫为首的批判学派无疑是现代科学精神的先行者。他们率先张扬和示范了现代科学的“怀疑批判”精神，这对于冲破近代机械自然观和经典力学范式神话，无疑起到举足轻重甚至是关键的作用。而且，对于物理学乃至整个自然科学的发展而言，批判学派的贡献还在于他们给予经验与理性之间以必要的张力。他们在坚持经验论合理根基的前提下进行了广泛而大胆的修正，给科学的哲学和方法论增添了或注入了理性论、约定论、整体论的精神。[①] 与同时代人相比，虽然批判学派大多成员强调经验的绝对地位，但在他们的哲学和科学实践中显然突出了理性的作用。

马赫等吸收各种经验论变种（本身也是如此），也融进了非经验论的诸种因素，试图调和经验与理性的龃龉。马赫认为，事实绝不局限于用感官直接感知的东西，真正的抽象关系也可以被看见。我们不仅被动地感知，而且主动地与自然交流。在马赫看来，科学需要概念，而概念的本性在于它们起源于深思熟虑的有意识的努力。而且，科学研究需要相当旺盛的幻想，抽象和幻想在发现新知识中起主要作用。[②]

对于科学研究的路线，马赫认为，致力研究的人谁也不会相信发现是按照亚里士多德或培根的归纳图式，即通过枚举相互一致的例子做出的；逻辑并没有提供新知识，知识总是来自观察：通过感官的“外部的”观察或者通过观念的“内部的”观察。无论导致我们在感性知觉或观念中达到新事实发现的东西，是纯粹物理的机遇或心理的机遇，还是通过思想实验有计划的经验扩展，正是这种发现才产生新知识。[③] 按照皮尔逊的观点，对知识的任何逻辑批判最终只能得出结论：

---

① 李醒民：《迪昂》，台北：东大图书股份有限公司，1996年第1版，第81，82页。

② 李醒民：《伟大心智的漫游——哲人科学家马赫》，福州：福建教育出版社，1995年第1版，第201，207，206，208，209页。

③ 李醒民：《伟大心智的漫游——哲人科学家马赫》，福州：福建教育出版社，1995年第1版，第200，207，208页。

知识（相对于人）是对人的心智内容作理性分析所达到的结果的主要部分，是我们就概念、智力观念作推理而达到的东西。由此可见，知识严格地讲是一种理性认识，而不是停留在低层次上的感性认识，因为未经理性思维和逻辑推理的感性认识是表面的、肤浅的、概然的。[①]

马赫对感觉的强调是为了摆脱"恼人的、引起思想紊乱的"近代二元论认识论的困扰，而且他的"感觉"联结了外部、内部和内心三个方面。尽管马赫未能到达爱因斯坦式的"主体凸现"、"经验趋淡"的现代科学精神高度，但事实上弱化了经验论在认识论上绝对化的强势地位，从而为"内在的内心"的理性创造留出认识论空间。在哲人科学家那里，实体实在论弱化了。马赫强调用函数关系代替因果性，彭加勒的关系实在论，迪昂的秩序实在论，都是对传统科学实在论的修正和冲淡。而马赫对原子论的态度，则明显是"实在弱化"、"理性主导"、"理论暂定"之现代科学精神气质的写照。

在各种二元对立哲学盛行的时代，"张力哲学"的凸现成为批判学派的一大特色。批判学派既承认经验对理论发明（或者发现）的约束（甚至导引）作用，也认可理性在理论发明（或者发现）中的构造作用。虽然批判学派未能颠覆近代经验主义的"强实在论"和"符合论"，但在面对近代认识论二元对立，在认识论和方法论道路选择的意义上，张力哲学既是一种辩证思维，也是一种科学战略选择。

对于批判学派来说，"怀疑批判"与追求真理是并行不悖的。恰如皮尔逊指出的：通向知识和最终确信的唯一真实道路是怀疑和怀疑论；怀疑至少是通向科学探索的第一个阶梯。[②] 因为由怀疑才能确认自己（和同伴）的无知，才有可能踏上求真以及纠错之漫漫征途。当然，既要勇敢地坦白无知，又要积极地克服无知。在勇于承认无知和克服无知的态度上，皮尔逊的态度是明确而坚定的：我们必须是敢于无知的；因为无知，故要付出劳动。在他看来，坦白无知不是软弱的坦白，而实际上是力量的标志。[③] 而且批判学派的怀疑批判精神伴随有"张力哲学"一路同行，这就自然而然地将他们导向了学术自由之路。彭加勒在逝世前的最后一次公开演讲中指出：强求一律就是死亡，因为它对一切进步都是一扇紧闭着的大门；而且所有的强制都是毫无成果的和令人憎恶的。[④]

批判学派的学术自由理念不仅践行于学术观点、认识论和方法论思想上，而且也体现在学术的社会行为之中。对于学术自由而言，外部的"平权多元"也是

---

① 李醒民：《皮尔逊》，台北：东大图书股份有限公司，1998 年第 1 版，第 166 页。
② 李醒民：《皮尔逊》，台北：东大图书股份有限公司，1998 年第 1 版，第 125，126 页。
③ 李醒民：《皮尔逊》，台北：东大图书股份有限公司，1998 年第 1 版，第 172 页。
④ 李醒民：《彭加勒》，台北：东大图书股份有限公司，1994 年第 1 版，第 31 页。

不可或缺的题中之意。也正是平权多元精神使科学和人祛除唯我独尊。[①] 例如，奥斯特瓦尔德没有贪婪和嫉妒之心，他鼓励和支持自己的助手和学生以各自的名字发表论著，尽管他给了他们新颖的思想和持续的帮助。他在 1909 年荣获诺贝尔化学奖后，就于当年 10 月提名时年 30 岁的爱因斯坦为 1910 年物理学奖的候选人，1912 年和 1913 年，他又连续两次提名爱因斯坦为诺贝尔物理学奖候选人。[②]

科学的本性是“真”、“善”、“美”，[③] 臻美自然也是批判学派哲人科学家科学本性的自然流露或延伸。[④] 彭加勒对科学美尤有浓厚的兴趣和深刻的感受。他深有体会地说：“一个名副其实的科学家，尤其是数学家，他在他的工作中体验到和艺术家一样的印象，他的乐趣和艺术家的乐趣具有相同的性质，是同样伟大的东西。”在彭加勒看来，科学美根源于自然美。但是，科学美并不是自然美，即“不是给我们感官以印象的美，也不是质地美和表观美”。科学美是“比较深奥的美”，是“潜藏在感性美之后的理性美”。“这种美在于各部分的和谐秩序，并且纯粹的理智能够把握它。”他把“雅致”、“和谐”、“对称”、“平衡”、“秩序”、“统一”、“方法的简单性”、“思维经济”等赋予了科学美。在彭加勒看来，科学美是一种理性美，而理性美必须由人的理智来把握和感受，因为科学美必然是主客观的统一，必然带有强烈的主观色彩，必然只能为具有特殊审美感的科学家深深体验到。他还认为，科学美在科学研究和科学探索活动中起着不容忽视的作用，李醒民先生将彭加勒的观点概括为三个方面：①科学美是激励科学家忘我工作的强大动力；②科学美是选择事实和评价理论的重要标准；③科学美是科学发明的神奇工具——这是科学美的最重要的功能。[⑤]

在批判学派哲人科学家的心目中，真、善、美既是科学的本性，也是科学之价值所在。批判学派哲人科学家大多深谙历史，甚至像马赫和迪昂等更是仔细研究了自己研究对象的学科的历史，加上他们的整体论思维，他们对科学的文化意义的理解自然要深刻许多。迪昂向来把科学看做一种人文的、历史的事业，看做一种不断发展和进步的历史文化过程。[⑥] 奥斯特瓦尔德认为，科学并不仅仅是由好奇心和求知欲而得来的片段的知识构成的。当然，科学起源于经验的和技术的知

---

① 李醒民：《科学的文化意蕴——科学文化讲座》，北京：高等教育出版社，2007 年第 1 版，第 255 页。

② 李醒民：《理性的光华：哲人科学家奥斯特瓦尔德》，福州：福建教育出版社，1993 年第 1 版，第 49，55 页。

③ 李醒民：《科学家的科学良心》，北京：《百科知识》，1987 年第 2 期，第 72～74 页。

④ 李醒民先生语，出自《科学的文化意蕴——科学文化讲座》，北京：高等教育出版社，2007 年第 1 版，第 216 页。

⑤ 李醒民：《彭加勒》，台北：东大图书股份有限公司，1994 年第 1 版，第 175～179 页。

⑥ 李醒民：《迪昂》，台北：东大图书股份有限公司，1996 年第 1 版，第 413 页。

识，纯粹科学是这样的母亲的女儿。可是，当实用技术和应用科学发展到纯粹科学时，科学便开始保持着普遍的人文意义，从而获得社会意识。因此，科学的目标和结果应与人类的幸福联系起来。奥斯特瓦尔德洞察到科学的普遍性和公有性。就艺术而言，它具有民族特色和地方特色；而科学则能超越地域的限制和民族的个性而进步，与其说它是土著的，不如说它把各民族的个性牢固地结合在一起。[①]皮尔逊这位精力充沛的社会活动家、活跃的社会主义者、人道主义者、自由思想者和教育改革的倡导者，十分看重伦理道德的社会意义和社会功能，他宣称理性和知识是道德行为的唯一因素。[②]

建构关于自然（乃至社会、人文和宗教领域）的统一理论似乎是亘古不变的科学理想（从泰勒斯到爱因斯坦皆是如此），哲人科学家更是对此乐此不疲。近代科学革命以来，特别是19世纪化学、生物学乃至电磁学领域巨大成就的取得，似乎都证明了这种可能性。而批判学派批判的、历史的和整体论的思维，构成了对整个自然科学领域乃至哲学人文社科领域理论思维的批判和反思。迪昂用定性的东西牵制日益泛滥的定量化“狂”——这导致了物化和非人化——的极端倾向，透露出人文主义的清新气息。更重要的是，迪昂在科学、哲学、宗教之间也保持了必要的张力。迪昂在私人的内心信仰和普遍的科学知识之间划出了一道分明的界限：他未把信仰引入科学，也未用科学为信仰辩护，更未滑进或诉诸信仰主义。对于他的科学研究而言，宗教信仰不是外在强加的指导原则或被迫服从的教条，而是一种价值目标、精神动力和道德约束。理性与信仰、实证与情感的微妙结合，使迪昂在视为“黑暗的中世纪”发现了科学之光。[③]

批判学派哲人科学家有着比爱因斯坦更大的统一性理想，他们的科学目标与他们的哲学精神和人文精神是相贯通的。批判学派哲人科学家对科学的宗教感情与人类关怀情感具有同等意义。那些伟大的哲人科学家往往将自己的生命存在奉献给（爱因斯坦的意义上的）“宇宙宗教”，将自己的思想创造和科学实践作为奉献给“宇宙宗教”“教主”的牲祭。皮尔逊认为：宗教的情感及沉思可用于科学研究活动中（爱因斯坦的“宇宙宗教”和“宇宙宗教感情”与之有相通之处），从而科学与宗教有某些契合之处。宗教献身会变成对知识的追求。具有这种信仰的圣徒和教士会变成为发现真理曾经工作或正在工作的人。[④] 皮尔逊说：科学与神学或

---

① 李醒民：《理性的光华：哲人科学家奥斯特瓦尔德》，福州：福建教育出版社，1993年第1版，第71，72页。

② 李醒民：《皮尔逊》，台北：东大图书股份有限公司，1998年第1版，“自序”第1，2页，正文第169，170页。

③ 李醒民：《迪昂》，台北：东大图书股份有限公司，1996年第1版，第462，120页。

④ 李醒民：《皮尔逊》，台北：东大图书股份有限公司，1998年第1版，第211，212页。

哲学一样，就热情的创造与自我约束和自我发展的理想的建立而言，是人格影响的领域。没有一个人仅仅出于理智的力量而不通过相当于道德力量的东西去指导和伴随，就在科学中变得伟大。在理智能力的背后，存在着对真理的献身，对自然的深沉同情，为一个大目标而牺牲所有小利益的决心。①

第四节　爱因斯坦的现代科学精神气质与哲人科学家形象和人性境界

爱因斯坦是20世纪最重要的科学巨人。他执著地探索科学奥秘，相继创立了狭义相对论、广义相对论，并且对量子理论也做出承上启下的关键贡献。爱因斯坦的科学实践和科学哲学，典型地张扬了“实在弱化”、“理性主导”的现代科学精神内核。而且，作为一位伟大的人文的科学主义者和科学的人文主义者，爱因斯坦在诸多领域的贡献和身体力行，示范了人性和人生的新境界，其整体人格魅力彰显了一位注定要成为人类史上显赫人物的伟大文化品格。迄今为止，即使是包括爱因斯坦之后的科学家在内，爱因斯坦全面示范的科学精神，都是现代科学精神的最高楷模。我们应该小心翼翼地去阅读他的文化品格，以求从中领略这位伟人的人性境界和人文精神的光辉。

一、爱因斯坦的现代科学精神气质和哲人科学家形象

爱因斯坦的哲学思想把经验论、理性论、约定论、整体论、实在论的合理内核和积极因素都囊括其中，但又不能简单地归之于任何一个“论”或“主义”(-ism)，而是在各种“主义”之间保持了必要的张力。它恰如其分地阐明了经验与概念、逻辑和直觉、意义和真理等之间的关系和职分，它把科学的本体论、认识论和方法论融合在一起。② 李醒民先生称这种哲学为多元张力哲学。

在爱因斯坦的多元张力哲学中集中体现了现代科学精神。纵观爱因斯坦的科学哲学思想，经验论甚至不是其主流或主要方面。对于传统的或标准的经验论，爱因斯坦在肯定其合理内核的同时，在知识的起点（从经验到理论）和终点（从理论到经验）作了双向的弱化：经验在理论的形成时仅起提示作用，在理论的检验中仅起有限度的确认作用。而且，爱因斯坦还用非经验论乃至反经验论的因素——诸如约定论、整体论、理性论、实在论——对经验论加以牵制和限定，从

---

① 李醒民：《皮尔逊》，台北：东大图书股份有限公司，1998年第1版，第24页。

② 李醒民：《爱因斯坦》，北京：商务印书馆，2005年第1版，第95，96页。

而在多元思想的格局中保持了必要的张力。[①]

爱因斯坦不同意康德的“先验论”，认为应该把它冲淡为“约定论”。约定主要在构筑科学理论的逻辑前提即基本概念和基本原理时起重大作用。事实上，在任何研究中，如果不设置、约定一个基础，就会导致可怕的无穷后退的恶性循环。我们非常同意李醒民先生的观点：“科学信念实际上是一种最根本、更深邃的约定或约定式预设，它忽隐忽现地渗透在科学理论的基础之中。”“科学信念是科学研究中的重要因素。”[②]

爱因斯坦和石里克都认为，经验不能唯一地决定一个正确的理论，因此，人们对经验的选择具有约定的逻辑地位。爱因斯坦认为，起统摄作用的概念不是由于实在的本性或理智的本性唯一地强加给我们的，它们实际上是约定的事情。约定论成为爱因斯坦 1905 年构筑狭义相对论的理论基础或逻辑前提的得力工具：两个基本原理分明是在经验事实的引导下，通过大胆的约定提升为公理的；同时性与其说是操作定义，还不如说是约定。[③]

总体而言，在爱因斯坦的早期（1916 年之前）哲学思想中，不仅有经验论的因素，而且也包含着理性论、实在论、约定论和整体论的成分。之后只是经验要素在知识论中的减弱和理性要素的增强，是对激进经验论的远离，他并没有抛弃经验论的合理内核和怀疑批判精神。对于经验论的合理内核，爱因斯坦终生是信守不渝的。即使在他的天平偏向理性论一边时，他也充分肯定了观察实验和经验事实在科学中的重大作用：纯粹逻辑思维不能给我们任何关于经验世界的知识；一切关于实在的知识，都是从经验开始，又终结于经验。用纯粹逻辑方法所得到的命题，对于实在来说是完全空洞的。但是，20 世纪的物理学，毕竟明显地打上了理论化和体系化的印记，削弱了经验并淡化了经验论。作为一位理论物理学家，爱因斯坦深知经验和实证方法的局限性——用准经验方法不能钻进事物的深处。[④]

爱因斯坦在前期有某种程度的实证论倾向，在完成广义相对论之时，就背离了实证论，而爱因斯坦对实证论的反感和反对，集中体现在他始终不渝地与量子论的哥本哈根诠释的斗争中。实证论的一个突出特征是，力图从科学中清除一切形而上学。因此，捍卫形而上学在科学中的必要权利，就成为爱因斯坦批判实证论的题中应有之意。爱因斯坦对实证论的重要方法论原则即可观察性原则持明显的否定态度。他明确表示：我实在完全不喜欢死抱住可观察的东西这个当今正时

---

① 李醒民：《爱因斯坦》，北京：商务印书馆，2005 年第 1 版，第 129，130 页。

② 李醒民：《爱因斯坦》，北京：商务印书馆，2005 年第 1 版，第 135，140，147 页。

③ 李醒民：《爱因斯坦》，北京：商务印书馆，2005 年第 1 版，第 136，137，139 页。

④ 李醒民：《爱因斯坦》，北京：商务印书馆，2005 年第 1 版，第 105，115，116，120 页。

毫的"实证论"倾向。爱因斯坦对经验论的方法论即归纳法也持批判立场，这既源于他的科学实践，也受到休谟以及批判学派代表人物马赫、彭加勒、迪昂对归纳法保留或批评态度的影响。他认为，无论从发生学或科学发展史来看，把科学视为"一种纯粹的经验事业"，把科学发展看作"不断的归纳过程"，都是十分错误的，因为它忽略了直觉和演绎在精密科学发展中所起的巨大作用。在爱因斯坦看来，作为理论前提的基本概念和基本假设，并不是归纳法所能导致的，而是思维的自由创造。约定论是爱因斯坦自由发明的核心，直觉在约定或自由发明概念和公理中起着举足轻重的作用。爱因斯坦公开表白：我相信直觉和灵感。[①]

按照爱因斯坦的观点，一切理论的崇高目标，就在于使不能简单化的元素尽可能简单，并且在数目上尽可能少，同时不至于放弃对任何经验内容的适当表示。正由于科学理论的进化是朝着具有可想象的最大的统一性和最少的理解基础概念的方向进行的，因而科学体系就具有层次性和暂定性。理论体系的逻辑基础愈简单，它距经验的距离也就愈大，从而二者之间在思维上的距离随之增大，这就造成了科学理论基础具有纯粹虚构的特征，即基本原理的虚构特征。理论进化得越深刻，其逻辑前提越简单，其本体论的物理实在越深奥。正是在这个意义上，爱因斯坦反对科学实在论的终极的、不变的物理实在观。爱因斯坦认为，愈远离感觉经验的基本概念比接近感觉经验的概念愈能更加深刻地揭示本体实在。他说：总原则要比单个物体更能反映实在。[②]

爱因斯坦的多元张力哲学（温和经验论、基础约定论、意义整体论、科学理性论和纲领实在论）把在科学中富有生命力的旧哲学传统和新哲学创造有机地综合起来，锻造出适应现代科学发展需要的现代科学哲学。[③]

作为一位伟大的科学的人文主义者和人文的科学主义者，爱因斯坦创造和践行了属于自己的，当然也是属于全人类的科学的人文主义精神和人文的科学主义精神。爱因斯坦的科学的人文主义思想异彩纷呈，主要体现在：①倡导和践行国际主义和世界主义；②为和平主义而战斗；③以自由为核心价值的民主主义；④有独立思考精神的人道的社会主义；⑤教育的目标是培养独立行动和独立思考的个人；⑥宇宙宗教（感情）是科学探索的强大动力和独特的思维方式；⑦伦理与科学是独立的，但是科学也有助于伦理；⑧科学有助于积极的人生观，提升人的精神境界；⑨真善美是三位一体的，对真的追求包含着为善和臻美。爱因斯坦的人文的科学主义思想也非常丰富并十分精湛：①科学是人的科学、历史的科学，

---

① 李醒民：《爱因斯坦》，北京：商务印书馆，2005年第1版，第121，124～127，143页。

② 李醒民：《爱因斯坦》，北京：商务印书馆，2005年第1版，第142，171，199页。

③ 李醒民：《爱因斯坦》，北京：商务印书馆，2005年第1版，第222页。

因此它也具有主观性，总是可错的、不完备的；②科学是人类争取自由的武器，科学的发展以外在的自由和内心的自由为先决条件；③科学探索的动机和动力展现了人性的多样性，“为科学而科学”和“宇宙宗教感情”是高尚的；④科学具有巨大的物质功能，但是它的精神价值更为珍贵；⑤科学只是认知世界的一种方式，其他学科或部门也不可或缺；⑥科学的概念框架是思维的自由创造和理智的自由发明，想象力是科学中的实在因素；⑦科学和艺术是相通的：科学具有臻美取向，科学家应有审美禀赋；⑧科学方法和科学本身不是万能的；⑨科学知识并非改善世界之本，纯粹智力无法补偿道德和审美价值的缺乏；⑩制止科学的异化，弥合两种文化的分裂；⑪没有良心的科学是灵魂的毁灭，没有社会责任感的科学家是道德沦丧和人类的悲剧；⑫针锋相对地批驳反科学的科学败德说和科学损美说。[①]

二、爱因斯坦伟大的人性境界

李醒民先生指出：“爱因斯坦不仅以卓著的科学成就和丰富的哲学思想而伟大，而且也以其高尚的人格和品德而伟大。在某种意义上，作为一个人的爱因斯坦比作为一个学者的爱因斯坦还要伟大。”“爱因斯坦之所以能够永远活在广大普通人的心中，主要在于他的独立的人格、仁爱的人性和高洁的人品。这种品格是推动社会进步的永恒动力，也是人类自我完善的精神源泉。”“爱因斯坦的科学追求实际上也是一种道德的和人格的追求。他在科学工作中知难而进，锲而不舍；生命不息，奋斗不止；谦卑谦逊，弃绝名利；一视同仁，乐于助人；平易近人，和蔼可亲。这一切，使他成为新物理学的人格化的化身和毋庸置疑的科学道德典范。爱因斯坦以自己的科学活动，一改人们心目中固有的没有人性的科学和科学家的形象。”[②]

1.“宇宙宗教”：爱因斯坦的科学情结

爱因斯坦大力倡导“为科学而科学”，他的内心世界有着宗教信仰般的科学情结。在他看来，科学本身就负荷着它的目的，而不必要通过对准其他意图而偏离它自己的道路。他说：科学发展本身基本上是追求对纯粹知识渴望的满足，这种渴望从心理学上表明自己是宗教感情，这就是我的内在信念。爱因斯坦每每用世界的合理性和可理解性、宇宙的和谐、自然的秩序、事物的规律、现象的统一性、实在的理性本质等作为他的宇宙宗教（cosmic religion）的信条，他也常常将其称为宇宙宗教感情。在爱因斯坦看来，人们感觉到人的愿望和目的都属徒然，而又

---

① 李醒民：《爱因斯坦：伟大的人文的科学主义者和科学的人文主义者》，南京：《江苏社会科学》，2005年第2期，第9～17页。

② 李醒民：《爱因斯坦》，北京：商务印书馆，2005年第1版，第97，98页。

感觉到自然界里和思维世界里却显示出崇高庄严和不可思议的秩序。个人的生活给他的感受好像监狱一样，他要求把宇宙作为统一的有意义的整体来体验。[①]

爱因斯坦不是宗教徒，但他却说：科学和宗教之间不可能存在正当的冲突；没有宗教的科学是瘸子，没有科学的宗教是瞎子。他还说，一个宗教者的虔诚，在于他从不怀疑那些既不需要也不可能有理性基础的超越个人的目的和目标的意义。[②] 爱因斯坦的这种说法，实质上是以宗教徒对自己宗教的虔诚来比喻、表达一个科学家对科学信仰、科学事业的虔诚。也是关于爱因斯坦类似于虔诚宗教徒，对科学信仰执著追求精神的恰当说明。萨顿说："一个人，当他彻底地意识到自己与宇宙的其余部分休戚相关而又十分渺小的时候，科学就成为其信仰的组成部分。"[③]

对于爱因斯坦，宇宙宗教（感情）有各种各样的表现形式，李醒民先生将其总括为：对大自然和科学的热爱和迷恋；奥秘的体验和神秘感；好奇和惊奇感；赞赏、尊敬、景仰乃至崇拜之情；谦恭、谦卑乃至敬畏；喜悦、狂喜。这些宇宙宗教（感情）既是科学探索的强大动机和动力，也是爱因斯坦的一种独特的思维方式。这种宇宙宗教思维方式在形式上与神学思维方式有某种类似性，它既不同于科学思维方式（实证的和理性的），也不同于技术思维方式（实用的和功利的），它是直觉型的，即是虔敬的、信仰的、体验的和启示的。[④]

对于爱因斯坦，宇宙宗教感情具有其他理性、信仰或者其他精神状态无法达到的独特功能。宇宙宗教感情直接地成为科学研究的最强有力的、最高尚的动机。爱因斯坦认为，只有那些做出了巨大努力，尤其是表现出热忱献身——无此则不能在理论科学的开辟性工作中取得成绩——的人，才会理解这样一种感情的力量，唯有这种力量，才能做出那种确实是远离直接现实生活的工作。只有献身于同样目的的人，才能深切地体会到究竟是什么在鼓舞着这些人，并且给他们以力量，使他们不顾无尽的挫折而坚定不移地忠诚于他们的志向。事实上，正是由宇宙宗教情感所激发的忘我的献身精神，才使科学家像虔诚的宗教徒那样，在世人疯狂地追求物质利益和感官享受的时代，在一件新式时装比一打哲学理论受青睐的时代，也能够数十年如一日地潜心研究，矢志不移，丝毫不为利欲所动。[⑤]

李醒民先生指出：爱因斯坦"是一位达到了自由阶段、进入到神性生活的科

---

① 李醒民：《爱因斯坦》，北京：商务印书馆，2005年第1版，第324，363页。

② 亚伯拉罕·派斯：《爱因斯坦传》，方在庆、李勇等译，北京：商务印书馆，2004年第1版，第460页。

③ 乔治·萨顿：《科学的生命》，刘珺珺译，北京：商务印书馆，1987年第1版，第25页。

④ 李醒民：《爱因斯坦》，北京：商务印书馆，2005年第1版，第369～375页。

⑤ 李醒民：《爱因斯坦》，北京：商务印书馆，2005年第1版，第373，374页。

学家和人”。“他的宇宙宗教（感情）不仅是追求真知底蕴的绝妙氛围，而且也是理想的人生境界。这实际上是一种高超的科学哲学和人生哲学，是最高的智慧和最大的幸福”。[①]

2. 执著严谨：爱因斯坦的“天才”品质

与爱因斯坦在普林斯顿大学有过长期交往的派斯说，长久的思想孕育是爱因斯坦科学发展的一个显著特征。狭义相对论的根本问题，早在1895年就在他的心底萌发了，而理论在1905年6月才成熟；他从1907年开始考虑广义相对论，1915年11月，理论达到第一个完整的形式；他对统一场论的兴趣，至少要追溯到1918年，到1925年他才第一次为这个理论提出自己的设想。“时间”已经足以体现他专注和献身于科学的执著精神。爱因斯坦追求科学的执著精神，还远非仅仅体现在时间跨度上，更体现在病魔、战争的纷扰之中。从1916年到1920年，爱因斯坦尽管病得很重，但他在相对论和量子理论方面的研究成果依然丰硕。此间，爱因斯坦被肝病、胃溃疡、黄疸病等病魔交替缠身，也为第一次世界大战造成的严重食物短缺所困扰——爱因斯坦为维持生存不得不仰仗亲戚、朋友的接济。尽管如此，他还在1917年患胃溃疡期间偎在病床上导出引力辐射的四极公式，在1918年患黄疸病期间写了1篇关于能量-动量的赝张量的论文。在这个特殊时期，他总共发表了1部著作和约50篇论文。[②] 他对科学的执著表现为超凡的定力。

爱因斯坦追求科学的执著精神还体现在，他勇做研究方向上的“孤家寡人”，他勇于接受别人的批评甚至嘲讽，他敢于承担一事无成的风险独自驾舟远航。如此精神在他关于“光量子”特别是“统一场”的研究中充分地昭示出来。在1905年到1923年，他一直远离大家，独自一人或几乎只有他一人，在重视光量子。而对“统一场”的执著更使爱因斯坦付出了一生心血。就在他去世的前一天，还让人将临近写的关于统一场论的计算草稿拿给他思考。尽管没有取得“有意义”的进展——也许在他的概念框架下就不可能取得进展，“也许完全是徒劳的”[③]，虽未得“终极”“善果”，但他对操纵（自然）世界无形之“手”和（自然）世界统一之“形”的向往和执著，此种“求善”的科学精神，也许就是爱因斯坦这样伟大科学家所特有的内在品质。

从1926年到他去世的近30年间，他还是一个人，或者说几乎只有他一个人，

---

① 李醒民：《爱因斯坦》，北京：商务印书馆，2005年第1版，第380页。

② 亚伯拉罕·派斯：《爱因斯坦传》，方在庆、李勇等译，北京：商务印书馆，2004年第1版，第29，30，460，431，348页。

③ 亚伯拉罕·派斯：《爱因斯坦传》，方在庆、李勇等译，北京：商务印书馆，2004年第1版，第516，475页。

对量子力学抱着深深的怀疑态度。不过，我们不能把爱因斯坦的怀疑态度等同于完全的反对态度。况且，他重点关注的粒子、场以及量子现象等，都将在量子理论中占有恰当位置。[①] 个中原因在于他有自己的一个不同于其他量子物理学家的综合理论计划。可见，“求真”和怀疑正是一个科学家起码应当具备的品质。

爱因斯坦曾自嘲道：爱因斯坦这个家伙只图自己方便，他每年都推翻自己以前说过的话。[②] 就爱因斯坦治学上的严谨而言，这一“说明”也就足够了。

3. 虚心谦逊：爱因斯坦的治学品格

对于爱因斯坦来说，从 1919 年开始的几近疯狂的追捧，接踵而至的荣誉和知名度，就是一种灾难。派斯说：“在爱因斯坦晚年，当我认识他之后，这种荣誉和知名度对他来说成了笑谈，有时还令他恼怒。”正是有这种淡泊名利的超然态度，才有可能虚心谦逊。在 1915 年年初与勒维-契维塔的通信中（后者指出了爱因斯坦在上年发表的一篇论文中的一些技术错误），爱因斯坦很感激他对这些问题的关注，并在一年之后修正了相应错误。他在成为“名人”后也是一如既往，对所有想同他讨论科学问题的人，他都是和蔼可亲的。[③] 也许在爱因斯坦看来，别人给予的批评，就是自己的收获。

爱因斯坦在学术上非常尊重他人的劳动。对于科学前辈以及其他在学术上给予他启发——无论给予他正面启发还是反面启发——的人，他都会在书信交往和公开文献予以由衷说明。即使是在像晚年的马赫公开否认自己是相对论研究先驱的时候，爱因斯坦仍一如既往地尊重他，并多次公开声明，他有理由认为马赫是广义相对论的先驱。又如，为了庆祝（狭义）相对论发表 50 周年而在伯尔尼召开的国际会议，曾邀请爱因斯坦出席，他却给大会组织者去信说：我希望人们在此机会也适当关注一下洛伦兹和彭加勒的功绩。[④]

4. 民主自由：爱因斯坦的政治理想

李醒民先生指出：“爱因斯坦是一个名副其实、彻头彻尾的民主主义者。”“而且，爱因斯坦的民主主义思想之特点是以自由为本位和取向的，因此可以恰当地称他为自由的民主主义者或具有自由倾向的民主主义者。”“对爱因斯坦来说，真

---

① 亚伯拉罕·派斯：《爱因斯坦传》，方在庆、李勇等译，北京：商务印书馆，2004 年第 1 版，第 516 页。

② 亚伯拉罕·派斯：《爱因斯坦传》，方在庆、李勇等译，北京：商务印书馆，2004 年第 1 版，第 359 页。

③ 亚伯拉罕·派斯：《爱因斯坦传》，方在庆、李勇等译，北京：商务印书馆，2004 年第 1 版，第 448，351，352，652 页。

④ 亚伯拉罕·派斯：《爱因斯坦传》，方在庆、李勇等译，北京：商务印书馆，2004 年第 1 版，第 405，248 页。

正的民主绝不是虚幻的空想，而是实实在在的理念和实践。在他的一生中，他始终不渝地信守他的和平、民主、自由这些基本的政治原则和价值标准，并为之奋斗终生。"①

当然，作为一个科学家和思想家，爱因斯坦最为关心的是思想自由以及与之密切相关的学术自由。早在中学期间，爱因斯坦就认为，科学职业有某种独立性，那正是他极喜爱的。爱因斯坦多次强调，在科学共同体内部和外部创造并形成一个宽松的、自由的环境，是科学进步的先决条件，一切对研究和交流自由的限制，都会大大有害于科学。在爱因斯坦看来，自由是这样一种社会条件：一个人不会因为他发表了关于知识的一般的和特殊的问题的意见和主张而遭受危险或者严重的损害。这首先必须由法律来保证。但是单靠法律还不能保证发表的自由；为了使每个人都能表白他的观点而无不利的后果，在全体人民中必须有宽容的精神。这种外在的自由的理想是永远不能完全达到的，但如果要使科学思想、哲学和一般的创造性思想得到尽可能快的进步，那就必须始终不懈地去争取这种自由。②

李醒民先生指出："爱因斯坦对与民主相关的正义或公正情有独钟。这也许是因为，在自由、平等、正义这一组价值中，正义居于支配地位。正义给个人自由以数量上的限制，正义对平等和不平等的种类和程度也加以限制。如此，自由和平等才能在一个有限范围内协调地达到各自的最大限度，并能克服自由意志论者和平均主义论者的极端主义的错误。"③

5. 人类关怀：爱因斯坦的"大同追求"

爱因斯坦说，人从骨子里感到血缘关系是多么重要。作为一个犹太人，爱因斯坦有着自己的民族感情，但他并不是一个狭隘的民族主义者。他对"人"的情感和关切，主要体现在他对"人类"的整体关注、整体关怀。1919 年 10 月，他在写给物理学家爱因斯坦的信中就说，一个国际主义的头脑也可以充满对民族的关心。④ 李醒民先生指出："他总是站在全世界和全人类的立场来观察问题和处理问题，处处为人的长远利益、根本福祉和终极价值着想，憧憬建立一个和平、民主、自由、幸福的世界秩序和美好社会。事实上，爱因斯坦从一战时期就成为一个名副其实的世界主义者或世界公民了。"⑤

---

① 李醒民：《爱因斯坦》，北京：商务印书馆，2005 年第 1 版，第 281 页。

② 李醒民：《爱因斯坦》，北京：商务印书馆，2005 年第 1 版，第 292，13，327，288 页。

③ 李醒民：《爱因斯坦》，北京：商务印书馆，2005 年第 1 版，第 283，284 页。

④ 亚伯拉罕·派斯：《爱因斯坦传》，方在庆、李勇等译，北京：商务印书馆，2004 年第 1 版，第 434，451，452 页。

⑤ 李醒民：《爱因斯坦》，北京：商务印书馆，2005 年第 1 版，第 228 页。

李醒民先生指出："在爱因斯坦的心目中，'人与人之间的善良意愿和地球上的和平'是'一切事业中最伟大的事业'，保卫和平这一对人类来说生死攸关的事情是一个'伦理公设'，是每一个有良心的人都不能逃避的'道德责任'。"[①] 爱因斯坦向来反对种族主义和种族迫害。他大声疾呼犹太民族的悲惨命运，并尽力帮助他们。为了让犹太人能够从欧洲移居美国，他曾在数不清的宣言上签名。在第一次世界大战初期，爱因斯坦首次公开宣扬和平理想，从那时起他就一如既往；在德国法西斯主义全面扩张的时候，他呼吁德国社会党和共产党联合起来阻止法西斯控制国家政权的图谋；即使是在 1933 年 5 月希特勒上台三个月后，爱因斯坦还在坚持绝对的反战主义立场。尽管为此而给自己引来了众多的敌人，以至第一次世界大战之后，这位坦率的超国家主义者成为越来越多的德国沙文主义者所憎恶的对象。[②] 爱因斯坦人类关怀之悲悯之心也非常关注 20 世纪上半叶中国人民的苦难。爱因斯坦对备受侵略和苦难的中国人民也怀有兄弟般的情谊。1931 年"九一八"事变之后，他一再向全世界呼吁，用联合经济抵制的办法制止日本对中国的侵略。1937 年，他为"七君子事件"发出正义声援。1922 年年底和 1923 年年初，他在访日时途经香港和上海，对中国劳苦大众深表关注和同情。他谴责欧洲人在上海成了统治阶级，把中国人当作他们的奴仆，残酷地虐待他们，待他们连牛马也不如。他哀叹香港华人受到野蛮的奴役和残酷的剥削，每天为五美分的工资不停地砸石子。他斥责英国人是奢侈的寄生虫，洋洋自得而不知人民的反抗运动已难以压抑。对于受外国人压迫的中国人，爱因斯坦寄予无限的厚望：再过 50 年，中国人必定能够赶上外国人。[③]

在第二次世界大战之后，随着冷战政治格局的出现和核武器这一达摩克利斯剑的高悬，爱因斯坦从维护和平大局和拯救人类免遭毁灭的目标出发，大力倡导新思维，并将其付诸坚决的、创造性的行动。他多次表明，正如在纯科学领域改变思维吸纳更新更有用的概念一样，我们现在必须改变在政治和法律领域中的思维。[④] 爱因斯坦的新思维包括，坚决反对重新武装德国，时刻警惕冷战幽灵的存在，要和平而不要原子战争，必须制止美苏的军备竞赛，和平共处应成为一切政治行动的指导思想。[⑤]

爱因斯坦是一位"天真的"理想主义者。他怀揣"和平主义"和"超国家主

---

① 李醒民：《爱因斯坦》，北京：商务印书馆，2005 年第 1 版，第 249 页。

② 亚伯拉罕·派斯：《爱因斯坦传》，方在庆、李勇等译，北京：商务印书馆，2004 年第 1 版，第 16，450，451 页。

③ 李醒民：《爱因斯坦》，北京：商务印书馆，2005 年第 1 版，第 235 页。

④ 李醒民：《爱因斯坦》，北京：商务印书馆，2005 年第 1 版，第 273 页。

⑤ 李醒民：《爱因斯坦》，北京：商务印书馆，2005 年第 1 版，第 274～278 页。

义”两个基本政治理想蓝本，从 20 世纪 20 年代开始，极力支持全面裁军和建立统一的欧洲。第二次世界大战后，他又极力倡导建立“世界政府”的理想，主张和平利用而且只能和平利用原子能。但是，他也很清楚，和平主义和裁军，在 1933 年到 1945 年都是不合时宜的，对此他深感遗憾。并且还于 1939 年，就核裂变对军事的影响给罗斯福总统写过一封很理智的信，认为德国法西斯研制原子弹的可能性极大。也许就是这封信使美国政府下了研究原子弹的决心。事后却发现法西斯德国并没有研制原子弹的能力，为此他懊悔不已。[①]

对于爱因斯坦“和平主义”和“世界政府”的政治抱负来说，作为一种现实选择，他的想法在他和我们这个时代显然是天真幼稚的。尽管他的想法作为一种政治理想仅仅是“乌托邦”的，但是正如亚伯拉罕·派斯（Abraham Pais）所言，他不但不幼稚，而且深深地知道人类愁苦和愚昧的天性。[②] 也许犹如老子那样，爱因斯坦深知人们之间的争斗以至战争的根源，于是他执著地在 1955 年 4 月 11 日去世的前一周给罗素去信，同意签署一份号召一切国家都放弃核武器的政治宣言。

6. 文化桥梁：爱因斯坦的文化人格

对于爱因斯坦来说，没有任何事情像科学那样，是他的生活，他的事业，他的避风港，他的特立独行的源泉。[③] 但是，爱因斯坦并不是生活在“唯一的”科学世界里，他的兴趣远远超越了自己的物理学研究领域。他爱好广泛，他爱好音乐，有着对视觉艺术的偏爱，他喜欢看大文学家的作品。他在音乐、视觉艺术和哲学等方面的修养，完全称得上是“音乐家”、“美术家”、“哲学家”。

爱因斯坦特别关切人类的命运，并且不仅仅是“关注”，而是有着对“人”的深刻理解。在他写的大量怀念或赞扬的文章中，无论是对历史人物还是对同时代人物的素描，都充分展示了他对人的敏锐洞察力，这也昭示了爱因斯坦本人“人格”的一个重要侧面。显然，他对“人”的人格、人性的理解是非常深刻的，这也反映出他本人所具有的浓厚的“人性”、“人文”色彩。并且，他对命运的深刻理解使他比他的任何前辈都走得更远。在爱因斯坦看来，对于自然，人是愚蠢的、疯狂的。他试图去揭示人的本来面目，也从不想向人灌输人本性之外的东西。[④] 无

① 亚伯拉罕·派斯：《爱因斯坦传》，方在庆、李勇等译，北京：商务印书馆，2004 年第 1 版，第 451，16，17，653 页。

② 亚伯拉罕·派斯：《爱因斯坦传》，方在庆、李勇等译，北京：商务印书馆，2004 年第 1 版，第 15 页。

③ 亚伯拉罕·派斯：《爱因斯坦传》，方在庆、李勇等译，北京：商务印书馆，2004 年第 1 版，“致读者”第 2 页。

④ 亚伯拉罕·派斯：《爱因斯坦传》，方在庆、李勇等译，北京：商务印书馆，2004 年第 1 版，第 458，25，349，453 页。

论是爱因斯坦的人格，还是他的思想，都盈溢着科学意识与人文意识、科学态度与人文态度、科学精神与人文精神、科学方法与人文（历史）方法的和谐统一的“文化品质”。

李醒民先生说：“对于专门化导致的科学文化和人文文化的严重分裂以及人的精神扭曲和不健全，爱因斯坦看在心里，忧在心头：‘科学地决定事实的职权大大地扩展了，理论知识在每一个科学部门都变得非常深奥。但是人的智力的同化能力是并且依然是极其有限的。’”“爱因斯坦既不像实证主义者那样看待自然科学，也不像存在主义者那样看待人文学科，而是以其富有启发性的科学思想和富有独创性的科学方法在两种文化之间铺路架桥，同时又以艺术家的旨趣和普通公民的身份重塑科学和科学家的形象，从而把科学与哲学、政治、伦理、艺术等门类沟通起来。”①

爱因斯坦有着非同寻常的对“自然”和“人类”的理解与虔诚。他执著而不固执，虔诚而不迷信，有着比一般宗教徒更加强烈而又富有理性的虔诚：他始终不渝地追求着人与人、人与自然的和谐秩序。由此，他一生都怀着一种愉快的超然态度：名誉可以偶尔使他快乐，但从来不能使他动摇；一时的悲哀也绝不会掩盖他一贯的幽默；他超然地对待时间，超然地对待死亡。他自觉超脱盘踞在疯狂大众中的一切事物，在不可理喻的喧嚣里感到满足。② 爱因斯坦曾经这样解释，他已经在科学中摆脱了“我”和“我们”。他在思考中宁可代之以“它”。作为一位智者和“祖父般的”老人，他在晚年赢得了“圣者”的声望，成为古怪而又可爱的精灵的化身。③

对于爱因斯坦来说，科学态度与为人态度、科学精神与为事毅力、科学方法与为学养成、科学意识与治学经历、科学活动与处世理念本来就是不可分割、和谐共存的。这也许就是爱因斯坦伟大文化品格之根本所在。

第五节 社会资源依赖和全球环境危机：对学术自由的伦理质疑和挑战

从 19 世纪开始，科学在制度化方面发生了质的变化。进入 20 世纪后，科学

---

① 李醒民：《爱因斯坦》，北京：商务印书馆，2005 年第 1 版，第 334，335 页。

② 亚伯拉罕·派斯：《爱因斯坦传》，方在庆、李勇等译，北京：商务印书馆，2004 年第 1 版，第 25，349 页。

③ 雷·斯潘根贝格、黛安娜·莫泽：《科学的旅程》，郭奕玲、陈蓉霞、沈慧君译，北京：北京大学出版社，2008 年第 1 版，第 323，324 页。

事业日益社会化，大量的科学研究开始从“自由职业”性质的个体劳动转化为社会化的集体劳动。科学研究的规模越来越大，出现了所谓的“大科学”，用于科学研究的经费也大为增加。[①] 随着科学共同体的发展和科学制度化的变迁，同时也由于技术应用带来的负面效应，科学家和科学共同体不断面临新的科学伦理议题甚至道德难题。现实向自主科学的学术自由不断提出严重挑战。

如今的科学研究活动已经丧失了个体学术自主的纯粹性。文艺复兴时期、近代科学早期的那种几乎完全从属于个人旨趣支配的、属于个人的自主自由的科学研究活动已经很难立足。科学活动更多的是一种作为社会职业的活动，而不仅仅是一种作为个人的事业追求。学术自由越来越受到社会因素的影响；科学制度化议题和科学伦理问题已经成为一个非常复杂的社会问题。

一、自主性科学的现代困境

思想随着时代的发展展示自己的特定逻辑或者内在自主性，但是，这种自主性不是绝对的。思想在更宽广的环境中发展（或者不发展），这种环境使其自主性成为一种相对的东西。这种自主性到底延伸多远，或者说，外部环境在多大程度上冲击它，这不是一个可以通过抽象论述而先天决定的东西。[②] 然而，科学家很少注意其工作的技术意义，在他们看来，自己的领域仅仅受到普遍接受的方法论伦理的限制，他们认为要求完全的自由来从事研究是合理的。而且许多科学家坚持认为，限制探究自由不会是公共兴趣；正是基于此类理由，探究的自由被称为一种“权利”。一些科学家天真地认为，探究自由意味着，探究不会将自己强加于他者。但是，科学如它今天被实践的那样，越来越侵入其他领地；而且，当科学和技术紧密结伴的时候，科学探究的自由甚至被理解为暗示技术的自由。然而，技术革新都旨在用于公众消费——无论是公众还是私人支付——这就意味着它们会产生社会效果；因此，技术不应被赋予无限制的自由权利。[③]

虽然科学和技术在总体上是两种不同的人类活动和社会建制，也的确存在理论和实践上的差别，但是科学与技术是密不可分的。“克隆”问题尤为突出。而争议最大的莫过于关于人类生物体的克隆。首先，作为“克隆”的科学和技术是交织在一起的。作为“克隆”的科学活动与作为“克隆”的技术活动难分彼此，只

---

① 李醒民：《科学的革命》，北京：中国青年出版社，1989 年第 1 版，第 231 页。

② H. Floris Cohen，The Scientific Revolution：a Historiographical Inquiry，Chicago & London：The University of Chicago Press，1994，198.

③ Liebe F. Cavalieri，The Double-Edged Helix：Science in the Real World，New York：Columbia University Press，1981，128，132～133.

有依据技术的科学实验才可能有科学发现。其次，如何界定是人类个体克隆，还是器官克隆？在还无法进行单个人体组织器官克隆的时候，如何界定是否是生命体从而是否拥有生命权利？在经济之“手”的搅动下，经济功利驱动技术功利，技术功利又去驱动科学功利，在科学技术活动与经济活动的联盟日益加强，科学技术工作者日益蜕去“求知本性”的今天，谁也无法保证在科学家、技术专家共同体中不会出现唯利是图、肢解残害同类生命，进行器官移植的“天使”般的魔鬼！何况，即使仅仅是为了克隆人而克隆人，谁能保证克隆活动的实施是效法上帝的造人神迹，还是制造病魔缠身、生不如死悲惨个体的劣行，甚至是打开潘多拉盒子、制造人类瘟疫的魔鬼行径？可见，科学存在和技术存在并不是那样的纯粹。“克隆人”问题直接带来的是生命权利的确认问题，是是否残害他人甚至是否杀害他人的刑事责任问题。事实上，任何一种技术发明、技术应用都有可能带来相应的伦理问题和法律问题。科学活动和技术活动的自由，是有限度的自由。① 换言之，没有绝对的价值无涉的科学，科学共同体自身必须考虑其研究活动的后果，“科学（与）价值，难以分开”。

那么，如何设定这种限度呢？或者说，哪些科学和技术活动是该鼓励的，哪些是该限制甚至禁止的呢？目前这还是一个无法确定、无法回答的问题。因为，科学和技术活动面对的往往是未知领域，对于未知领域难以做出明确的价值判断，进而做出明确的鼓励、限制或者禁止的决定。而伦理和法律制度具有滞后性，伦理和法律出现在出了问题之后。对于科学和技术活动，特别是对于创新性很强的科学和技术活动，在其开始之前，并没有明确的预备着的伦理规范和法律规范。这就很容易导致无序的科学技术活动。这是伦理和法律的无奈。②

科学和技术活动的每个环节都是重要的，对于自身都有限制或者促进的作用，很难分清彼此的责任。因此，规范的有序的科学和技术活动，根本在于科学家、发明人、技术专家、技术活动管理者、技术活动组织者、经济活动组织者的自我伦理审查和自我行为约束的自觉性。如果他们缺乏自觉性，这样的依靠个人自觉和社会舆论软性调整的社会规范就形同虚设，其调整功能就自然而然地丧失了；即使是具有强制约束力的法律法规，对于难以抵挡巨大名利诱惑的群体也是无可奈何的。③

二、科学共同体必须应对科学伦理之重构难题

关于科学家的行为准则应该明确地考虑这个事实：科学家是生活在一个不同

---

①②③ 韩彩英：《科学和技术：何以成为天使抑或魔鬼!》，北京：《自然辩证法通讯》2005年第2期，第19，20页。

于科学认知目的之社会中的个体，科学家的认知成就并非总是必然地服务于那些纯粹目的。[①] 爱因斯坦曾对被异化的科学（应用科学或技术的副作用）在经济、政治、安全、伦理方面所造成的巨大恶果做出了详细的分析：第一，机械化的生产手段在无组织的、生产资料私人占有的经济制度中已产生了这样的结果：相当大的一部分人对于商品生产已经不再是必需的，因为被排除在生产循环之外，其直接后果是购买力降低，劳动力因激烈竞争而贬值，这就引起了周期越来越短的商品生产严重瘫痪的危机。第二，科学并没有使人们从必须完成的单调的劳动中得到多大程度的解放，反而使人成为机器的奴隶。科学使我们的生活变得匆忙和不安定，大大加剧了生存竞争，严重地损害了个人自由的发展。第三，科学技术使距离缩短了，并且创造出新的非常有效的破坏工具，这种工具掌握在要求无限制行动自由的国家的手里，就变成了人们相互毒害和相互残杀的手段，对人类安全和生存构成致命的威胁，这是技术进步的最大祸害。第四，通信工具——印刷文字的复制过程和无线电——同现代化武器结合在一起时，已有可能使肉体和灵魂都置于中央政权的束缚之下——这是人类危险的又一个来源。第五，人们的伦理道德之所以沦丧到如此令人恐惧的地步，主要是因为我们生活的机械化、原子化和非人性化，这是科学技术发展的一个灾难性的副产品。[②]

随着科学家因职业而依附于科学组织（或者学术组织），而科学组织（或者学术组织）本身也因生存和发展日益依赖于社会资源，这就造成科学家研究活动的展开越来越直接地依赖于社会支撑资源的多寡。起码，今天所实践的科学和技术研究（特别是应用技术和应用科学）部分地是由社会和政府的资助来支撑运作的。因此，现代科学的许多研究活动及其结果都不可避免地受到社会因素的影响。在这种特定运行机制条件下，是否所有研究方向的探究自由都是明智的或者合适的，就成为一个无法回避的现实问题。无疑，今天的科学家事先就知道其科学设想、研究过程和研究成果将被他人利用。因此，他的整个研究努力应该从包括社会价值在内的一种明智的宽广的角度去构思。[③] 既然利用社会资源实属不可避免，因而需要基于事业精神与职业精神的合理张力来引导和规范科学家的研究活动。

在社会价值考量的意义上，如果没有一个业已确立的有效机制来保障科学知识将出于公众利益而被应用，对于寻求知识本身就不能被认为是中性的。坚持将责任归置于技术科学家，就像一个人制造了一盒能用的火柴并将它放到放火狂的

---

① Liebe F. Cavalieri, The Double-Edged Helix: Science in the Real World, New York: Columbia University Press, 1981, 134.

② 李醒民：《爱因斯坦》，北京：商务印书馆，2005 年第 1 版，第 332，333 页。

③ Liebe F. Cavalieri, The Double-Edged Helix: Science in the Real World, New York: Columbia University Press, 1981, 134.

屋子里。而且，对于科学家，特别是实验科学家和技术科学家而言，关于科学研究活动的制度化规范的建构，不能寄希望于科学共同体外部的社会制度建构。科学共同体的价值判断和行为制约的角色是不可或缺的。毕竟，正是科学共同体才能最好地预见它的发现的技术意蕴，才能认识到可能使应用结果无法预言或者成为危险的因素。经验已经确然地表明，不能指望工业去考虑所有甚至已知的因素，或者去问讯明显的危险。①

科学共同体的价值判断和行为制约角色的必要性，特别体现在科学研究对于实验活动高度依赖的本性之中。科学在社会学上的独特性特别集中于一个特征，就是科学与自然环境的关系，这种观念是具有现代性的。在李克特看来，"科学家的本性就是去追求：以崇敬的心情把他们选择的自由让位给他们对于自然世界的解释，而且要使这些解释准确完整地决定于在某种特别的（'受控的'）条件下所观察的自然环境。""科学家总有一种潜在的自由度，可以在不同的解释之间有所选择。可是，科学家在本性上并不想要这样的自由，而是视之为一种问题，而且在寻求进行实验，把没有得到完全解答的问题放回到自然中去，以期进一步明确这些问题。科学家的确是想从社会的控制下获取自由，可这只是为了能使他们更加充分地受到自然的'支配'。"②

因此，实验这种在解释科学结果的有效性和科学的理性信念中承载了许多认识论意义的活动，并非价值无涉的"纯粹的""客观的""中性的"知识生产。随着将实验室活动的关注放置于更大的语境（context）中来考虑，把它作为科学文化活动来研究，实验室作为一种文化—社会实体，也就更多地负载了伦理方面的意蕴。尼古拉·瑞斯切尔（Nicholas Rescher）认为，由于太多地注意科学探究的抽象逻辑，许多研究科学方法的学者已经失去了对这个事实的视力：科学是一项人类的事业，由有血有肉的人来施行，科学研究因此不可避免地展示出某种规范性特点。评价性的问题，更具体地说是伦理性问题，在科学研究框架中的许多地方出现。当科学家穿上他的实验室服装时，他并没有也不可能将他普通的人性和评价能力置于一边。伦理问题——涉及行为的正确与错误的问题——出自人们的相互对待，它必定与存在于各种人际关系中的责任、权利和义务有关。独自劳作于他的书房或者实验室的孤独科学家已经让位于机构化的实验室，弗兰西斯·培根的科学研究作为团体努力的远见已经实现。今天的科学家不是以一个独立的个

---

① Liebe F. Cavalieri, The Double-Edged Helix: Science in the Real World, New York: Columbia University Press, 1981, 135.

② 李克特：《科学是一种文化过程》，顾昕、张小天译，北京：生活·读书·新知三联书店，1989 年第 1 版，第 8～10 页。

体单位起作用，而是作为一个团体、作为“团队中的一员”在起作用。科学研究的集体化现象越来越导致在科学自身内部对伦理考虑的更加突出的强调。现代科学的这些集体化现象和正在增长的社会传播，是导致在现代科学操作框架内部大量考虑伦理问题的主要力量。①

而且，实验作为发现和验证的技术手段的进步，应用技术的巨大发展，对于近代西方人来说是欢欣鼓舞的。但是随着实验室给应用技术带来的巨大进步，应用技术却给人类带来巨大灾难：战争手段，环境污染，人被异化为机器的附属物。随着政治与经济的日益紧密结合（虽然有市场自由主义的观念，但也逐渐成为仅是发达的经济强势国家要求别国开放市场的借口），国家日益被视为经济体，从而不断地为了本国在自然资源、市场资源等方面的国家利益，为了本国大财团的经济利益而发动战争。似乎文明的发达程度和文化的价值及其存在的意义（基于一种不断进化的观念），是由经济和科学技术水平从而还有军事实力所决定的。这些都是科学界必须予以反思和权衡的重大问题。

实验室不仅改进了自然秩序，而且随着它的发展，事实上也拔高了实验室中的社会秩序。当我们将实验乃至科学作为实践的文化时，也就有了更多的维度、层面，在方法论、认识论视域上也就开放了，而不是传统上那种自我封闭和自我限制的了。② 并且，这种视界并不是限制或者压缩科学自由的空间，而是必将给予科学活动以在道德思考和伦理规范意义上的更多宽容；因为，只有容之有之，才有可能审视之批判之。

总体而言，如今的人类社会正在面临着广泛蔓延和日益严重的环境危机。环境危机作为一种全球性的人类危机已经非常突出。随着殖民主义的兴起、产业革命，以及继之而来的不断喷发的技术创新和技术手段的广泛应用，一个直接后果是西方世界在追求经济数量增长、鼓励消费方面跨入了无所制衡的信心十足的时代，似乎人可以利用一切技术手段来控制自然、改造自然，人的行为——特别是对自然的修改行为——可以不受任何信仰或者理念的考量，“人”从此成为十足的狂妄之徒，自以为成为（足以取代上帝的）宇宙的主宰，这是人类史上从（西方世界）所谓的近代迈向现代之时人类精神世界所发生的根本变化，这种人类精神和生存旨趣的异化使人类自身付出了前所未有的沉重代价。因此，对于科学这种

① Nicholas Rescher，The Ethical Dimension of Scientific Research. E. D. Klemke，Robert Hollinger and A. David Kline ed.，Introductory Readings in the Philosophy of Science，New York：Prometheus Books，1980，238～240.

② Karin Knorr Cetina，The Couch，the Cathedral，and the Laboratory：On the Relationship between Experiment and Laboratory in Science. Andrew Pickering ed.，Science as Practice and Culture，Chicago and London：The University of Chicago Press，1992，118，114～116.

文化来说，某种道德伦理之心的回归，某种追求美学体验或者美学价值之心的回归，甚至于某种信仰的重新确立是必要的，而且是刻不容缓、势在必行的。

事实上，在西方文明混杂着“疯癫”的现代化进程中，不仅有人文主义思想家的人性关照和理性反思①，更有将近代科学带向现代的伟大科学家的人性关照和（生态主义式的）普世关怀。正是哲人科学家以他们深邃的哲学智慧和崇高的人文精神，将科学精神推向超凡境界。他们是人类思想史上路标的设置者，是沟通科学与哲学的桥梁，是科学家和哲学家联盟的纽带，是科学文化和人文文化这两种文化的承载者和缔造者。②

---

① 例如，在《疯癫与文明》（米歇尔·福柯：《疯癫与文明》，刘北成、杨远婴译，北京：生活·读书·新知三联书店，1999 年第 1 版）中，福柯将“科学史扩大成了理性史，因为他把疯癫的形成过程看做是理性建立的过程。”（于尔根·哈贝马斯：《现代性的哲学话语》，曹卫东译，北京：译林出版社 2004 年第 1 版，第 282 页）

② 关于哲人科学家的作用详见李醒民：《科学的精神与价值》，石家庄：河北教育出版社，2001 年第 1 版，第 203～206 页。

结 语

总体而言，科学文化是在人类文化的整体历史演进中，在人类与自然的认知关系框架下，不断发展和演变的一种文化过程。科学文化既是人类文化整体发展的成果，又从根本上不断地影响着人与自然、人与世界的文化认知关系，它在一定程度上影响甚至决定了人们关于世界的文化观念。各种新的关于世界的文化观念又反过来在一定程度上影响了人们的科学观和科学理论的发展。西方科学精神的发展也证明了这一基本哲学判断。

李醒民先生恰当地指出："在西方，科学精神润物细无声"。"也许是由于科学本来就脱胎于西方文化传统之内，西方人亲身经历了科学革命的洗礼，又身处科学发达的国度，科学精神似乎早就潜移默化地浸润了他们的心田，所以在西方社会，科学精神既未成为学术界的热门话题，也未风靡于街头巷尾。"①

本书如此的对于科学精神的总体框架和多种因素密切关联之实质的把握，对于西方人来说也许是无关紧要的。因为，毕竟西方人的科学文化是与他们的整个文明一同成长起来的；在他们的科学文化与其他部门文化、科学精神与现代精神之间，在很大程度上具有一致性、共构性甚至同质性。近代以来，科学以及技术已经逐步进入西方的文明和整个社会文化的中心地带；在 19 世纪后期，科学观念已经取代了基督教教义的主导地位，成为西方精神世界的主流，甚至决定性的精神力量；到 20 世纪，完全可以说，科学以及科学精神已经处在西方文明和社会文化的中心位置。科学精神已经是他们习以为常的整个社会的文化生态的组成部分。因此，对于西方人来说，所谓科学精神的总体框架和多种因素密切关联之实质并不会成为他们特别关注的目标。

这从文化生态学的意义上可以反证，当我们中国人从 20 世纪开始才后发地特别重视科学，而将它从西方整体的文化生态中有意识地、割裂地区隔出来，去研究和把握科学（的）精神的时候，漠视科学作为一种文化部门的社会建制和人类活动类型所内在地包含着的但却并非科学独有的"精神"要素，就是在所难免的。如我们看到的，自"新文化运动"以来，人们在谈论科学精神的时

① 李醒民：《关于科学精神的断想》，北京：《科学时报》，2001 年 7 月 6 日 B3 版。

候，往往是围绕着科学方法打转转；似乎“宽容”、“自由”、“平权”等精神是政治哲学范畴的东西，与科学及科学精神无关。然而，那些“精神”要素恰恰是科学文化自身不可或缺的，有些本来就是由科学生发，或者被科学强调、加强甚至强固的。而且，在面对当下知识部门和社会建制分立、研究活动千差万别，远没有达到自古希腊先哲到爱因斯坦所渴望的“统一性”理想的科学的时候，那种共时性研究在面对纷繁复杂的“科学”时，很难全面地、系统地把握住科学精神的真谛。

就科学精神而言，它作为思想和实践的思维模式和行动指南，既是社会文化和意识形态的重要内核，也是文化实践和社会行为的制度规范，它在很大程度上是一种哲学形态的东西；它既有历史的传承，也有现实的创造，始终处于不断发展完善之中，在很大程度上也是一种历史形态的东西。因此，我们也许可以套用拉卡托斯的话[①]说：“没有科学史的关于科学精神的哲学研究是空洞的；没有科学哲学的关于科学精神的历史研究是盲目的。”因此，科学精神研究不但要有哲学思维，而且要有历史维度。况且，在历史中我们也能感受（各个时期）时代精神的哲学气息。学术现实也告诉我们，仅在哲学玄思的跋涉中思考科学精神是难得正果的。学界应当看到，李醒民先生的科学精神研究，不仅是一种开疆拓土的学术业绩，更重要的是一种方法论的转换和示范。

因此，作为一种方法论选择，只有回到历史中去；回到历史中去，在方法论意义上是一个扎实的研究进路。从科学文化发展的历史进程中，我们不但可以容易看到历史上各种文化之间的竞争性，而且也比较容易看到历史上各种文化精神之间的互含性；这也就使我们能够比较容易看到和理解，那些并非科学这一文化部门独有的“精神”要素对于科学来说是内在的、不可或缺的。

事实上，现代西方人也是在小心翼翼地梳理科学发展的历史轨迹时，才发现历史上包括宗教在内的各种文化、各种社会建制（或制度）的相互促进、相互包含甚至同构的关系的一面，才逐步纠正了各种文化之间特别是基督教与科学之间的仅仅是相互竞争、相互对抗、相互削弱的关系的看法，才祛除了自培根以来形成的并不是在真正的科学家中间存在的科学主义的傲慢。[②] 诸如萨顿和默顿的工作就是如此。

---

① 拉卡托斯说：“没有科学史的科学哲学是空洞的；没有科学哲学的科学史是盲目的。”（拉卡托斯：《科学研究纲领方法论》，兰征译，上海：上海译文出版社，2005年第1版，第129页。）

② 我对罗吉尔·培根时代到艾萨克·牛顿时代期间的著名自然哲学家或科学家做了个初步统计，发现他们几乎无一例外地是虔诚的基督徒。在宗教改革前，自然哲学家往往是本尼迪克、弗兰西斯等修会修道院的修道士，甚至有多位是西部基督教教区大主教；在宗教改革后的欧洲大陆，他们主要是为了与新教运动相对抗的由罗耀拉创立的天主教耶稣会等修会的教士；在英国，则是像艾萨克·牛顿那样的虔信者。

总体上看，就科学精神的形成过程而言，作为一种精神品质，它是一种个人修为的习得实践；作为一种集体的精神类型，它是一种历史的文化积淀。因此，在很大程度上，对于科学精神的全面理解和系统把握，应当是或许必须是一种过程的理解和历史的把握。对于科学精神研究来说，基于科学发展历程的关于科学精神源流的历史梳理的重要性可见一斑。

李醒民先生认为："如果要用最少的言词来概括科学的本质的话，那么用'真、善、美'三个字就最简单、最恰当不过了。"① 作为科学的本质的真，主要表现在：客观性、自主性、继承性和怀疑性。科学之善主要表现在：公有性、人道性、公正性和宽容性。科学之美主要体现在：独创性、统一性、和谐性和简单性。② 李醒民先生指出："科学是真、善、美三位一体的统一体。真、善、美既是科学的内在本性，也是科学家始终如一追求的目标。在科学共同体内部，它们也构成了科学活动的格局，成为一套具有感情情调的约束科学家的价值和规范的综合。在这种意义上也许可以说，现代科学的精神气质就是真、善、美。"③

与近代以来的科学精神相比，西方人有着更为基本的精神追求，这就是源于古希腊的"真""善""美"理想。对于西方人来说，关于人作为生命存在的境界，对人的生活与其人生理想关系的思考，似乎在很大程度上把他们的思想带回到古希腊原点，尽管当下人的境界已经远远不是那个时代的样子了。

对于古希腊人来说，似乎关于任何问题的思考，都难以摆脱"真"、"善"和"美"任何方面的纠缠。"真"是他们试图确然地了解世界及其万物之所是的目标；而追求这种目标的行为本身也是一种善行，是求得自身生活乃至生命秩序，与神的规定或者自然规定的秩序相符合的善良行为；而且，真的自然是善的；真的自然是美的；善的自然是美的。因此很难区分到底"真"、"善"和"美"中的哪个是他们唯一的目的。这种综合或者混沌的理想，在近代以来的那些伟大科学家或者哲人科学家身上也是十分明显的。他们的理论理想、生活理想、人生理想和世界理想，都在这种综合或者混沌中呈现为唯一——多维的、复杂的、不同面貌表现的整体的"一"。

"善"对于古希腊人已经是人的生活状态或者生命状态的终极理想；当然也在人自身与"那种"理想化状态之间做出不同程度上的关联性解释或者人为建构的"实现过程"模式。莱昂·罗斑指出："一部古希腊思想史，并不仅仅只从那种企

---

① 李醒民：《科学的精神与价值》，石家庄：河北教育出版社，2001 年第 1 版，第 115，116 页。

② 李醒民：《科学的精神与价值》，石家庄：河北教育出版社，2001 年第 1 版，第 116～120 页。

③ 李醒民：《科学的精神与价值》，石家庄：河北教育出版社，2001 年第 1 版，第 120 页。

图把关于自然秩序或行为秩序的反省思考组织成一个系统的创造性的、自由的努力出现的时候开始。它首先是从要对公共思想上的道德要求有明确的意识，或从宗教信仰中抽出它所包含的关于宇宙过去或现在的历史的各种观点的努力开始。”“人的实践活动所趋向的目标，是一个最后的善，它本身是可欲的而且‘自足’的，这是一个最高的善，无疑地并非像柏拉图的‘善’的理念那样是超越而和行为不发生关系的，相反地乃是人‘在行为中’‘可以实现的’。”“‘伦理的德性’就其最一般的特征来说，就是一种对某些行为的‘偏好的气质’。”“伦理的德性的‘本性’就在于‘选择’，及‘由偏好而看准合理地被决定或智虑明达的人的判断所决定的、对于我们’和对于环境‘所适宜的中道’。”① 无疑，古代西方人，以至于近现代西方人，在想到或谈到“实践”学问的时候，首先预设的就是一种“人”的秩序的学问；当然将其推演开来，自然也会包括进广义的和具体实践的领域的“伦理学”和道德哲学问题。

精神上的善和实践上的善，“按照古典传统，自然界只有在服从于理性时才美。按照浪漫主义的观点，自然界唤起激动情感和富于诗意的反应时才美。”“自然界的美恰恰是因为它不受控制，并且逃脱了秩序和理性的禁闭。”② 这就不可避免地涉及人的自由问题和与之密不可分的平等问题，以及民主问题。因为，这种氛围恰恰是造就古希腊时期思想成就的根本因素之一；当然也是西方科学精神传统的重要组成部分。

对于科学蕴涵的“真”、“善”和“美”的价值，乔治·萨顿指出：“科学的历史，如果从一种真正哲学的角度去理解，将会开拓我们的眼界，增加我们的同情心；将会提高我们的智力水平和道德水准；将会加深我们对于人类和自然的理解。”“真、善、美存在，人们都能看到，但能够明白这不过是同一秘密的不同方面的人为何如此之少啊！”萨顿说，科学家作品的内容具有很高的美学价值。“科学家们，他们是鉴赏家，很容易从其他理论中识别那些优美雅致的科学理论。”往往“一般人不能理解而科学家能够看到的这种美与和谐，是非常深刻、极为重要的”。③ 对于科学家来说，“这种宇宙秩序以明确的数学法则为基础，这些法则相互交织在一起，形成一个美妙和谐的统一体。这些法则被赋予优雅的简单性，并且仅以美的理由给科学家留下好的印象。然而，同样的这些简单的法则使物质和能

---

① 莱昂·罗斑：《希腊思想和科学精神的起源》，陈修斋译，桂林：广西师范大学出版社，2003年第1版，第17，265，268，271页。

② 托马斯·L. 汉金斯：《科学与启蒙运动》，任定成、张爱珍译，上海：复旦大学出版社，2000年第1版，第5页。

③ 乔治·萨顿：《科学的生命》，刘珺珺译，北京：商务印书馆，1987年第1版，第49，22，38页。

量自我组织为庞大种类的复杂状态，包括那些具有意识品质并且能够转而思考产生了他们的宇宙秩序的类型。”①

就人作为一种精神存在来说，对于任何使自己愉悦的事情来说，根本在于自身，在于自身的心境，在于自己的“欲望”及其满足的范围和限度——这就特别在于人生的价值取向，抑或自己所看重的是什么，在于自己的行动之中——这特别是在于对这种行动本身的愉悦的持续接受和行动中复杂的心路历程。这属于“科学美学”的议题；也是科学精神在真、善、美三位一体上的体现或实现；对于古希腊以至于西方人来说，“真”“善”“美”的议题本身是个道德问题，或道德哲学的议题；遵循“道”而彰显“德”，这和老子的（道德）哲学思想在基本理念上是一致的，与佛教的哲学思想也是一致的；而后二者的一致，也正是佛教能够中国（本土）化的主要原因，也是这种“化”的本质；佛教的“智慧”本身也是在“真”“善”“美”议题中三位一体的。而孔子是维护现世理想的伦理秩序的实践导向的，伊斯兰教是维护来世理想的伦理秩序的实践导向的，可能正是这种对“真”的追求的缺乏限制了相应文化中科学的发展。

许多伟大的科学家表达了与科学知识相联系的美学的或者神秘主义的洞察力。爱因斯坦主张“宇宙宗教情感是科学研究最强和最高贵的动机”。而法国数学家亨利·彭加勒写道：“科学家研究自然不是因为它是有用的；他研究它因为他从中获得乐趣，他从中获得乐趣，因为它是美的。如果自然不是美的，它将不值得了解，如果自然不值得了解，生活将不值得生活的。”②

最后，我实在想多言几句本为题中之义的“题外话”。许多内地国人在不断地问：我们的科学家为什么得不到诺贝尔奖？（或许这也可以称为“诺贝尔奖难题”）有良知的人在给自己和国人以信心的同时，往往心存难以抹去的隐忧，答案中往往掺杂着喜少忧多的情绪。事实上，在我们过度看重现实效益，过度看重应用技术的科技政策和科技体制下，在“一切向钱看”的社会氛围中，我们的科学技术体制一直是畸形发展的；轻基础理论研究、重应用技术开发，一直是我们科技政策和科学技术体制的根本价值取向。学术失范、学术腐败都是这种取向惹的祸。诺贝尔奖渐行渐远实在不可避免。试问，我们的科技政策和科技体制究竟体现了几分科学精神？

而在更深的层次上，试问，我们为什么对“李约瑟难题”百思不得其解？为

---

① Paul Davies，The Mind of God：the Scientific Basis for a Rational World，New York：Simon & Schuster，1992，21.

② David Lorimer，Introduction，David Lorimer ed.，The Spirit of Science：From Experiment to Experience，Edinburgh：Floris Books，1998，24.

什么竟给出许多似是而非、甚至风马牛不相及的答案？从这些设问和对伟大哲人科学家的深度理解，我们应该反思一下：我们的文化中究竟缺少什么？或者，对于我们的文化，什么是应当发扬和光大的，什么是必须克服和摈弃的？这些都是真正实现中华民族伟大复兴必须给予回答和应对的现实问题，尽管这些“难题”一时难以破解。

但是，起码我们必须尽快清醒地认识到，科学已经越来越成为一种复杂的文化系统，“时下，科学的扩张在广度和深度上都大大加强了，每一门科学的分支都变得非常众多、非常狭窄、非常专门、非常深奥。对于仅有有限能力的科学家来说，要对科学的全貌（更不必说对人类的整个文化）作大略的了解也是相当困难的，而没有这样的了解，不仅真正的科学精神会受到损害，而且也会使科学家本人丧失广阔的视野，沦为一个匠人的水平。因此，从教育上和社会导向上重视造就哲人科学家，是具有重大的现实意义和深远的历史意义的。”①

① 李醒民：《彭加勒》，台北：东大图书股份有限公司，1994 年第 1 版，“自序”第 vi 页。